초등 문제 만점의 기술

문제 해결 능력이 진짜 문해력! 초등 고학년을 위한
초등 문제 만점의 기술

초판 1쇄 인쇄 2022년 2월 10일
초판 1쇄 발행 2022년 2월 17일

지은이 이윤희, 서휘경, 이주영, 좌승협
펴낸이 박지혜

기획·편집 박지혜
마케팅 윤해승, 장동철, 윤두열
디자인 design S(권민지)
제작 삼조인쇄

펴낸곳 ㈜멀리깊이 **출판등록** 020년 6월 1일 제406-2020-000057호
주소 03997 서울특별시 마포구 월드컵로20길 41-7, 1층
전자우편 murly@humancube.kr
편집 070-4234-3241 **마케팅** 02-2039-9463 **팩스** 02-2039-9460
인스타그램 @murly_books
페이스북 @murlybooks

ISBN 979-11-91439-11-3 13590

※ 독후활동지 제공
공부 계획 세우기부터, 배운 내용을 응용하고 확장하는 방법까지!
독후활동지를 통해 책의 내용을 더 재미있게 학습하세요!

다운로드: https://cafe.naver.com/murlybooks

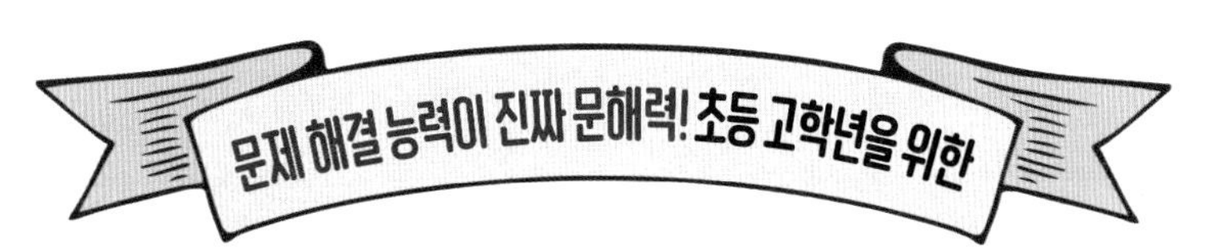

초등 문제 만점의 기술

이윤희, 서휘경, 이주영, 좌승협 지음

머리끈

자기주도학습의 마지막 완성,
문제 풀이의 기술!

초등학교를 졸업한 학생들이 학교에서 첫 시험을 치르는 시기는 중학교 2학년입니다*. 이때 많은 학생이 문제를 이해하지 못해서 시험을 망칩니다.

"시험 문제를 읽었는데 무슨 말인지 모르겠어요."

"열심히 공부했는데 공부한 내용을 문제에 어떻게 적용해야 할지 모르겠어요."

"초등학교 때랑 달라도 너무 달라요. 정말 힘들어요."

"공부 계획표를 짜면 좋다고 하는데 어떻게 짜는 건지 모르겠어요."

이처럼 초등학교와 중학교 간의 차이를 극복하지 못하면 앞으로의 평가에서 좋은 점수를 얻기 어렵습니다.

* 현재(2022년) 중1은 자유학년제, 2025년부터 중1은 자유학기제로 바뀝니다.

초등학교 때는 학습 측면에서 뒤처지지 않던 학생이 중학교에 가서 뒤처지는 경우가 많습니다. 분명 초등학교 때와 비슷하게 공부하고, 비슷한 교재로 학습하는데 다른 친구들과의 학업격차는 점점 커지기 시작합니다. 이런 현상이 나타나는 가장 큰 이유는, 문제를 읽고 출제자가 출제한 의도를 이해하는 연습을 하지 않았기 때문입니다. 대개 출제자가 얼마나 많은 의도를 드러내는지에 따라 문제의 난이도가 결정됩니다. 즉 문제를 읽고 파악해야 하는 것들이 많으면 많을수록 문제의 난이도는 높아집니다. 그러므로 문제를 읽고 출제자가 숨긴 조건과 개념을 알아내는 문제 풀이의 기술이 필요합니다. 그 기술을 익히기 위해서는 다음의 세 가지 연습이 필요합니다.

문제가 무엇을 묻는지 파악하는 연습을 해야 합니다

성적이 오르지 않는 아이들은 교과서, 참고서, 문제집, 시험 문제 등에 나온 글을 이해하며 읽지 않고 단순히 글자 자체만을 읽습니다. 예를 들자면 다른 친구와 대화를 나누고 있는데, 한 친구가 "내 말 이해돼?"라고 계속 물어 보아도 멍하니 친구의 얼굴만 바라보고 있는 상황과 같습니다. 물음에 답을 해야 하는데 물음을 이해하지 못하고, 어떤 답을 해야 할지 모릅니다. 즉 듣긴 들었지만 답할 수 없고, 읽긴 읽었지만 이해할 수 없는 상황이 반복됩니다.

예를 들어 아래의 문제를 살펴봅시다.

문제 3부터 30까지의 자연수 중 서로 다른 네 수를 한 번씩 사용하여 나눗셈식이 성립하도록 합니다. 이때 ㉠에 들어갈 수가 가장 작을 때의 식을 구하시오.

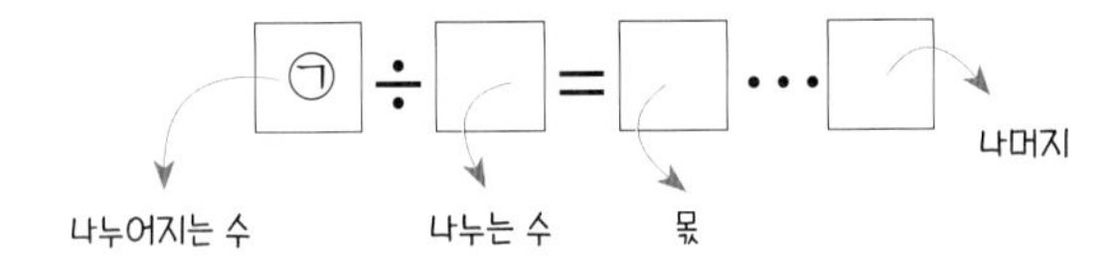

이 문제를 읽은 대부분의 학생은 막무가내로 빈칸에 숫자를 넣기 시작합니다. 문제를 출제한 의도가 무엇인지, 무엇을 묻는지를 파악하지 않습니다. **이 문제의 출제 의도는 나누어지는 수가 가장 작아지기 위해서는 나누는 수, 몫, 나머지가 어떤 관계를 이루어야 하는지를 묻습니다.** 즉 '㉠ = 나누는 수 × 몫 + 나머지'의 식을 활용해야 합니다. 3부터 30까지의 수 중 가장 작은 세 수는 3, 4, 5이므로 3, 4, 5를 먼저 이용해서 식을 완성해야 합니다. 따라서 식은 23 ÷ 5 = 4 ⋯ 3, ㉠은 23이 됩니다. **이와 같이 문제를 풀 때는 출제자의 의도가 무엇인지를 파악한 후 문제를 푸는 것이 중요합니다.**

적극적으로 공부 계획을 세워야 합니다

중학교에 올라가서 상위권을 유지하는 학생을 보면 공통점이 있습니다.

첫째, 수업에 집중합니다. 둘째, 배운 개념을 노트 필기나 참고서 필기 등 자기만의 언어로 정리합니다. 셋째, 공부 계획표가 있습니다.

이 세 가지가 자기주도학습 역량이 있는 학생의 성적향상 방법입니다. 단순해 보이지만 자기주도학습 역량이 없는 학생은 이 세 가지를 실천하기가 어렵습니다. 수업에 집중하기 위해서는 선생님의 말을 이해하고, 중요한 부분을 정리해야 하는데 자기주도학습이 안 되는 학생은 선생님이 중요하다고 한 문장에 밑줄을 표시할 뿐 문장을 이해하지 않습니다. 즉, 수동적으로 수업에 참여하는 것이지요. 수동적으로 수업에 참여하면 개념을 설명하는 글을 읽고 있지만 무슨 말인지 이해를 못하거나, 개념을 그림·표·사진 등과 연결해서 이해하지 않습니다. 이해하지 못하기 때문에 공부가 즐겁지 않습니다. 공부가 즐겁지 않으면 평가에서 좋은 점수를 얻기 어렵습니다. 그러므로 공부가 즐겁기 위해서는 공부하는 내용을 이해해야 합니다. 이해가 되면 공부하는 내용이 새롭고 즐겁습니다.

자기주도학습에서 가장 중요한 것은 계획입니다. 예를 들어 3주 후에 중간고사가 있다고 해 보겠습니다. 3주 동안 시험 과목을 어떻게 공부할지 계획을 스스로 세울 줄 아는 학생과 계획 없이 공부하는 학생 간에는 큰 차이가 있습니다. 자기주도학습이 가능한 학생은 내가 하루에 어느 정도 공부를 해야 하는지, 3주라는 시간을 어떻게 활용해야 할지가 머릿속에 있습니다.

하지만 자기주도학습 역량이 없는 학생은 계획 없이 공부를 시작하고, 시험 일주일 전까지도 시험 범위를 한 번 다 보지도 못해 발등에 불이 떨어진 채로 전전긍긍합니다.

문제가 풀리는 경험을 반복해야 합니다

초등학교 때 잘못 형성된 공부습관을 갖고 있는 학생은 중학교 수업시간에 집중을 하지 못할 가능성이 높습니다. 초등학교 시기에 잘못 형성된 공부 습관을 중학교에 올라가기 전에 바로잡아야 합니다. 중학교에 올라가면 교과의 개념이 복잡해지기 시작합니다. 선생님이 설명하는 개념이 추상적이고, 용어 또한 어려워집니다. 예를 들어 수학에서 x, y와 같은 미지수가 생겨나고, 방정식, 함수, 좌표평면 등을 배웁니다. 낯선 개념이 등장하면 학생은 수업에 집중하기 어렵기 때문에 이해하는 걸 포기합니다. 하지만 초등학교 때 끈기 있게 개념을 이해하고 문제를 바른 방법으로 해결하는 습관을 형성한 학생은 자신이 모르는 내용이 나와도 끝까지 해결하려고 노력합니다.

초등학교와 중학교의 평가에서 좋은 점수를 받기 위해서는 초등학교부터 올바른 공부 습관을 기르기 시작해야 합니다. 중학교 가서 다시 공부 습관을 기르려면 평소 공부할 시간이 줄어들고, 다른 무언가를 할 수 있는 시간과 기회를 포기해야 합니다. 그러므로 중학교에 비해 상대적으로 여유 있는 초등학교 때 자기주도학습 역량을 키우고 교과서 읽기, 노트 필기, 문제 풀이 기술을 익혀야 합니다.

개념과 풀이 방법을 외우기보다는 조금은 느려도 스스로 개념을 다양한 문제 상황에 적용하고, 한 문제를 오랜 시간 투자해서 해결하는 습관은 자기주도적으로 문제를 해결하는 힘을 길러줍니다.

많은 학생이 문제를 어떻게 풀어야 하는지 묻습니다.

"선생님이 풀어준 풀이는 이해가 되는데요. 어떻게 하면 선생님처럼 풀 수 있어요?"

문제를 풀 때 어떻게 생각해야 하는지를 알려주기 위해 이 책을 준비했습니다. 문제를 단순히 푸는 것에서 벗어나 문제를 풀기 전에 무엇을 생각해야 하는지, 문제에 숨어 있는 조건과 개념을 어떻게 발견할 수 있는지, 어떤 문제 풀이 기술을 적용하면 되는지를 자세히 설명했습니다.

문제를 끈기 있기 풀기 위해서는 문제 푸는 기술을 알아야 합니다. 문제 풀이 기술을 적용했을 때 문제를 해결하는 경험을 한 학생은 공부가 즐겁습니다. 이 과정에서 개념을 정교화하고 자기주도학습 역량을 향상시킬 수 있습니다. 초등학교 때부터입니다. 초등학교 때 잘 잡아 놓은 공부 습관이 평생 자기주도학습을 가능하게 합니다. 잘 읽고 잘 쓰고 잘 푸는 기술을 익혀 중학교에 가기 전, 시험에도 두려움을 느끼지 않는 학습 근육을 키워 주세요.

차례

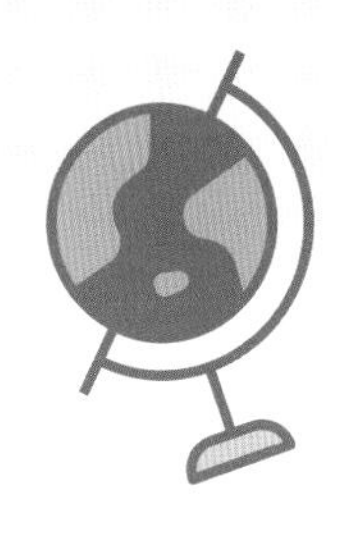

차례

과학 영역

영어 영역

PART 1
시험 준비의 모든 것

중학교와 초등학교 평가 과정은 서로 연결되어 있습니다

과정중심 평가라는 말을 들어본 적이 있나요? 과정중심 평가란 무엇일까요?

과정중심 학생평가에서는 배운 내용에 대한 결과뿐만 아니라 학습의 과정에서 학생의 성취도, 태도, 역량 등을 평가하여 한 명 한 명의 학생이 무엇을 할 수 있는지 살펴봅니다. 이를 통해 학생이 잘하는 점과 부족한 점을 세심하게 파악하고 추후 학습을 안내하여, 모든 학생들의 성장과 발달을 지원하는 평가입니다.

출처: 교육부 과정중심 학생평가 안내자료

즉 학생의 결과물, 점수만 중요한 것이 아니라 학습의 모든 과정이 중요하다는 뜻입니다. 이러한 평가를 준비하기 위해서는 먼저 평가의 종류에 대해 알아야 합니다. 학교에서 이루어지는 평가에는 어떤 것들이 있는지 살펴봅시다.

수행평가	수행평가는 서술·논술형, 구술·발표, 토의·토론, 프로젝트, 실험·실습, 포트폴리오 등 다양한 방법으로 실시되며, 교사가 학생들의 활동 과정과 결과를 직접 관찰하고 평가하는 방법으로 수업 중 이루어집니다(출처: 교육부 과정중심 학생평가 안내자료). 초등학교에서는 지필평가를 지양하고 있기 때문에 수행평가로 학생평가를 실시하고 있습니다.
지필평가	중·고등학교에서 중간고사, 기말고사 등과 같이 정기적으로 실시하는 평가로, 학교에 따라 평가 시기, 횟수 등은 다를 수 있습니다(출처: 교육부 과정중심 학생평가 안내자료). 번호나 기호를 고르는 선택형 문제에서부터 서답형(주어진 물음이나 지시에 따라서 답안을 작성하는 방식) 문제까지 출제됩니다.

초등학교와 달리 중학교부터는 수행평가와 함께 지필평가가 실시되며, 학교마다 과목별로 수행평가와 지필평가 결과를 전체 평가 점수에 반영하는 비율이 다릅니다.

그렇다면 초등 평가와 중등 평가는 서로 관련이 없을까요? 아닙니다. 초등학교 때 평가에 소홀했던 학생이 중학교에 올라가서 갑자기 잘하기는 어렵습니다. 먼저 수행평가에서의 태도 영역은 초등학교에서나 중학교에서나 중요합니다. 또 초등학교에서의 수행평가와 중학교에서의 수행평가는 난이도나 분량, 방식 등에서 차이가 날 수 있지만 결국 평가 내용은 일맥상통합니다. 예를 들어 초등학교 영어 수행평가에서 문장 쓰기를 할 수 있어야 중학교 영어 수행평가에서 문단 쓰기를 할 수 있게 됩니다.

학생들이 평가에서 좌절을 느끼는 때는 주로 언제일까요? 바로 중학교 첫 중간고사입니다. 이때 전체 학생과 나의 공부 정도를 비교하는 상대평가를 처음 경험하게 됩니다. 그동안 알지 못했던 누적된 결손들을 시험에서 틀린 내용을 점검하면서 알게 되는 것입니다. 특히 국어, 수학, 사회, 과학, 영어 등 단원별·영역별 연계가 중요한 과목은 중간에 놓친 부분을 보충하기도 어렵고 공부 습관을 갑자기 만들기도 어렵습니다. 초등학교에 비해 중학교에서는 과목별 선생님도 다르고 과목에서 배우는 내용의 깊이가 깊어집니다. 또 같은 내용을 공부하더라도 구체적이고 눈에 보이는 예시로 배우는 초등학교에 비해 중학교에서는 추상적인 개념에 대해 공부하기 때문에 내용을 이해하기가 더 어렵습니다. 예를 들어 초등학교에서는 '어떤 수에 1을 더하세요.'라고 문제에 제시되거나 바구니 그림에 사과가 하나 더해지는 그림이 나오는 것에 비해, 중학교에서는 '$x + 1$'이라고 기호를 사용해 간략하게 표현합니다. 초등학생 때 배운 것과 전혀 다른 내용이 등장하는 것은 아니기 때문에 초등학교 때에 배웠던 것에 더해 내용을 더 깊고 넓게 이해해야 합니다. 이러한 이해를 바탕으로 문제를 읽고 해석해서 출제 의도를 파악하는 것이 필요합니다. 즉 스스로 공부하고 문제를 해결하는 힘을 키워 자기주도적학습을 시작해야 합니다.

초등학교의 수행평가와 중학교의 성취평가는 어떻게 다른가요?

초등학교와 중학교 평가의 공통점은 '수행평가'입니다. 초등학교 때 봤던 수행평가를 중학교에 올라가서도 똑같이 실시합니다. 하지만 초등학교 평가와 중학교 평가의 다른 점 하나는 중학교에서는 '지필평가'를 실시한다는 것입니다.

지필평가 : 교육부 훈령상 지필평가는 '중간 또는 기말고사(1회, 2회고사 등)'와 같은 '일제식 정기고사'를 의미하며, '문항정보표'의 구성에 따라 '선택형'과 '서답형'으로 구분합니다.
※ 초등학교에서의 서답형 평가는 수행평가에 포함됩니다.

현재 중학교는 성취평가제를 운영하고 있습니다. 성취평가제는 '학생이 무엇을 어느 정도 성취하였는지'를 평가하므로, '누가 더 잘했는지'를 평가하는 상대평가와는 다릅니다.

성취평가제에서는 학생의 성취수준을 '5단계(A-B-C-D-E)', '3단계(A-B-C)', '이수 여부(P/F)'로 평가합니다.

성취평가제와 기존 상대평가의 비교

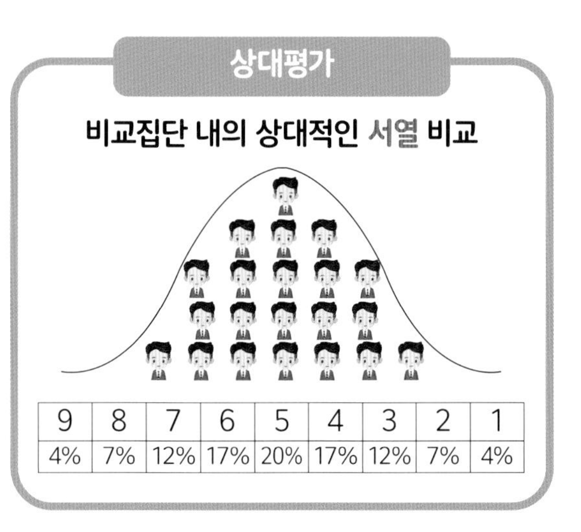

9	8	7	6	5	4	3	2	1
4%	7%	12%	17%	20%	17%	12%	7%	4%

출처: 교육부(2021), 중학교 학생평가 톺아보기

성취율(원점수)	성취도
90% 이상	A
80% 이상 ~ 90% 미만	B
70% 이상 ~ 80% 미만	C
60% 이상 ~ 70% 미만	D
60% 미만	E

중학교는 초등학교와 다른 방법으로 성적을 산출합니다. 지필평가 및 수행평가의 반영비율 환산 점수 합계를 소수 첫째 자리에서 반올림하여 정수로 기록하는 원점수를 활용합니다(예를 들어 지필평가와 수행평가의 반영비율 점수 합계가 91.7점이라면 92점으로 반올림해 기록합니다).

위 표처럼 성취도 A~E를 원점수 기준으로 나눌 수 있습니다. 이전 수, 우, 미, 양, 가를 A~E로 표현하고 있다고 생각하면 이해하기가 좋습니다.

이처럼 중학교는 '지필평가'가 추가되므로 초등학교 때와는 다른 평가 대비가 필요합니다. 초등학교 때부터 다양한 평가 유형에 모두 대비할 수 있는 방법을 익힌 후 반복해서 적용해야 합니다.

중학교 지필평가 대비를 위해 초등학교 때부터 익혀야 할 것은 다음과 같습니다. ①문제(지문) 분석하기, ②문제를 읽고 문제 해결을 위한 개념 떠올리기, ③나의 답과 근거를 완결된 글의 형태로 작성하기, ④각 과목에 맞는 문제 풀이 기술을 익혀 적용하기입니다. 중학교의 지필평가 문항의 유형은 선택형 문항과 서답형 문항으로 나뉩니다. 이 중 서답형 문항(학생이 독자적으로 답안을 작성해야 함. 완성형, 단답형, 서술형 논술형이 대표적)을 예로 들어 설명하겠습니다.

출처: 교육부(2021), 중학교 학생평가 톺아보기

서·논술형 문항의 구조

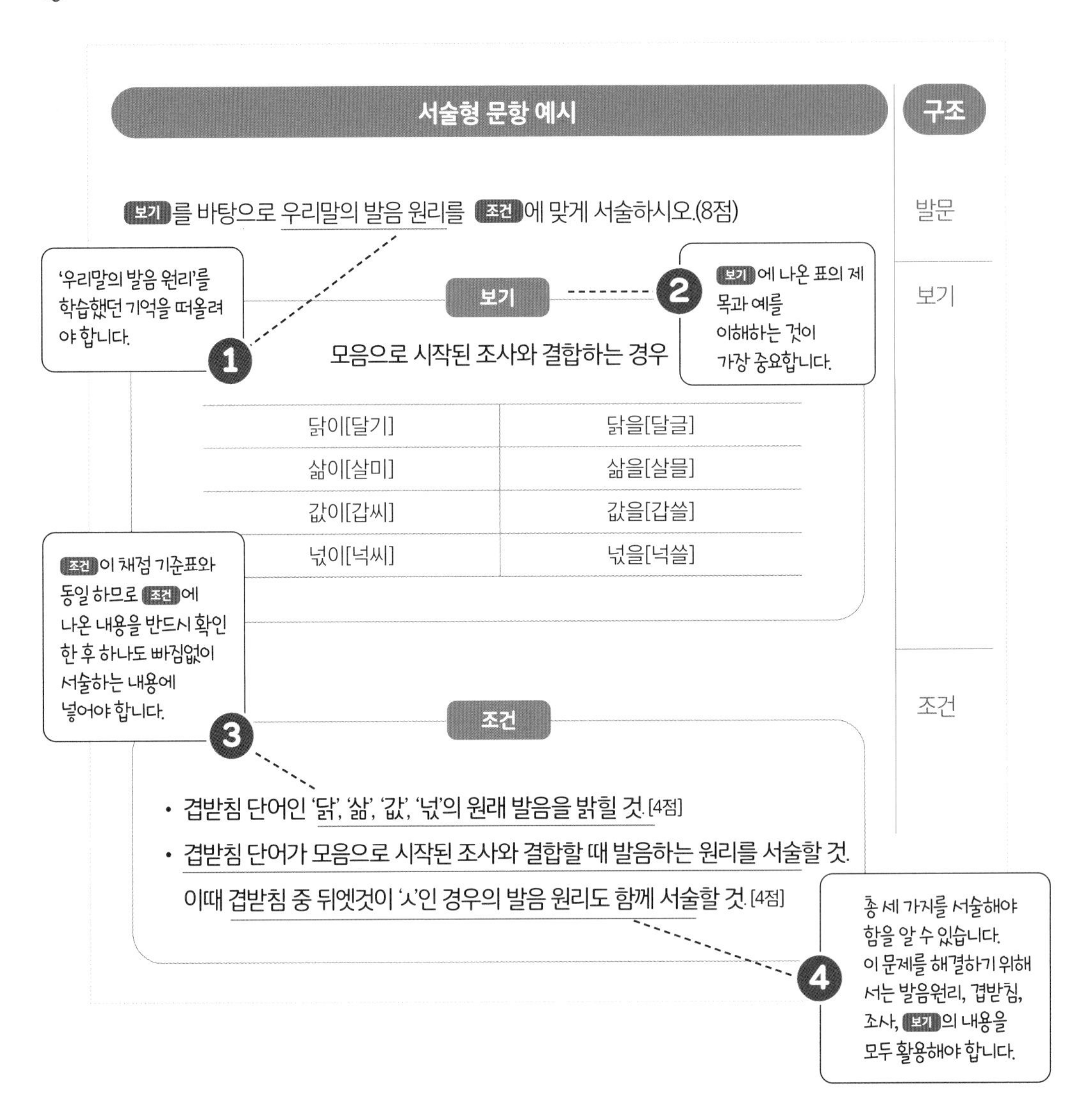

단지 문제를 풀기만 하는 것으로는 충분하지 않습니다. 초등학교 때도 문제를 풀고, 중학교에 올라가서도 문제를 풉니다. 하지만 중학교에 올라가서 보는 시험에서 좋은 점수를 얻지 못하는 학생이 많습니다. 그 이유는 초등학교 때부터 문제를 해결하는 기술을 익히지 않았기 때문입니다. 문제를 푸는 기술은 문제를 분석하는 능력을 키워 줍니다. 문제를 분석하는 것이 중학교 평가를 대비하는 최고의 방법입니다.

만점 맞는 아이들의 시험 체크 리스트

중학교에 올라가면 무엇이 가장 당황스러울까요? 바로 초등학교 때와 다른 시험 방식입니다. 중학교에서도 초등학교 때와 마찬가지로 수행평가를 보지만, 수행평가만 보는 것은 아닙니다. 바로 지필평가, 우리가 흔히 아는 종이 시험지 문제를 해결하는 평가도 함께 봅니다. 낯설게 느껴지는 여러 과목의 시험에 대비하기 위해서는 어떻게 해야 할까요? 어려운 문제를 잘 푸는 것보다 중요한 것은 쉬운 문제를 틀리지 않는 문제 풀이 습관을 만드는 것입니다. 모든 과목에 공통적으로 적용할 수 있는 '쉬운 문제를 틀리지 않는' 시험 대비의 기술을 소개합니다.

첫째, 아무리 쉬운 문제도 두 번 이상 읽기

많은 학생들이 시험이 시작됨과 동시에 급한 마음에 문제를 꼼꼼히 읽는 대신 글이나 사진 자료를 빠르게 읽고 문제를 풉니다. 문제를 대충 읽고 자료를 읽게 되면 '내 마음대로' 문제를 착각하여 답을 적는 경우가 생깁니다. 또한 문제에서 요구하는 바를 간파하지 못하고 자료를 읽는 데 너무 오랜 시간을 써버리는 바람에 후반부 문제를 제대로 해결하지 못하기도 합니다. 따라서 문제를 먼저 읽으며 조건과 내용을 확인하고, 쉽게 느껴지는 문제일지라도 두세 번씩 읽으며 무엇을 구해야 하는지 파악해야 합니다. 이때 문제에

이렇게 해보세요!

> 밤 9시 무렵 볼 수 있는 보름달의 모습이 다음과 같을 때
> 밤 12시 무렵 볼 수 있는 보름달의 위치를 골라 기호를 쓰시오. ◎

밑줄을 치거나 꼭 확인해야 할 조건에 표시해 나가며 문제를 풀면, 출제자가 의도한 조건을 빠짐없이 활용할 수 있습니다. 또한 문제를 반복해서 읽을 때마다 ◎, ⊘과 같은 기호로 문제 옆에 표시하면 문제와 주요 조건을 제대로 이해했는지 체크할 수 있습니다.

둘째, 문제와 조건에 단서 표시를 하며 읽기

문제에는 주로 다음과 같은 전제가 붙습니다.

- ▶ 옳은 것을 고르세요.
- ▶ 적절한 것을 고르세요.
- ▶ 모두 고르세요.
- ▶ 옳지 않은 것을 고르세요.
- ▶ 틀린 것을 고르세요.
- ▶ 가장 ~한 것을 고르세요.

바로 우리가 찾아야 할 답의 길라잡이가 되는 표현들입니다. 급하게 문제를 읽다 보면, 모두 고르는 문제에서 한 개 정답만을 체크하고 넘어가거나, 옳지 않은 것을 고르는 문제에서 옳은 문제를 고르고 넘어가 버리는 실수를 하게 됩니다. 따라서 문제를 읽을 때는 옳은 것을 고르는 문제

이렇게 해보세요!

자유롭게 경쟁하는 경제 활동이 주는 도움으로 알맞지 않은 것은 어느 것입니까? (　　)

① 기업이 이윤을 얻을 수 있다. ○
② 국가의 경제가 발전하는 데 도움이 된다. ○
③ 자유 경쟁을 통해 더 좋은 상품을 개발할 수 있다. ○
④ 우리나라 사람들이 외국에서 일자리를 얻을 수 있다. x
⑤ 소비자는 다양한 상품, 좋은 상품을 구입할 수 있게 된다. ○

인지, 적절하지 않은 것을 고르는 문제인지, 모두 고르는 문제인지 꼼꼼하게 확인해야 합니다. 이때 가장 좋은 방법은 주의를 기울여야 하는 표현에 표시를 하는 것입니다. 옳은 것을 고르는 표현에는 동그라미, 옳지 않은 것을 고르는 문제에는 세모 등의 표시를 하는 것은 문제 풀이에 도움이 됩니다. 또한 옳은지/옳지 않은지 묻는 문제들은 보기에 옳으면 0, 옳지 않으면 △나 x표시를 해두면 실수를 더 줄일 수 있습니다.

셋째, 남는 시간엔 선생님처럼 채점해 보기

문제를 풀고 난 후 남은 시간엔 무얼 해야 할까요? 많은 학생이 멀뚱멀뚱 앉아 있거나 시험지에 낙서를 하며 시간을 보내곤 합니다. 하지만 이 시간을 알차게 써야 맞을 문제를 틀리는 안타까운 상황을 막을 수 있습니다. 처음 문제를 풀 때에는 긴장된 마음에 아는 내용도 알쏭달쏭하게 느껴지기 마련입니다. 따라서 문제 풀이가 끝나면 채점하는 사람이 되었다고 생각하고 풀이를 검토해야 합니다. 마치 선생님이 된 것처럼 문제 풀이의 과정과 내가 적은 답이 맞는지 맞춰봅니다. 그냥 눈으로만 훑어보면 실수를 발견하기 어렵습니다. 기호를 쓰라고 했는데 단어를 적은 것은 아닌지, 나눗셈 계산 시 자릿값을 맞추어 계산을 했는지, 그래프 해석할 때 잘못 이해한 부분은 없었는지, 개념을 정확하게 떠올리고 보기를 해석했는지 등 날카로운 시선으로 검토해야 합니다.

이렇게 해보세요!

대분수의 뺄셈을 계산해 보고, 계산 결과가 큰 순서대로 기호를 쓰세요.

㉠ $6\frac{1}{4} - 1\frac{7}{12}$　　㉡ $8\frac{1}{6} - 2\frac{5}{8}$　　㉢ $7\frac{7}{12} - 1\frac{7}{8}$

점검1 계산 결과가 큰 순서대로 기호를 썼나? 가장 큰 값 하나를 고르는 게 아니라 계산 결과가 큰 순서대로 쓰는 거였네!
점검2 분모가 다른 분수의 뺄셈은 어떻게 계산해야 하지? 최소공배수가 24 맞지?
점검3 대분수의 뺄셈을 할 때 실수한 건 없었나?
점검4 ㉠, ㉡, ㉢ 값은 각각 얼마였지? 뭐가 제일 크고, 그다음 큰 것은 무엇이었지? 가장 작은 값은 ㉡이 맞나?

여기서 잠깐

시험 당일 확실하게 성적을 끌어올리는 간단한 꿀팁

시험 당일 컨디션에 따라 시험 점수가 달라진다는 말이 있습니다. 몇 주 또는 몇 달간 공부한 실력을 단 40~50분 안에 검증해야 하기 때문에 작은 부분에도 주의를 기울일 필요가 있습니다. 시험을 보기 전 파악해 두어야 할 몇 가지 팁을 소개합니다. 이 팁을 잘 활용한다면 시험 결과도 달라질 수 있습니다.

첫째, 모르는 문제는 별표를 친 후 넘깁니다. 몇몇 학생들은 모르는 문제를 끝까지 풀려다가 시험을 망치고는 합니다. 시험 시간은 정해져 있기 때문에 모르는 문제에 매달리다가 남은 문제를 놓치는 일이 있어서는 안 됩니다. 모르는 문제가 나왔을 때는 1~2분 정도 고민해 보고 도저히 안 될 것 같으면 별표를 친 후 다른 문제를 먼저 해결해야 합니다. 전체 문제를 한 번씩 푼 후 모르는 문제를 다시 한 번 푸는 것이 중요합니다.

둘째, '예비 시험'을 봅니다. 많은 학생들이 시험을 망친 후 '문제를 잘못 읽어서 실수했다'는 말들을 하고는 합니다. 시험을 볼 때는 보이지 않았던 조건, 내용, 숫자들이 시험이 끝나면 왜 그렇게 잘 보이는 걸까요? 시험을 보는 순간에 긴장했기 때문입니다. 평상시에 시험을 보는 환경과 동일한 환경 즉, 시간을 정해 두고 일정한 수의 문제를 해결하는 연습이 부족했기 때문입니다. 시험 보는 환경과 동일한 환경에서 문제를 해결하는 연습을 해야 합니다. 연습하는 방법은 다음과 같습니다. 우리 학교 기출 문제를 제공하는(예: 족보닷컴 등) 곳에서 문제를 받은 후 풀어 봐야 합니다. 또는 문제집마다 중간고사 대비, 기말고사 대비로 문제를 제공하는 경우가 있습니다. 이 문제들을 정해진 시간에 완벽하게 푸는 연습을 반복적으로 해야 합니다. 시험 시간도 정해진 시간(초등 40분, 중등 45분)에 맞춰서 풀어야 합니다. 중학교 같은 경우 OMR카드 마킹 시간이 있어서 시험 시간을 42분 정도로 맞춰서 하면 좋습니다.

셋째, 시험지를 눈으로만 보는 건 좋지 않습니다. 중요한 조건에 밑줄, 동그라미 등의 표시를 하면서 문제를 해결하는 것이 중요합니다. 내가 활용해야 할 개념을 간단하게 적어 두는 것도 시험 볼 때 좋은 방법입니다. 시험지 여백을 충분히 활용하기만 해도 시험 당일 좋은 성적을 거둘 수 있습니다.

넷째, 시험 정답을 정답지(OMR카드 등)에 옮겨 적을 때는 두세 번 확인해야 합니다. 두세 번 확인하기 위해서는 시험 종료 5~7분 전까지 모든 문제를 푸는 것이 좋습니다. 남은 5~7분을 활용해서 1번 문제의 답이 정답지 1번에 정확히 마킹되어 있는지 확인해야 합니다. 종종 시간에 쫓겨 10번 문제 답을 11번 정답지에 적는 '정답 밀려 쓰기'가 발생할 수 있습니다. 그러므로 정답지에 답을 옮겨 적을 때는 두세 번 확인하는 것이 중요합니다.

국어 평가, 이렇게 준비해요!

의사소통의 도구인 국어는 모든 학습의 중요한 토대가 됩니다. 국어 과목에서는 국어에 대한 단순한 지식보다는 학습자의 실제적인 국어 능력과 이를 일상생활에서 활용할 수 있는 능력을 함께 평가합니다. 따라서 국어 과목은 열심히 공부해도 단기간에 점수를 올리기 어렵습니다.

국어 과목은 초등학교 때부터 기본을 잡아야 합니다. 평가 기간이 아니더라도 꾸준히 공부하는 것이 중요합니다. 주로 독서와 노트 정리를 통해 문해력을 키우는 것을 추천합니다. 읽는 책의 종류는 내가 좋아하는 분야에서 시작하여 점차 생소한 분야와 종류까지 넓히며 읽는 것이 좋습니다.

그러나 평가 기간에는 평가를 위한 국어 공부도 함께해야 합니다. 국어 평가를 위한 공부 방법을 살펴보겠습니다.

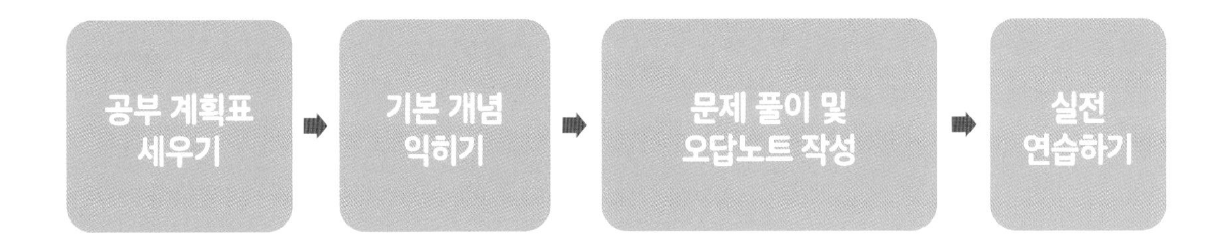

1. 공부 계획표 세우기

자신의 학습 수준을 고려하여 25쪽과 같은 평가 계획표를 세워 봅시다. 수행 평가와 지필평가 모두 주로 세 개 단원을 평가 범위로 삼기 때문에, 3주를 준비 기간으로 삼았습니다. 또한 적어도 3주 정도는 공부를 해야 좋은 성적을 받을 수 있기 때문에 시험일로부터 3주 전 시험 공부를 시작할 수 있도록 합시다.

	월	화	수	목	금	토	일
1주차	1단원 교과서로 기본 개념 익히기	1단원 문제 풀이 및 오답 정리하기		2단원 교과서로 기본 개념 익히기	2단원 문제 풀이 및 오답 정리하기		1~2단원 개념 정리 및 오답노트 확인
2주차	3단원 교과서로 기본 개념 익히기	3단원 문제 풀이 및 오답 정리 하기		3단원 개념 정리 및 오답노트 확인		실전 감각을 위한 문제 풀이	
3주차	틀렸던 문제 위주로 다시 풀어보며 개념 정리 확인하기		국어 시험 당일				

국어 교과서의 내용을 잘 이해하고 있어도 실제로 문제를 풀면 어려운 경우가 많습니다. 지문이 길어지면 문제를 읽는 시간이 오래 걸려 시간이 부족하기도 하고, 같은 글에 관한 문제이더라도 출제 의도가 다양하기 때문입니다. 따라서 교과서의 내용을 꼼꼼히 살피고 다양한 문제를 풀어 보며 배운 내용을 적용하는 연습을 해야 합니다.

2. 기본 개념 익히기

교과서는 학생들이 국어 과목을 통해 배워야 하는 내용 요소와 성취기준을 담고 있습니다. 따라서 교과서를 소홀히 여기지 말고 이 글이 어떤 내용을 담고 있는지, 어떤 내용을 배울 수 있는지를 생각하며 읽어야 합니다. 이를 위해서는 먼저 ①학습 목표와 교과서의 내용을 읽어 보며 단원에서 중요한 부분을 살핍니다. 이때 선생님께서 강조하셨던 부분, 내가 필기했던 내용 등을 반드시 다시 확인해야 합니다. 교과서에 등장하는 말풍선은 중요한 개념을 요약하여 안내하는 경우가 많으니 반드시 짚고 넘어가야 합니다. 교과서를 살피며 ②문법 등 핵심 개념의 이해가 필요한 부분이나 잘 모르는 낱말은 노트에 정리해야 합니다. 노트를 정리하며 배운 내용을 알아보기 쉽게 정리할 수 있고, 나중에 복습할 때도 편리합니다.

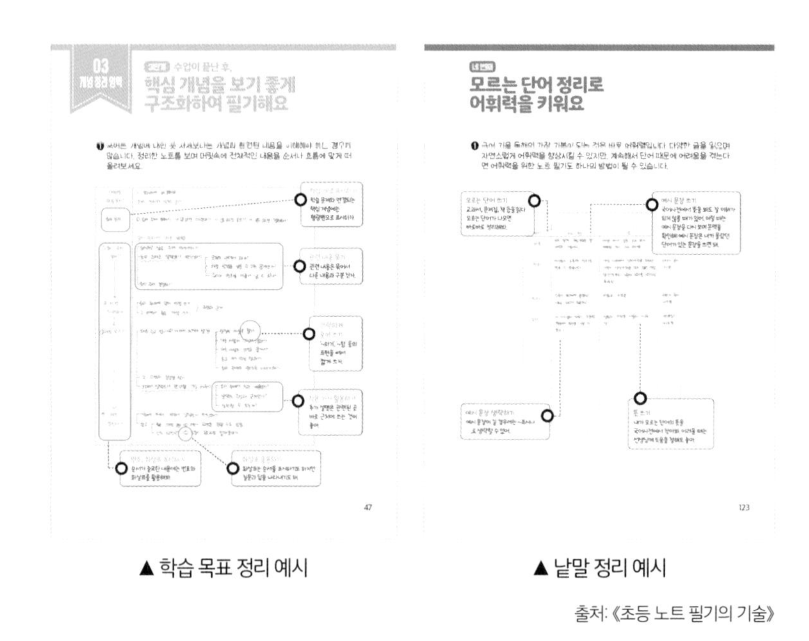

▲ 학습 목표 정리 예시　　▲ 낱말 정리 예시

출처: 《초등 노트 필기의 기술》

3. 문제 풀이 및 오답노트 작성

문제를 풀 때 가장 중요한 것은 헷갈리거나 틀린 문제를 확인하고 나의 것으로 만드는 것입니다. 이는 당연한 이야기지만 오히려 문제를 푸는 것만 중요하게 여기는 경우가 있습니다. 문제를 풀며 가장 중요한 것은 해설과 친해지는 것입니다.

문제를 풀다가 모르는 문제가 나오면 별 표시 등 나만의 표시를 하고 넘어가야 합니다. 채점 후 정답이더라도 해설을 확인하며 헷갈리는 개념을 바로잡아야 합니다. 틀린 문제 또한 해설을 살펴보며 틀린 이유를 점검하고 오답노트를 정리해야 합니다.

4. 실전 연습하기

국어 과목 문제를 풀 때 많은 학생이 어려워하는 부분은 바로 '읽고 쓸 내용이 많아 시험 시간이 부족하다는 것'입니다. 따라서 실제 시험 시간(초등 40분, 중등 45분)에 맞추어 문제를 푸는 연습을 하는 것이 필요합니다. 실제 시험 시간 내에 문제를 푸는 것이 어려운 경우에는 스톱워치를 활용해 문제를 푸는 데 걸린 시간을 기록하고 이를 실제 시간에 맞춰 줄일 수 있도록 연습해 보세요.

어려운 문제는 별표 표시해 두고 과감히 다른 문제를 먼저 풀어보는 전략, 글보다 문제를 먼저 읽고 글에서 필요한 부분을 읽는 전략 등 다양한 문제 풀이의 기술을 적용하는 연습을 하는 것도 중요합니다.

국어 문제 만점의 기술

국어는 크게 듣기·말하기, 읽기, 쓰기, 문법, 문학 영역으로 나눌 수 있습니다. 국어 평가를 위한 문제 풀이의 기술은 한 영역에만 적용되는 것이 아닙니다. 예를 들어 듣기·말하기 상황에서 대화의 맥락을 파악하거나, 읽기 영역에서 제시된 글의 중심 내용을 파악하기 위해서는 이후 설명할 '기술1 글의 정보나 중심 문장에 표시하며 내용 파악하기(54쪽)'가 중요합니다. 쓰기 영역에서 기행문에 들어가는 요소를 파악하거나, 문법 영역에서 서술어의 역할을 확인하기 위해서는 '기술5 배운 개념을 떠올리며 문제에 적용하기(70쪽)'가 중요합니다.

교과서와 노트 필기로 기본 지식을 익히고 국어 문제 풀이의 기술 다섯 가지를 통해 국어 지필평가를 대비해 봅시다.

기술1 글의 정보나 중심 문장에 표시하며 내용 파악하기
기술2 문맥을 파악하여 낱말의 뜻 짐작하기
기술3 글의 앞뒤 내용을 살펴 내용 추론하기
기술4 비유와 상징을 생각하며 의미 해석하기
기술5 배운 개념을 떠올리며 문제에 적용하기

수학 평가, 이렇게 준비해요!

초등학교 수학은 수행평가로 성취도를 확인합니다. 중학교는 수행평가와 지필평가를 통해 학생을 평가합니다. 수행평가와 지필평가의 경우 매해 평가 계획표가 발표되므로 계획표에 나온 일정을 바탕으로 평가를 대비해야 합니다(학교 사정에 의해 발표된 계획 일정이 수정될 수 있습니다). 평가를 대비하기 위해서는 교과서 개념 이해와 개념 적용 연습을 해야 합니다. 개념 적용 연습에서 중요한 건 문제를 풀 때 다양한 풀이 방법을 적용해야 한다는 것입니다. 만약, 한 가지 방법으로만 풀이를 할 경우 수학적 사고의 확장이 어렵습니다. 그러므로 평가를 대비하는 기간 동안은 다양한 문제를 다양한 풀이 방법을 활용해서 해결하려는 노력이 필요합니다.

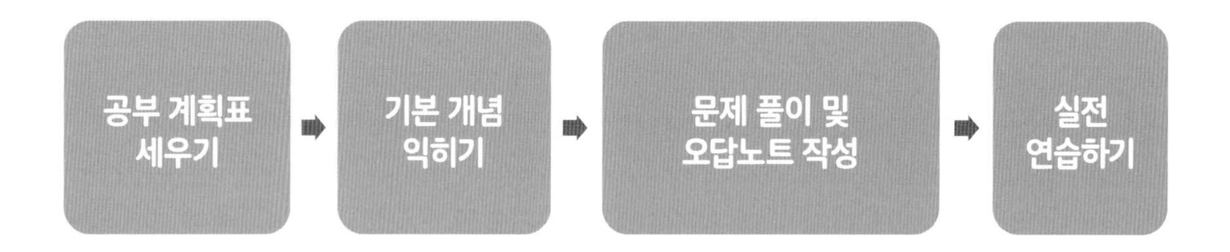

1. 공부 계획표 세우기

효율적인 평가 대비를 위해서는 공부 계획표를 세워야 합니다. 다음과 같은 공부 계획표를 사용해서 수학 평가 3주 전에서 시험 전날까지 수학 평가를 어떻게 대비할지 계획을 세워야 합니다.

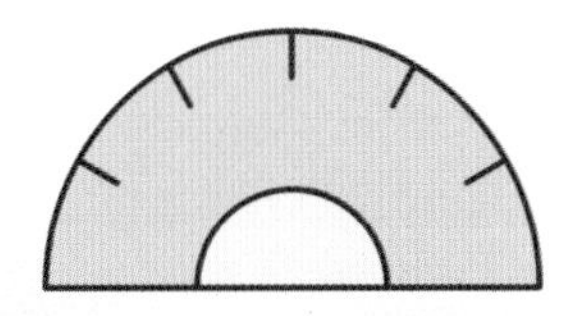

	월	화	수	목	금	토	일
1주차	1단원 개념 학습		2단원 개념 학습		3단원 개념 학습	1~3단원 개념 총정리 및 점검	
2주차	1단원 문제 풀이		2단원 문제 풀이		3단원 문제 풀이	1~3단원 오답 정리	기출 문제 풀이
3주차	1~3단원 오개념 점검		1~3단원 오답노트 확인	실전 감각을 위한 기출 문제 풀이 및 문제 풀이	수학 시험 당일		

매일 수학 공부를 할 수 없으므로 연속해서 수학을 배치하는 것은 좋지 않습니다. 수학을 하루 공부하면 하루는 다른 과목을 공부하는 것이 좋습니다.

초등 수학 수행평가의 경우 일주일 전에 수학 교과서와 익힘책에 나와 있는 문제를 모두 다 풀어 보면 좋습니다. 이때 교과서에 나온 그림과 표 등을 활용해서 문제를 해결하는 것이 가장 중요합니다.

2. 기본 개념 익히기

1주차의 중요한 점은 1단원의 개념 학습을 할 때 반드시 교과서를 활용해야 한다는 것입니다. 교과서에 있는 내용을 암기하는 게 아니라 ①교과서에서 개념을 설명할 때 사용한 설명, 그림, 표 등을 반드시 이해해야 합니다. 1단원 개념 학습이 끝나면 반드시 ②노트에 내가 학습한 개념을 정리해야 합니다. 이 방법을 통해 내가 모르는 내용과 아는 내용을 확인할 수 있습니다. 모르는 내용은 반드시 알고 넘어가야 합니다.

내가 개념 공부를 잘했는지 확인하는 것이 무엇보다 중요하므로 ①, ②의 방법을 꼭 활용해야 합니다.

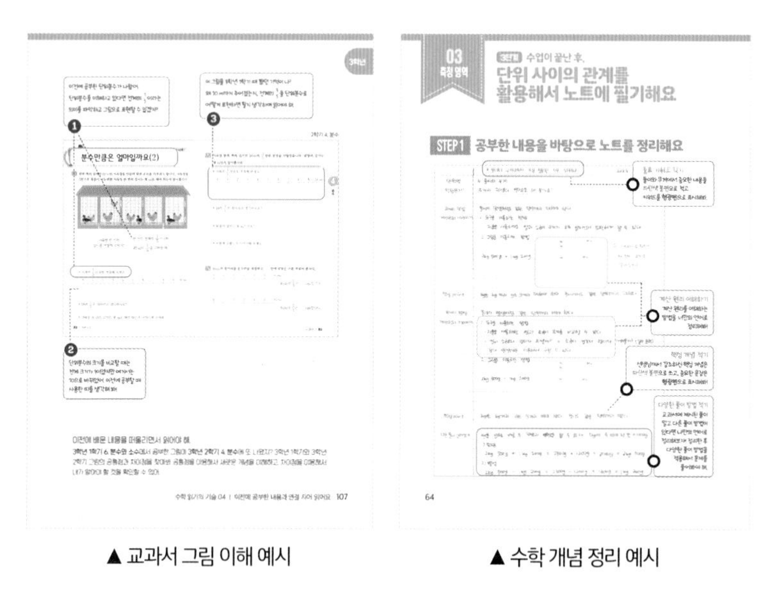

▲ 교과서 그림 이해 예시　　　▲ 수학 개념 정리 예시

출처: 《초등 교과서 읽기의 기술》, 《초등 노트 필기의 기술》

3. 문제 풀이 및 오답노트 작성

문제집 한 권을 구입한 후 1단원 문제를 풀어 봅니다. 모르는 문제가 나오면 별표를 친 후 답지를 보지 않습니다. 1단원의 문제를 다 푼 후 틀린 문제 중 정말 몰라서 틀린 문제는 오답노트에 적습니다. 오답노트에 문제를 옮겨 적은 후, 답지를 보지 않고 2~3일 정도 생각해 봅니다. 수학 시험에서는 실수도 결국 실력입니다. 그러므로 실수를 줄이기 위해 오답노트의 문제를 반복해서 풀어야 합니다.

이때 도움이 되는 건 포스트잇과 휴대전화입니다. 포스트잇에 고민해야 하는 문제를 적고 다니면서 틈틈이 확인합니다. 또는 잘 안 풀린 문제를 휴대전화 카메라로 찍어 놓고 배경화면으로 바꿔 놓습니다. 휴대전화를 확인할 때마다 문제를 한번씩 읽으면 좋습니다. 고민하는 시간 동안 수학적 사고력이 향상되고 문제가 해결되는 순간 수학 성취감을 느낄 수 있습니다.

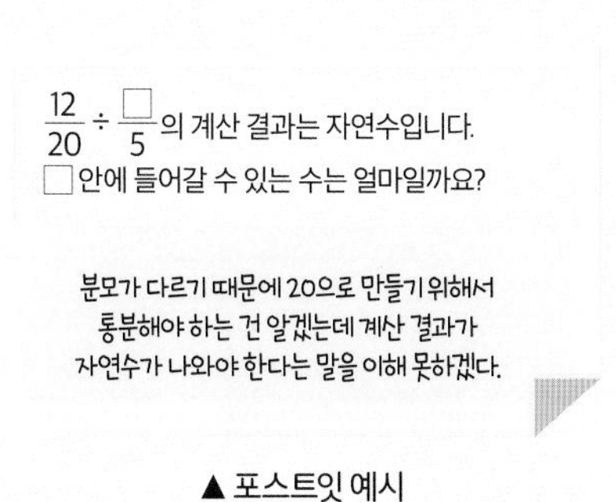

▲ 포스트잇 예시

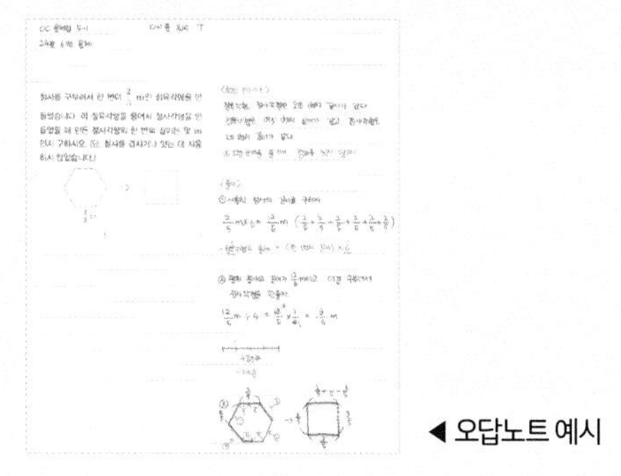

◀ 오답노트 예시

출처: 《초등 노트 필기의 기술》

4. 실전 연습하기

학교 기출 문제를 구해서 풀어 봐야 합니다. 학교 기출 문제를 통해 실전 문제 감각을 키울 수 있습니다. 이때, 중요한 건 실제 시험 시간(초등 40분, 중등 45분)에 맞춰 문제를 풀어야 한다는 것입니다. 잘 안 풀리는 문제가 있을 때 어떻게 해야 할지도 스스로 생각해 봐야 합니다. 실전 연습할 때 중요한 점은 문제 풀이의 기술을 문제에 적용하는 연습을 반복적으로 해야 한다는 것입니다. 문제 풀이의 기술은 모르는 문제, 어려운 문제를 해결할 수 있게 도와주는 마법 같은 기술입니다.

수학 문제 만점의 기술

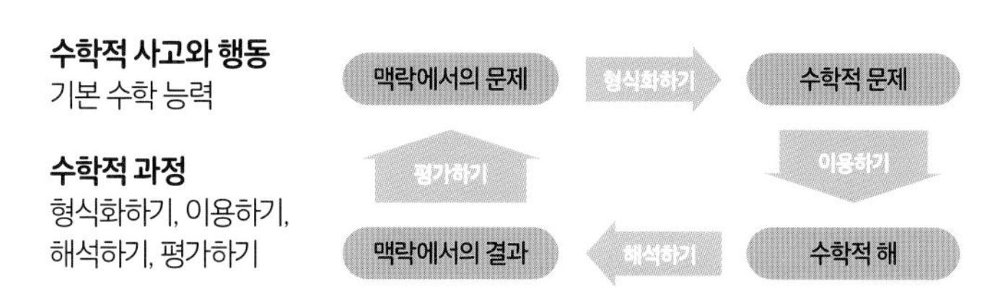

그림 PISA(국제학업성취도평가) 2012 수학 평가의 틀

수학 평가는 중학교, 고등학교까지 이어집니다. 그렇기 때문에 수학 수행평가와 수학 지필평가를 대비할 수 있는 수학 문제 풀이 기술을 익혀야 합니다.

위 그림의 **형식화하기**는 문제 풀이 기술 중 '기술1 문제의 조건을 문장과 키워드로 나누어 분석하기(80쪽)', '기술3 그림, 표, 수직선 등을 활용해서 해결하기', '기술5 문제에 숨어 있는 조건과 수학 개념 찾아내서 해결하기'에 해당하는 내용입니다. 또한 **이용하기**는 문제 풀이 기술 중 '기술2 이전에 배운 개념과 연결하기', '기술3 그림, 표, 수직선을 활용해 문제 해결하기(88쪽)', '기술4 문제를 단순화해서 내가 알고 있는 개념으로 해결하기(92쪽)'에 해당합니다. 이 다섯 가지 기술을 활용해서 PISA가 제시한 수학적 과정 형식화하기, 이용하기를 해결할 수 있습니다. **해석하기**는 내가 구한 답을 확인하는 과정으로 볼 수 있으므로 내가 푼 풀이를 다시 한 번 확인하고 내가 구한 답이 무엇을 뜻하는지 알면 됩니다.

사회 평가, 이렇게 준비해요!

초등학교 사회도 다른 과목과 마찬가지로 수행평가로 평가를 합니다. 평소 사회와 관련된 다양한 배경지식을 쌓으면 평가에 도움이 됩니다. 이를 위해서는 중학교에 비해 시간적 여유가 있는 초등학교 때 다양한 독서를 하는 것이 필요합니다. 만화보다는 줄글로 된 책을 읽는 것이 문해력이나 독해력을 키우는 데 더 도움이 될 것입니다. 하지만 사회 학습 만화 중에서 초등학생이 이해하기 어려운 전문 분야의 지식을 쉽게 풀어둔 것들도 있어 가볍게 읽으며 다양한 배경지식을 쌓기에 좋습니다. 중학교는 수행평가와 지필평가로 평가하기 때문에 두 가지를 모두 대비해야 합니다. 학교에서 학기 초에 가정통신문으로 나누어주는 평가 계획표를 바탕으로 공부 계획을 세워 봅시다.

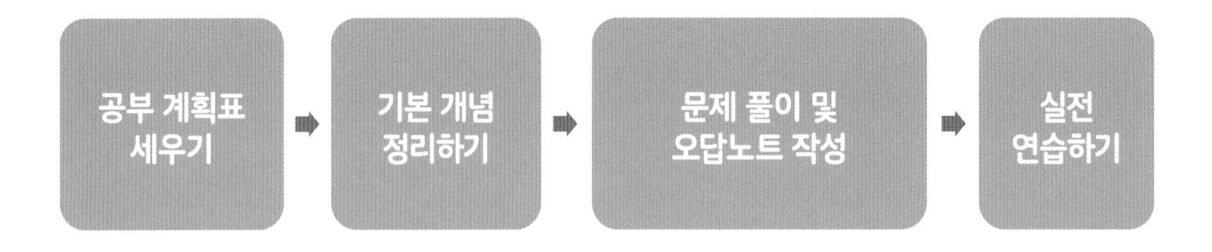

1. 공부 계획표 세우기

효율적인 평가 대비를 위해서는 공부 계획표를 세워야 합니다. 사회 평가 3주 전에서 평가 전날까지 어떻게 공부할 수 있는지 살펴봅시다.

	월	화	수	목	금	토	일
1주차	1단원 개념 정리하기	1단원 개념 정리 읽기	2단원 개념 정리하기	2단원 개념 정리 읽기	3단원 개념 정리하기	3단원 개념 정리 읽기	1~3단원 개념 총정리 및 암기하기
2주차	1단원 문제 풀이	1단원 오개념 정리 및 개념 정리 다시 읽기	2단원 문제 풀이	2단원 오개념 정리 및 개념 정리 다시 읽기	3단원 문제 풀이	3단원 오개념 정리 및 개념 정리 다시 읽기	1~3단원 개념 복습하고 기출 문제 풀이하기
3주차	헷갈리는 개념만 모아서 정리하고 읽기	1~3단원 개념 복습	사회 평가 당일				

사회는 시각적 정리가 중요합니다. 그래서 평소 공부한 사회 노트를 다시 보며 전체 내용을 한두 장으로 정리하는 것이 필요합니다. 이렇게 정리한 내용을 암기해야 하기 때문에 매일 조금씩 보는 것이 필요합니다. 하루에 다 암기하지 못하더라도 조금씩 매일 눈에 익혀야 잘 암기할 수 있습니다.

초등 사회 수행평가의 경우 교과서에 나와 있는 중요 키워드들의 뜻을 기억해야 하며 교과서 활동에 실린 질문들에 답을 해 보는 것이 필요합니다.

2. 기본 개념 정리하기

기본 개념을 정리할 때는 반드시 교과서와 평소 공부하며 필기한 노트를 살펴봅니다. 이미 평소 공부한 내용이 담긴 노트가 있는 경우에도 기본 개념을 다시 정리하는 것이 필요합니다. 왜냐하면 평가 직전에 공책 전체를 다 살펴보는 것은 어렵기 때문입니다. 그렇기 때문에 ①가장 중요한 내용들을 요약하여 단원당 한두 장으로 기본 개념을 정리합니다. 노트나 빈 종이의 왼쪽에 중요한 개념들을 쭉 쓰고 그 오른쪽에는 기본 개념의 정의나 예시, 지도나 그래프 등을 그립니다. 이때 지도나 그래프를 자세하게 그릴 필요는 없습니다. 지도의 경우 주요 특징이 되는 부분만 자세히 그립니다. 그래프를 그리기 어려울 때는 그래프에서 읽어야 하는 값의 특징을 적습니다. 예를 들어 제주도의 연간 기온 그래프를 그리기 어렵다면 '제주도는 1년 내내 기온이 온화하다', '다른 지역보다 겨울에 따뜻하다'와 같은 특징을 적습니다. ②기본 개념 정리가 끝나면 먼저 정리한 내용을 쭉 눈으로 읽습니다. 최대한 여러 번 읽어 기억하는 것이 좋습니다. ③정리한 내용을 종이로 가린 뒤, 기본 개념만 보고 선생님처럼 설명해 봅니다. 이러한 방법을 통해 공부한 내용을 잘 정리할 수 있을 뿐만 아니라 내가 모르는 부분을 확인할 수 있습니다.

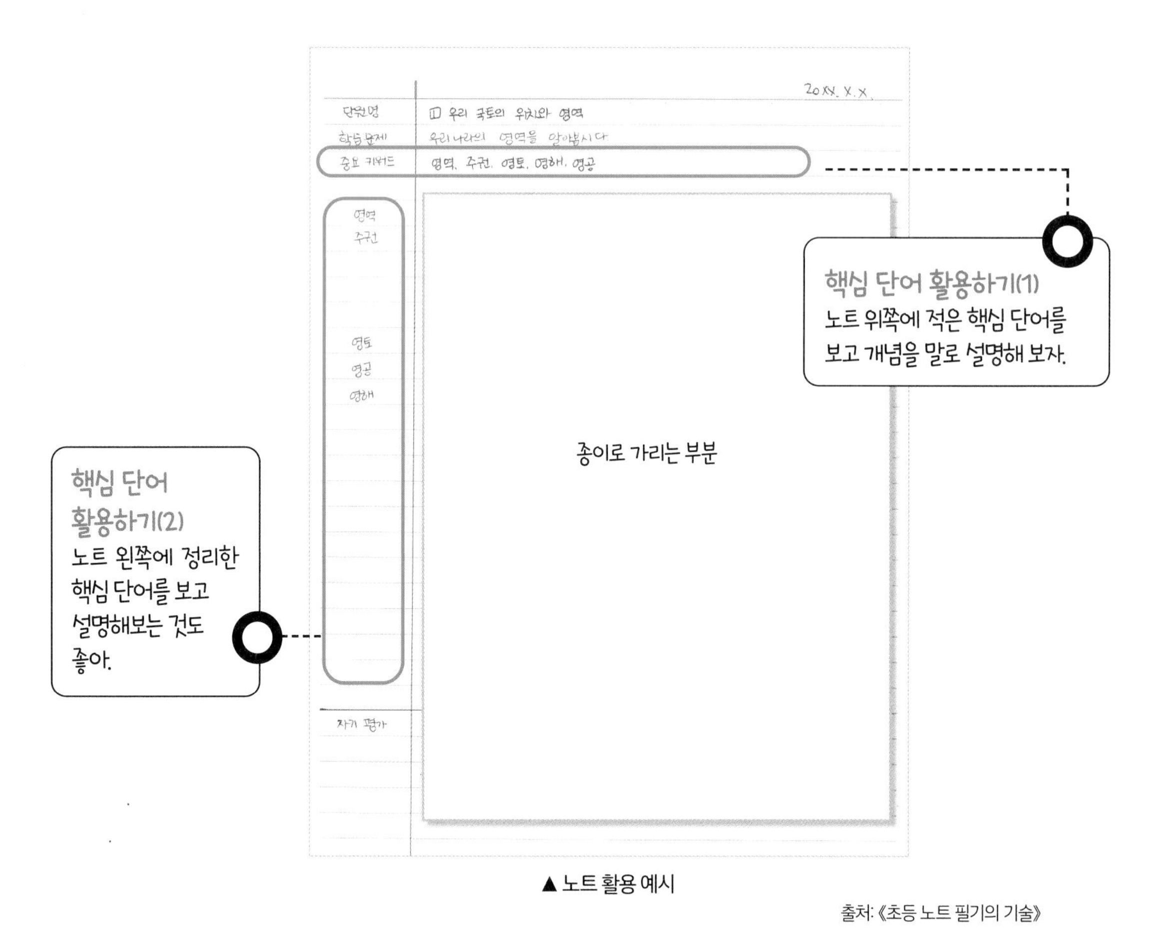

▲ 노트 활용 예시

출처: 《초등 노트 필기의 기술》

3. 문제 풀이 및 오답노트 작성

문제집을 풀 때 답만 확인하고 넘어가는 경우가 있습니다. 답지에는 답뿐만 아니라 해설이 실려 있습니다. 특히 사회 문제집의 경우 해설에 문제와 관련된 개념 설명이 실려 있습니다. 이 해설을 보며 잘못 이해하고 있는 개념이나 놓친 부분이 무엇인지 스스로 아는 것이 중요합니다.

4. 실전 연습하기

중등 평가는 기출 문제를 구할 수 있기 때문에 기출 문제를 풀어 보는 것이 도움이 됩니다. 기출 문제를 통해 출제 유형에 대해 파악할 수 있습니다. 사회 문제를 풀다가 틀린 문제가 생길 경우 문제를 그대로 오답노트에 옮기는 것은 그다지 도움이 되지 않습니다. 대신 문제에서 잘못 이해한 개념이나 문제를 풀 때 다시 한번 봐야 하는 개념을 정리하는 것이 좋습니다. 기본 개념을 정리한 평가 대비용 노트에 내가 가장 많이 틀리는 개념을 다시 정리하는 것입니다. 이렇게 정리하면 기본 개념을 복습한 후 가장 취약한 부분을 한 번 더 읽을 수 있습니다.

사회 문제 만점의 기술

문해력이 부족한 학생들은 사회 문제를 읽지 못합니다. 사회 문제를 읽지 못하면 당연히 문제를 풀 수 없습니다. 그래서 사회 문제 풀이의 기술을 익혀 문제를 읽고 이해해야 합니다.

초등학교 사회에서는 지리, 역사, 경제, 사회 문화 등 다양한 영역을 함께 배우지만 중학교 사회에서는 사회와 역사로 나누어 공부합니다. 따라서 각 영역에 맞는 문제 풀이의 기술을 익히는 것이 필요합니다.

경제, 사회 문화와 같이 개념 정리가 중요한 영역은 '기술1 개념을 사회 현상 속에 적용하기(106쪽)' 기술이, 지리나 역사처럼 주제도가 자주 등장하는 영역에서는 '기술2 지도가 표현하려는 내용 확인하기(110쪽)' 기술이 필요합니다. 역사 영역에서는 '기술3 원인과 결과를 연결하기(114쪽)'와 '기술5 시대와 시대와 역사적 특징 떠올리기(120쪽)'가 특히 중요합니다. 또 사회 과목 전체에서 영역을 막론하고 각종 자료들이 등장하기 때문에 '기술4 자료와 사회 개념 연결하기(118쪽)' 역시 눈여겨보아야 합니다.

과학 평가, 이렇게 준비해요!

초등학교 과학은 교과서에서 배운 개념이나 실험을 바탕으로 수행평가가 이루어집니다. 생활에서 경험하는 것을 이론과 지식으로 공부하는 과목이기 때문에 평소에 과학 학습만화나 실험 영상 자료를 통해 과학 개념과 관련한 배경지식을 넓히는 것이 좋습니다. 틈틈이 쌓은 배경지식은 평가를 볼 때 사례를 적거나 풀어서 설명하는 서술형 문제를 해결할 때 도움이 되기도 합니다. 중학교에서도 초등학교에서와 같이 수행평가를 실시하지만, 지필평가도 함께 이루어진다는 특징이 있습니다. 매 학기 초 평가 계획이 안내되므로 계획표에 나온 일정을 바탕으로 평가를 대비해야 합니다(학교 사정에 의해 발표된 계획 일정이 수정될 수 있습니다). 과학 평가 3주 전부터 시험 당일까지 어떻게 준비하면 될지 알아보겠습니다.

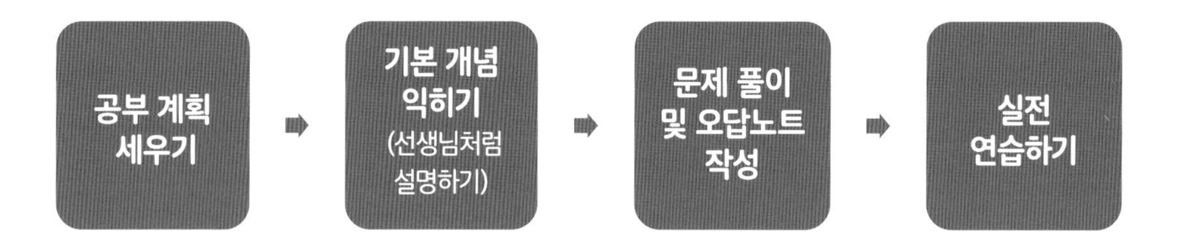

1. 공부 계획 세우기

학생들의 문제집이나 책을 보면 항상 1단원만 새까맣고 뒤로 갈수록 깔끔합니다. 공부의 큰 틀을 잡지 않으면 앞부분만 공부하다가 뒷부분을 놓치게 됩니다. 모든 영역을 고루 공부하는 것은 평가를 준비할 때 가장 중요합니다. 체계적으로 평가를 준비하기 위해서는 가장 먼저 공부 계획을 세워야 합니다. 다음과 같은 공부 계획표를 사용해서 과학 평가 3주 전부터 시험 전날까지 과학을 어떻게 공부해야 할지 분량과 순서 등을 정리해야 합니다.

	월	화	수	목	금	토	일
1주차	1단원 개념 학습		1단원 설명하기		2단원 설명하기		3단원 설명하기
			2단원 개념 학습		3단원 개념 학습		1~3단원 보충하기
2주차	1단원 문제 풀이		2단원 문제 풀이		3단원 문제 풀이		1~3단원 문제 보충하기
3주차	실전 감각을 위한 기출 문제 풀이 및 설명하기		오답노트 복습	헷갈리는 개념 정리 및 집중 공부	과학 시험 당일		

과학 개념을 공부할 때는 살펴봐야 할 실험이 많기 때문에 이틀에 나누어 한 개 단원씩 공부 분량을 정하는 것이 좋습니다. 단원 안에 있는 소단원을 나누면 공부에 부담을 갖지 않고 모든 내용을 훑을 수 있습니다. 또한 새로운 단원을 공부하기에 앞서, 그 전날 공부한 내용을 선생님처럼 설명하며 중요했던 내용을 다시 확인하는 것이 중요합니다.

초등 과학 수행평가의 경우 일주일 전에 교과서의 글을 읽으며 핵심 개념을 확인하고, 실험관찰의 실험과정과 실험결과의 답을 가린 채 살펴보며 실험결과와 원리를 떠올려보는 것이 좋습니다. 또한 마지막 단원 마무리 문제를 풀어 보며 선생님처럼 설명해 보는 것이 많은 도움이 됩니다.

2. 기본 개념 익히기

1주차의 중요한 점은 1단원의 개념 학습을 할 때 반드시 교과서와 실험관찰을 활용해야 한다는 것입니다. 교과서에 있는 내용을 달달 외우는 것이 아니라 ①교과서의 글에서 중요한 용어와 실험관찰의 결과를 연결 지어 공부하고 ②개념을 설명할 때 사용한 그림, 표 등도 반드시 함께 공부해야 합니다. 1단원 개념 학습이 끝나면 다음 단원을 공부하기 전에 ③평소 정리해 둔 과학 노트의 설명 부분을 가린 후 핵심단어만 보고 선생님이 설명하듯 공부한 내용을 말로 설명하며 공부해야 합니다. 이 방법을 통해 자연스럽게 전날 공부한 내용을 복습하고, 내가 모르는 부분을 보충할 수 있습니다.

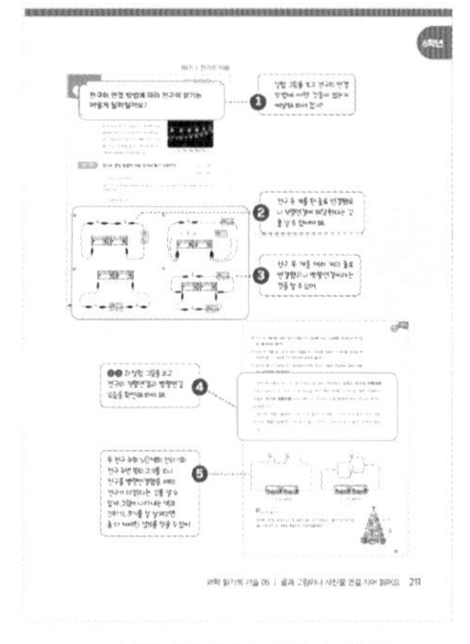

▲ 실험 결과 살펴보기 예시

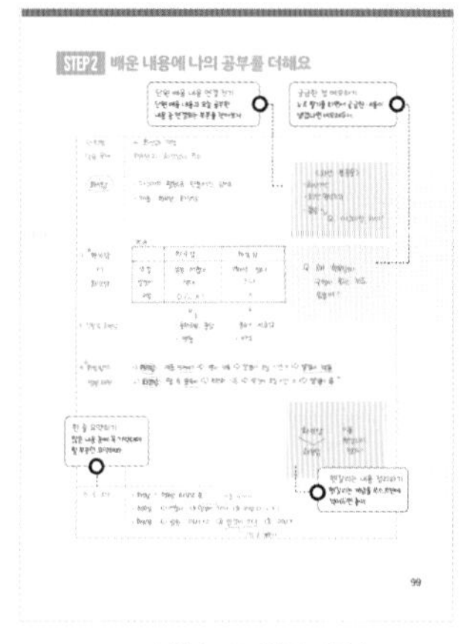

▲ 과학 노트 활용 예시

출처: 《초등 교과서 읽기의 기술》, 《초등 노트 필기의 기술》

3. 문제 풀이 및 오답노트 작성

문제집 한 권을 구입한 후 문제를 풀어봅니다. 문제를 풀 때는 문제에 대해 아는 모든 것을 메모하며 푸는 것이 좋습니다. 모르는 문제가 나오면 별표를 친 후 답지를 보지 않습니다. 바로 답지를 보게 되면 개념을 이해하게 되는 것이 아니라 개념을 이해했다고 착각하게 되어 문제를 다시 풀 때 또 모르는 문제가 되기 쉽습니다. ①모르는 문제가 있을 때는 교과서를 다시 펼치고, 문제와 관련한 설명이나 실험에 형광펜이나 빨간색펜으로 별표 표시해 둡니다. 채점한 후 정말 몰라서 틀린 문제도 교과서에 별표 표시해 둡니다. 교과서에 표시한 틀린 문제와 모르는 문제는 오답노트에 옮겨 적습니다. 오답노트를 적을 때는 왜 틀렸는지, 무엇을 몰랐는지를 반드시 적어야 합니다. 그다음에 똑같은 이유로 틀리지 않도록 하기 위해서입니다. 또한 문제 풀이에 적용해야 하는 과학개념이나 원리를 간단히 기록해야 합니다. ②옳은 답은 맨 아래에 적어 보고, 포스트잇으로 가려두는 것이 좋습니다. 포스트잇으로 가려두면 오답노트를 보며 틀린 문제를 반복해서 풀 때 새롭게 푸는 것과 같은 효과를 얻을 수 있기 때문입니다.

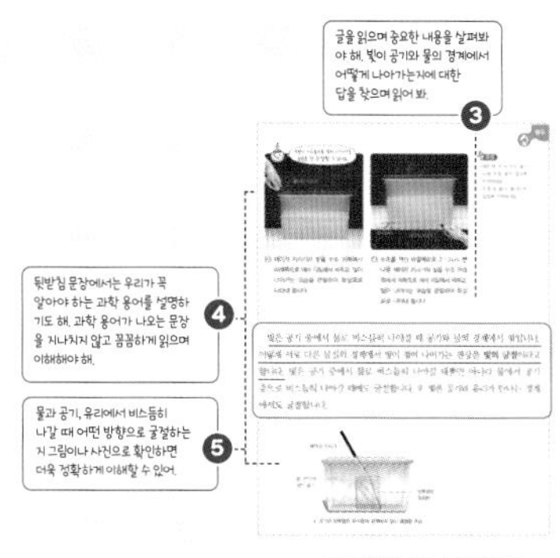

▲ 교과서 표시 예시

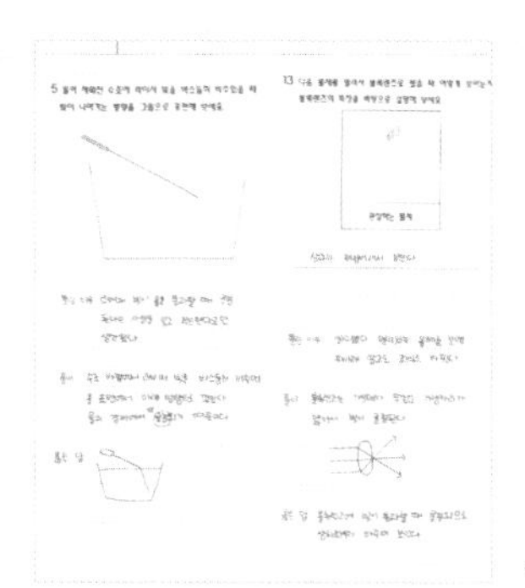

◀ 오답노트 예시

출처: 《초등 교과서 읽기의 기술》, 《초등 노트 필기의 기술》

4. 실전 연습하기

학교별로 과학 기출 문제를 구해서 풀어 봐야 합니다. 이때, 중요한 건 실제 시험 시간(초등 40분, 중등 45분)보다 5분 적게 시간을 두고 문제를 푸는 것이 좋습니다. 실제 시험을 볼 때는 긴장이 되어 평소보다 시간이 더 걸리기 때문입니다. 또 문제를 풀 때 시험 대비 기술을 하나하나 적용하며 문제를 풀어야 합니다. 문제 잘 읽기, 중요한 표현에 동그라미 하기 등은 실수를 줄이는 데 도움이 됩니다. 또한 과학 문제 유형별로 어떤 문제 풀이 기술을 활용하면 좋을지 생각하며 문제를 푸는 연습을 해야 합니다. 문제 풀이의 기술은 모르는 문제, 어려운 문제를 해결할 때 도움이 되고 자신감을 주는 비법입니다.

평가에 도움이 되는 과학적 문해력 기르기

과학 평가에 자신감을 갖고 임하기 위해 어떤 것을 준비해야 할까요?

바로 과학적 문해력을 길러야 합니다. 문해력은 국어 과목에서만 강조되는 것이 아닙니다.

과학적 문해력이란 생활 속 현상이 글이나 그림, 표와 그래프와 같은 자료로 제시될 때 그 안에 담긴 개념과 과학 원리를 해석하고 이해하는 힘, 그리고 아는 것을 표현하는 힘을 말합니다. 즉 과학 개념을 이해하고 다양한 과학자료에 근거하여 답을 찾고 표현하는 능력입니다. 과학적 문해력을 길러 평가에 대비하기 위해서는 수업 시간에 배운 것을 교과서 읽기로 복습하고 과학 노트 필기를 해야 합니다. 기본적인 개념을 이해하고 노트로 정리할 때 반드시 함께 살펴봐야 하는 것이 있습니다. 바로 '실험관찰'입니다. 탐구활동 후 변인이나 결과를 정리한 내용을 기록하는 '실험관찰'은 선생님이 평가 문제를 만드는 기초자료가 됩니다. 또한 실험관찰에 제시된 '생각해 볼까요?'나 '더 생각해 볼까요?'는 평가 문제 중에서도 개념을 응용한 문제와 깊은 관련이 있습니다. 따라서 실험관찰에 기록한 내용을 보며 내 공부를 한 단계 더 발전시켜야 합니다. 자신만의 노트 필기를 완성하고 실험관찰을 꼼꼼하게 다시 보는 과정에서 자료를 해석하는 능력과 핵심 키워드를 찾는 능력이 성장하여 과학적 문해력을 기를 수 있습니다.

영어 평가, 이렇게 준비해요!

초등학교 영어는 교과서에서 배운 주요 표현(key expression)을 바탕으로 평가 문제가 구성됩니다. 주로 말하기 듣기와 같은 실제적인 문제 유형으로 수행평가가 실시되는 경우가 많습니다. 중학교에서도 초등학교에서와 같이 수행평가를 실시하지만, 배우는 내용이 많아지고 깊어지면서 지필평가도 함께 이루어집니다. 매 학기 초 영어담당 선생님께서 안내해 주시는 평가 계획과 시험범위를 잘 체크하여 평가를 대비해야 합니다(학교 사정에 의해 발표된 계획 일정이 수정될 수 있습니다). 영어 평가 3주 전부터 시험 당일까지 어떻게 준비하면 될지 알아보겠습니다.

공부 계획표 세우기 ➡ **단어와 주요 표현 익히기** ➡ **문제 풀이** ➡ **실전 연습하기**

1. 공부 계획 세우기

영어는 수업시간에 듣기, 말하기, 쓰기, 읽기 등 여러 영역을 공부합니다. 단원별로 여러 영역을 모두 공부해야 하고, 낯선 낱말들을 외우는 것이 바탕이 되기 때문에 한 번에 몰아서 공부하려고 하면 버겁게 느껴집니다. 영어는 평가 3주 전부터 시험 전날까지 어떻게 공부해야 할지, 분량과 순서를 어떻게 정리할지 살펴봅시다.

새롭게 학습한 내용에 대한 망각 곡선 유형

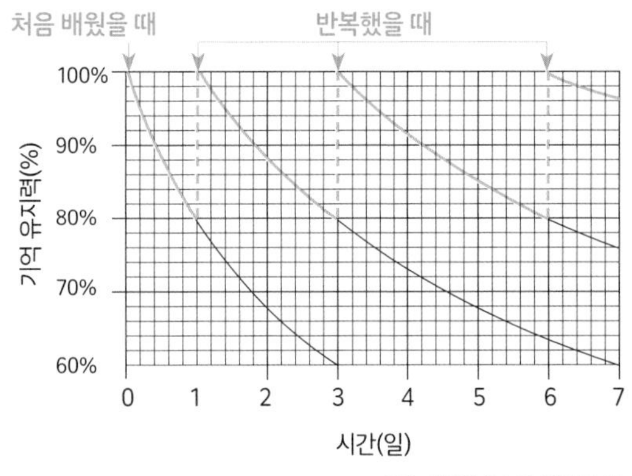

출처: 에빙하우스의 망각 곡선

	월	화	수	목	금	토	일
1주차	1단원 핵심단어 암기	1단원 주요 표현 공부하기	1~2단원 핵심단어 암기	2단원 주요 표현 공부하기	1~3단원 핵심단어 암기	3단원 주요 표현 공부하기	1~3단원 주요 표현 복습하기
2주차	1단원 문제 풀이	2단원 문제 풀이	3단원 문제 풀이	1단원 다시 풀기	2단원 다시 풀기	3단원 다시 풀기	헷갈리는 단어, 표현 정리 및 집중 공부
3주차	실전 감각을 위한 기출 문제 풀이 및 설명하기			오답노트 복습 및 최종 점검	영어 시험 당일		

영어를 공부할 때는 단어와 표현을 다양하게 익히고 암기해야 하기 때문에 분량을 정해놓고 매일 조금씩 반복적으로 공부하는 것이 중요합니다.

특히 단어와 주요 표현을 공부할 때는 앞 단원에서 공부한 것을 복습한 후에 오늘 공부할 단원을 공부해야 100% 기억하고 이해할 수 있습니다. 또한 손으로 쓰기만 하며 공부하는 것이 아니라 입으로 소리 내고 귀로 들으며 공부하는 것은 영어의 여러 영역을 두루 공부하는 데 큰 도움이 됩니다.

초등 영어 수행평가의 경우 일주일 전부터 교과서를 살펴보며 핵심 단어와 주요 표현을 확인하고, 대화문이나 짧은 글을 반복적으로 소리내어 읽어 보는 것이 많은 도움이 됩니다.

2. 단어와 주요 표현 익히기

1주차의 중요한 점은 단어와 주요 표현을 확실하게 암기해야 한다는 것입니다. 단어를 알지 못하면 문제를 이해해도 답을 고르거나, 적을 수 없기 때문에 가장 먼저 공부해야 합니다. 단어를 공부할 때는 ①철자를 확인하고, 영어공책에 바르게 옮겨 적어 보며 ②여러 번 쓰고, 단어카드나 셀로판지 등을 활용하여 반복적으로 공부해야 합니다. 단어 암기가 끝나면 주요 표현을 익혀야 합니다. ③대화문이나 짧은 글에서 주요 표현을 찾아 노트에 정리합니다. 이때 출판사 홈페이지에서 준비된 영어 음원파일이 있다면 반복적으로 들어보는 것이 좋습니다. 어느 정도 주요 표현을 익혔다면 ④단어로 쪼개어 살펴보고 다른 단어로 바꾸어 응용 표현도 함께 공부하는 것이 도움이 됩니다.

▲ 노트와 셀로판지 활용 예시

출처: 《초등 노트 필기의 기술》

〈**대표 문장**〉

	He is a (　　　).	(　　　) is a (　　　).
He is a doctor.	예) He is a **teacher**.	예) **My father** is a **singer**.
	예) He is a **firefighter**.	예) **She** is a **producer**.

3. 문제 풀이

영어 문제를 풀이하기 전에 ①스스로 단어시험을 꾸준히 보는 것이 좋습니다. 뜻을 모두 적어놓고 단어를 쓰거나, 단어를 써놓고 뜻을 적어보며 잘 기억하고 있는지 확인하고 워밍업(warm-up)을 해야 합니다. 그다음 문제집 한 권을 구입한 후 1단원 문제를 풀어 봅니다. 문제를 풀 때는 관련된 영단어나 주요 표현을 메모하는 것이 좋습니다. 문제집에 제공되는 음원을 들었을 때 대화문이 이해가 가지 않거나, 빈칸이 뚫린 대화문을 보고 주요 표현 등이 생각나지 않는 경우 바로 해석되어 있는 내용을 확인하는 것은 좋지 않습니다. ②모르는 문제가 있을 때는 교과서를 다시 펼쳐서 형광펜 등으로 표시해 둔 주요 표현을 다시 확인합니다. 그리고 ③다시 문제로 돌아와서 단어 사전을 활용해 단어의 뜻을 모두 찾아봅니다. 찾은 뜻을 바탕으로 문장을 나름대로 해석해 본 후 다시 한번 문제를 풀어 봅니다. 마지막으로 답지의 해석을 보며 뜻을 맞게 해석했는지 확인합니다. 문제는 한 번만 푸는 것이 아니라 같은 문제를 반복하여 풀어 보는 것이 좋습니다. 헷갈리는 문제를 풀 때는 ④답을 적을 때 포스트잇 위에 답을 적고, 다시 풀 때는 이전에 풀었던 포스트잇을 떼어 새롭게 푼다는 생각으로 문제 풀이에 도전하면 반복해서 문제를 풀어 보는 데 도움이 됩니다.

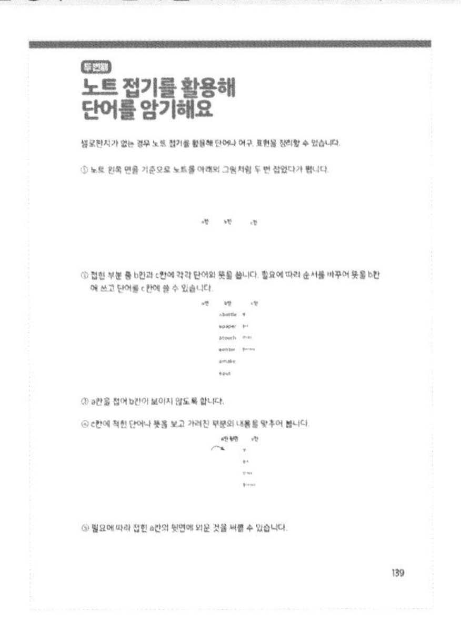
노트 접기를 활용해
단어를 암기해요

① 노트 왼쪽 면을 기준으로 노트를 아래의 그림처럼 두 번 접었다가 폅니다.

② 접힌 부분 중 b칸과 c칸에 각각 단어와 뜻을 씁니다. 필요에 따라 순서를 바꾸어 뜻을 b칸에 쓰고 단어를 c칸에 쓸 수 있습니다.

③ a칸을 접어 b칸이 보이지 않도록 합니다.

④ c칸에 적힌 단어나 뜻을 보고 가려진 부분의 내용을 맞추어 봅니다.

⑤ 필요에 따라 접힌 a칸의 뒷면에 외운 것을 써볼 수 있습니다.

139

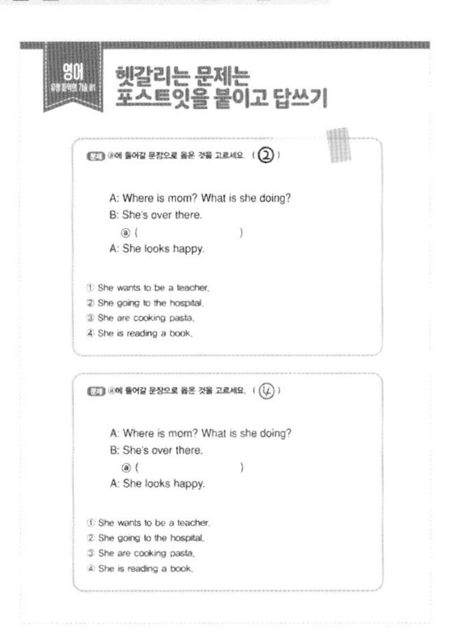
영어

헷갈리는 문제는
포스트잇을 붙이고 답쓰기

ⓐ에 들어갈 문장으로 옳은 것을 고르세요. (②)

A: Where is mom? What is she doing?
B: She's over there.
ⓐ (   )
A: She looks happy.

① She wants to be a teacher.
② She going to the hospital.
③ She are cooking pasta.
④ She is reading a book.

ⓐ에 들어갈 문장으로 옳은 것을 고르세요. (④)

A: Where is mom? What is she doing?
B: She's over there.
ⓐ (   )
A: She looks happy.

① She wants to be a teacher.
② She going to the hospital.
③ She are cooking pasta.
④ She is reading a book.

4. 실전 연습하기

학교별로 영어 기출 문제를 구해서 풀어 봐야 합니다. 이때, 급하게 풀지 않고 차근차근 문제를 푸는 습관을 들이는 것이 중요합니다. 실제 시험을 볼 때는 긴장이 되어 아는 철자도 헷갈리고, 맞게 적었는지 스스로를 계속 의심하게 됩니다. 따라서 철자나 주요 표현을 잘 적었는지 반드시 확인하고, 글의 의미에 맞게 해석했는지 살펴보는 과정이 중요합니다.

평생 성적 책임지는 자신만만 공부 계획 습관

공부의 시작은 자리에 앉는 것입니다. 초등학교에서는 1학년 학생들이 입학하면 자리에 잘 앉는 것부터 연습합니다. 하지만 자리에 앉기만 한다고 공부가 될까요? 공부를 하기 위해서는 무엇을 얼마나 공부할지에 대한 계획이 있어야 합니다. 수업 시간에는 선생님이 준비하신 계획이 있습니다. 예를 들면 선생님의 계획에 따라 수업 내용을 배우고 나머지 시간은 문제를 스스로 풀어보며 배운 내용을 적용합니다. 학원에서도 크게 다르지 않을 것입니다. 하지만 집에 와서는 무엇을 해야 하는지 모르는 경우가 있습니다. 학교와 학원에서는 정해진 계획에 따르면 그만이지만 집에서는 자기 스스로 공부 계획을 세워야 하기 때문입니다. 수업을 열심히 들었더라도 평가를 준비하기 위해서는 지난 공부 내용을 스스로 복습하는 시간이 필요합니다. 그러면 지필평가 준비는 중학교에 올라가서 하면 될까요? 좋은 평가를 받기 위해서는 개념 이해와 암기, 그리고 반복이 필요합니다. 이 습관을 제대로 들이기 위해서는 시간이 필요합니다.

그렇다면 공부 계획 세우기를 위해 무엇부터 시작해야 할까요? 첫째, 하루에 최소 얼마 정도는 배운 내용을 복습하거나 관심 분야를 공부하는 데 쓰도록 정합니다. 물론 이 계획은 실패할 수도 있습니다. 우주에 대한 책을 세 시간 동안 읽겠다고 계획했다가 집중이 잘되지 않아 한 시간만 읽을 수도 있습니다. 완벽하게 지키지 못하더라도 공부 계획을 짜는 연습을 해야 합니다. 둘째, 지키지 못한 계획을 다시 살펴봅니다. 이를 통해 내가 할 수 있는 공부량에 대해 스스로 감을 찾고 조절하여 다시 계획을 세웁니다. 이러한 방법으로 계획을 세워 보지 않은 학생들은 점점 자기조절 능력이 부족해져서 중학교 시험 기간마다 계획 관리에 실패합니다. 계획 세우기를 거듭하며 자신이 하루 동안 얼마의 시간을 집중할 수 있는지 알아야 합니다. 셋째, 수정한 공부 계획이 잘 맞고 지킬 수 있는 계획이라면 나만의 습관으로 만듭니다. 시행착오를 겪다 보면 이렇게 자신만의 습관이 생기고 집중이 되어 공부가 재밌어집니다.

중학교 시험의 자세한 범위는 보통 3~4주 전에 공지됩니다. 1년 동안의 평가 계획은 학기초에 세워지지만 학생들에게 3~4주 전 즈음 지필평가에 대해 안내되기 때문에 이에 맞추어 시험 준비에 들어갑니다. 하지만 처음 공부 계획을 세우는 초등학생들에게 3~4주치의 공부 계획을 한꺼번에 짜는 것은 어려울 것입니다. 처음에는 1주~2주 정도의 공부 계획을 세우는 것이 좋습니다. 공부 계획을 세울 때 학생들이 많이 하는 실수가 바로 학교 시간표처럼 짜는 것입니다.

●잘못된 계획표 예시 ①

시간	공부할 내용
3시~4시	[국어] 교과서 지문 다시 읽기
4시~5시	[수학]익힘책 틀린 문제 다시 풀기
5시~6시	[과학] 공룡 책 읽기
8시~9시	[사회] 신문 만들기 자료 모으기

학교 수업을 마치고 집으로 돌아와 숙제를 하거나 준비물을 챙기고 나면 하루에 남는 시간이 그다지 많지 않습니다. 이 시간 동안에 너무 많은 과목을 공부하려고 하면 미처 한 과목의 공부를 다 마치지 못하고 계획표에 쫓기게 됩니다. 그렇다면 아래는 어떨까요?

●잘못된 계획표 예시 ②

	월	화	수	목	금
3시~9시	국어	수학	사회	과학	영어

하루를 특정 과목의 날로 정해 긴 시간을 한 과목만 공부하는 것입니다. 그러나 이 방법도 추천하지 않습니다. 왜냐하면 한 과목에 대해 오랫동안 집중력을 발휘하기 어렵기 때문입니다. 초등학교 수업 시간이 한 교시에 40분인 것도 같은 이유입니다. 공부 계획을 세우는 데 절대적인 규칙은 없지만 아래와 같은 시간표로 계획을 세워 보는 것을 추천합니다.

●올바른 계획표 예시 ①

	월	화	수	목	금
저녁 식사 전	국어	사회	영어	수학	과학
저녁 식사 후	수학	과학	국어	사회	영어

하교 후 평일에 주어진 시간을 생각해 보면 하루에 두 과목 이상 공부하기는 어렵습니다. 한 과목에 대한 공부 시간은 쉬는 시간을 포함하여 두 시간 정도로 정합니다. 두 시간을 연달아 공부하는 것이 아니라 40~50분씩 두 교시로 나누는 것입니다. 한 과목을 공부하는 동안에는 한두 가지의 공부 방법을 활용할 수 있습니다. 예를 들어 영어 공부를 할 때 첫 번째 시간에는 유튜브로 영어 동화 두 편을 듣고, 쉬는 시간을 가진 다음 그다음 시간에는 영어 단어를 외웁니다.

●올바른 계획표 예시 ②

시간	공부할 내용	
저녁 식사 전	영어	유튜브로 영어 동화 두 편 듣기
		1~3단원 영어 단어 외우기
저녁 식사 후	국어	이번 주에 읽은 학급문고 독서기록장에 줄거리 요약해서 쓰기

계획표 작성이 익숙해지면 주말까지 확대하여 계획해 보는 것이 좋습니다. 또 처음에는 저녁 식사 시간을 기준으로 공부할 내용을 나누다가 시간대별로 자세히 계획하는 것으로 발전할 수 있습니다. 계획을 세우는 것이 익숙한 아이들은 스스로 공부합니다.

PART 2
과목별 유형 파악의 기술

1

주어진 지문의 흐름을 이해하고 주제를 파악하는 능력이 중요한

국어 영역

국어 과목에서는 우리나라 공용어인 국어를 정확하고 효과적으로 사용하는 데 필요한 능력과 태도를 기릅니다. 국어 과목에서는 지문을 이해하고 필요한 자료를 수집·평가하거나, 생각을 창의적으로 표현하며, 문학 작품의 가치를 내면화하고 자신을 되돌아보는 방법 등을 배웁니다. 단순히 글을 읽는 것을 어려워하는 학생은 별로 없지만, 글의 흐름을 이해하고 주제를 파악하여 문제를 해결하는 데 어려움을 겪는 학생은 많습니다. 바로 글을 읽고 이해하는 능력인 '문해력'이 부족하기 때문입니다.

문해력을 키우기 위해서는 많은 독서 경험과 노트 필기 등의 노력이 필요합니다. 교과서에는 다양한 영역의 글이 골고루 실려 있으므로 교과서를 깊이 있게 읽고, 내가 어려

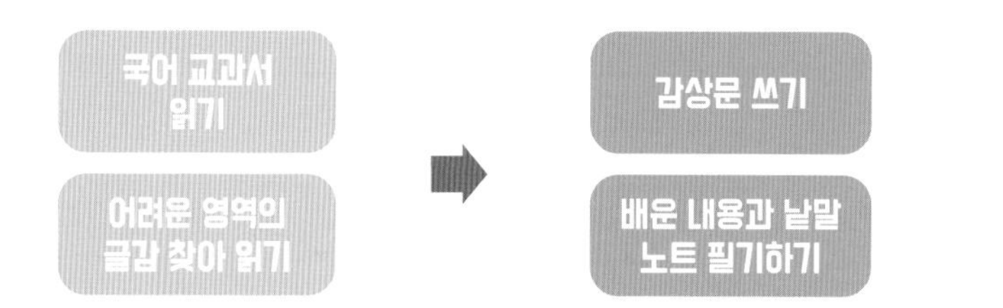

워하는 영역의 글을 더 찾아 읽는 것이 도움이 됩니다. 읽은 글에 대한 감상문을 쓰거나, 국어 시간에 배운 내용이나 어려운 낱말을 따로 모아 노트에 필기하면 더욱 효과적입니다.

또 다양한 유형의 글을 읽고 문제를 풀어보는 것도 문해력 향상에 도움이 됩니다. 문제를 풀다 보면 내가 어떤 영역과 유형의 글을 이해하는 데 어려움을 느끼는지 되돌아볼 수 있습니다. 국어 문제를 해결하는 데 어려움을 겪는 학생들을 위한 국어 문제 풀이의 기술 다섯 가지를 소개합니다.

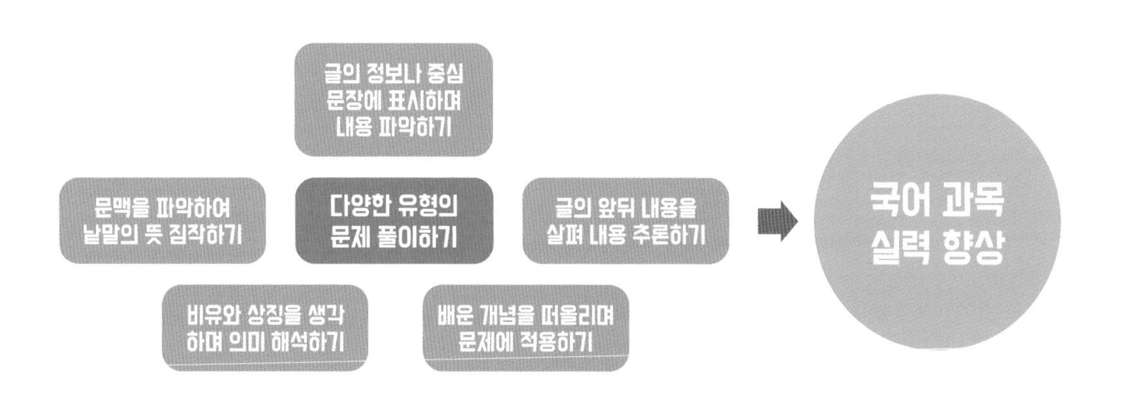

국어 유형 파악의 기술 01

글의 정보나 중심 문장에 표시하며 내용 파악하기

글의 내용을 이해하기 위해서는 글의 중심 내용을 알아야 합니다. 마찬가지로 국어 문제 풀이에서 가장 기본이 되는 것은 먼저 주어진 자료의 정보나 중심 내용을 파악하는 것입니다. 주로 긴 글을 읽고 글의 정보나 사실관계를 이해하거나, 대화 상황을 보고 주고받은 내용을 살피거나, 이야기를 읽고 내용을 정확하게 파악하는 유형의 문제 등으로 출제됩니다.

이러한 유형의 문제를 풀 때의 순서는 아래와 같습니다.

주어진 자료(글, 그림 등)보다 문제와 보기 먼저 살피기

주어진 자료의 중요한 부분에 표시하며 읽기

주어진 자료보다 문제와 보기를 먼저 읽으면 자료를 살필 때 어느 부분을 집중해서 읽어야 할지 알 수 있습니다. 집중해야 하는 부분을 파악한 후에는 주어진 자료를 살펴 중요한 부분에 표시하며 읽어야 합니다. 주로 보기와 관련된 부분이 중요한 부분이 됩니다. 눈으로만 글을 읽으면 내용을 한번에 파악하기 힘들고, 읽었던 내용을 여러 번 반복하여 읽게 됩니다. 결국 문제를 푸는 시간이 오래 걸리거나, 읽은 내용이 헷갈려 실수할 가능성이 커집니다.

국어 유형 파악의 기술 02

문맥을 파악하여 낱말의 뜻 짐작하기

낱말의 뜻을 파악하고 활용하는 것은 국어 공부의 기본입니다. 낱말을 알지 못하면 글을 이해할 수 없고 문제 해결도 어려워집니다. 문장에서 낱말의 '형태'와 '뜻이 비슷한 낱말'을 구별하여 판단할 수 있어야 합니다. 아래의 낱말을 함께 살펴봅시다.

㉠ 겨울바람이 너무 차다.
㉡ 밥을 먹으러 온 사람들로 식당이 꽉 차다.

㉠과 ㉡의 '차다'는 모양은 같지만 서로 다른 낱말인 '동형어'입니다. 낱말의 의미를 파악하기 위해서는 낱말의 앞뒤를 통해 문맥을 살펴야 합니다. 문맥을 살피면 낱말의 뜻을 짐작할 수 있습니다. 문장 ㉠에서는 '겨울바람'이 '차다.'고 하였으므로 '차다.'를 '온도가 낮고 시리다.'로 짐작할 수 있습니다. 문장 ㉡에서는 밥을 먹으러 온 사람들이 식당에 가득한 모습이므로 '차다.'를 '공간에 사람이 가득하다.'로 짐작할 수 있습니다.

내가 짐작한 뜻이 맞는지 확실하게 확인하기 위해서는 비슷하거나 반대되는 낱말로 바꾸어 보거나, 단어가 사용되는 예시 문장을 떠올리는 방법이 있습니다. 또는 아래와 같이 내가 짐작한 뜻을 넣어 확인해 볼 수도 있습니다.

> ㉠ 겨울바람이 너무 '온도가 낮고 시리다.'
> ㉡ 밥을 먹으러 온 사람들로 식당이 '가득하다.'

낱말의 의미를 파악하면 나아가 낱말의 형태와 관계를 이해할 수 있습니다. 또, 낱말의 뜻을 잘못 이해하면 문제를 엉뚱하게 이해할 수도 있으므로 낱말의 뜻을 짐작하는 것은 매우 중요합니다.

국어 유형 파악의 기술 03

글의 앞뒤 내용을 살펴 내용 추론하기

'추론'이란 이미 알려진 정보를 근거로 하여 다른 판단을 이끌어 내는 것을 말합니다. 국어 문제를 풀다 보면 종종 글에는 드러나지 않지만, 주어진 내용을 바탕으로 의미를 추론해야 하는 경우가 있습니다. 예를 들면 사건의 원인이나 결과를 파악하거나, 글쓴이의 생각을 짐작하는 문제, 대화의 맥락을 파악하는 문제 등이 있습니다. 드러나지 않은 내용을 추론하기 위해서는 먼저 문제를 파악해야 합니다. 아래의 문제들이 추론이 필요한 문제의 유형입니다.

- 다음 이야기를 보고 이어질 주인공의 행동으로 알맞은 것은?
- 글에서 ㉠에 들어갈 표현으로 알맞은 것은?
- 글에서 ㉡의 까닭을 알맞게 이해한 것은?
- 다음 광고에서 전달하고자 하는 내용을 바르게 이해한 것은?

만일 주인공의 행동을 추론하는 문제라면 이야기의 전개에 따라 인물의 생각이 어떻게 변하는지 살펴야 합니다. 표현이나 까닭을 추론하는 문제의 경우에는 글의 앞뒤 내용을 살피며 맥락이나 원인과 결과를 알아보아야 합니다. 광고의 의도를 추론하기 위해서는 사진이나 글을 함께 살펴봅니다. 이때 기술1 처럼 글의 정보에 표시하며 읽으면 읽은 내용을 체계적으로 파악할 수 있습니다.

국어 유형 파악의 기술 04

비유와 상징을 생각하며 의미 해석하기

시와 문학 작품과 관련된 문제에서는 주로 대상을 무엇에 비유하였는지, 대상이 무엇을 상징하고 있는지 묻습니다. 따라서 시와 문학 작품과 관련된 문제를 바르게 이해하기 위해서는 작품에 등장하는 비유와 상징을 이해해야 합니다. 비유와 상징은 생생한 느낌을 주고, 문학 작품에서 표현하고자 하는 주제를 보다 효과적으로 나타낼 수 있도록 합니다. 비유와 상징은 모두 표현하고자 하는 대상을 다른 사물에 빗대어 표현한다는 점에서 비슷합니다.

비유	개념	표현하고자 하는 대상을 다른 대상에 빗대어 나타내는 것
	예시	팝콘처럼 톡톡 튀는 봄꽃
상징	개념	눈에 보이지 않는 추상적인 생각이나 내용을 구체적인 사물로 대신하여 표현하는 것
	예시	전쟁 없는 평화로운 세상을 바라며 비둘기를 날립니다.

위의 예시에서 '팝콘'은 '봄꽃'을, '비둘기'는 '평화'를 뜻합니다. 문학 작품에 등장하는 비유와 상징을 바르게 파악하기 위해서는 전체 맥락을 파악해야 합니다.

소나기

오순택

누가 잘 익은 콩을
저렇게 쏟고 있나

또르륵 마당 가득
실로폰 소리 난다

소나기 그치고 나면
하늘빛이 더 맑다

왼쪽의 시에서 비유적인 표현이 드러난 부분을 살펴보고, 표현하고자 하는 대상과 비유하는 표현을 찾아봅시다. '누가 잘 익은 콩을 / 저렇게 쏟고 있나'와 '실로폰 소리'는 각각 소나기가 내리는 소리를 실감 나게 빗대어 표현하고 있습니다. 이는 시의 제목과 3연 '소나기 그치고 나면 / 하늘빛이 더 맑다'를 보고 파악할 수 있습니다. 시의 맥락을 파악하지 못하면 '콩'과 '실로폰 소리'를 글자 그대로 이해하게 되어 시의 내용과 주제를 파악할 수 없게 됩니다.

출처: 국어 3학년 1학기 1. 재미가 톡톡톡

국어 유형 파악의 기술 05

배운 개념을 떠올리며 문제에 적용하기

국어 과목은 우리가 사용하는 언어를 배우기 위한 과목으로, 모든 공부의 기초가 됩니다. 따라서 단순히 지식과 개념을 외우는 것보다 내용을 파악하거나 추론하는 등 맥락을 깊이 있게 이해하는 것이 중요합니다.

그러나 국어 과목에서도 개념을 이해하고 이를 문제 풀이에 적용하는 것이 필요할 때가 있습니다. 예를 들어 논설문이나 기행문의 특징, 낱말의 짜임이나 주어·서술어·목적어와 같은 문법 지식, 직유법이나 은유법과 같은 문학과 관련된 개념을 이해해야 하는 문제들이 있습니다. 수업 시간에 이러한 개념을 배울 때는 반드시 노트 필기 등으로 복습을 하며 확실하게 알고 넘어가야 합니다. 개념이 잘 이해되지 않을 때는 예시와 함께 정리하는 것이 도움이 됩니다. 또, 다양한 문제를 풀어보고 틀린 문제를 오답노트에 정리하며 내 것으로 만드는 것도 중요합니다.

국어
유형 파악의 기술 01

글의 정보나 중심 문장에 표시하며 내용 파악하기

사실과 내용 확인이 필요한 문제

5학년 1학기 3. 글을 요약해요 

문제 글을 읽고 다보탑과 석가탑에 대해 알 수 있는 사실이 아닌 것을 고르세요. (　　)

우리나라에는 화강암을 쪼아 만든 석탑이 많습니다. 그 가운데에서 가장 유명한 탑은 다보탑과 석가탑입니다. 다보탑과 석가탑에는 공통점과 차이점이 있습니다.

다보탑과 석가탑은 공통점이 있습니다. 두 탑은 모두 통일 신라 시대에 만든 탑으로서 불국사 대웅전 앞뜰에 나란히 서 있습니다. 또 두 탑은 그 가치를 인정받아 국보로 지정되었습니다.

두 탑의 모습은 매우 다릅니다. 다보탑은 장식이 많고 화려합니다. 십자 모양의 받침 주변에 돌계단을 만들고 그 위에 사각·팔각·원 모양의 돌을 쌓아 올렸습니다. 반면 석가탑은 단순하면서도 세련된 멋이 있습니다. 사각 평면 받침 위에 돌을 삼 층으로 쌓아 올려 매우 균형 있는 모습을 자랑합니다.

다보탑과 석가탑은 서로 다른 모습으로 각각 아름답습니다. 두 탑은 우리 조상의 뛰어난 솜씨와 예술성을 보여 줍니다. 그래서 많은 사람에게 관심과 사랑을 받습니다.

① 다보탑과 석가탑은 통일 신라 시대에 만들어졌다.
② 다보탑과 석가탑은 모두 화강암을 쪼아 만든 석탑이다.
③ 다보탑과 석가탑은 그 가치를 인정받아 국보로 지정되었다.
④ 다보탑은 사각 평면 받침 위에 돌을 삼 층으로 쌓아 올렸다.
⑤ 다보탑은 장식이 많고 화려하며, 석가탑은 단순하고 세련된 멋이 있다.

STEP 01

문제 읽기

❶ 어떤 문제인지 읽어 볼까? 문제를 읽고 30초 정도 생각해.

문제 유형 파악하기

❶ 무엇을 보고 문제의 유형을 알 수 있을까? 주어진 글이 무엇을 설명하고 있는지와 문제의 밑줄 그어져 있는 부분을 살펴봐.
❷ 글의 사실과 내용 확인이 필요한 문제 유형임을 알 수 있어.

STEP 02

문제 풀이의 기술 떠올리기

❶ 문제에 '알 수 있는 사실'이라는 말이 있는 걸 보니 이 문제는 사실과 내용 확인이 필요한 문제야.
❷ 사실과 내용 확인이 필요한 문제에서는 주어진 자료(글, 그림 등)보다 문제와 보기를 먼저 살펴야 해.
❸ 그 후 주어진 자료(글, 그림 등)를 살피며 문제와 관련된 부분에 표시하고 내용을 파악해.

문제 풀이 계획 세우기

❶ 문제에 제시된 글을 읽기 전, 문제와 보기를 먼저 살펴봐.

❷ 글을 읽으며 알 수 있는 사실이 아닌 것을 파악해야 하므로 문제와 보기에 제시된 내용이 글에 어떻게 나타나는지 살펴야 해. 예를 들어 문제에 '다보탑', '석가탑'이 계속 등장하므로 글에서 '다보탑'와 '석가탑'의 특징을 설명하는 부분은 집중해서 읽다가 보기의 내용이 나오면 밑줄을 긋고 비교하며 사실이 맞는지 확인하는 거야.

STEP 03

문제 풀이의 기술 적용하기

❶ ①~⑤번을 살피며 제시된 글이 '다보탑', '석가탑'의 특징에 대해 설명하고 있다는 것을 파악해야 해. 여러 사물의 특징에 관해 물을 때는 사물의 특징뿐 아니라 공통점, 차이점을 파악하며 글을 읽으면 좋아.

❷ 보기와 글을 비교하며 읽다가 보기에 제시된 내용이 나오면 밑줄을 긋고 비교해. 보기의 번호를 적어두면 헷갈리지 않고 문제를 풀 수 있어. 다보탑과 석가탑에 대해 설명하는 부분에 표시를 하는 것도 내용을 한눈에 알아보는 데 도움이 돼.

❸ 보기와 글을 비교하여 보기의 내용이 사실이면 보기 끝에 ○ 표시를, 사실이 아니면 × 표시를 해 봐.

문제 글을 읽고 다보탑과 석가탑에 대해 알 수 있는 사실이 아닌 것을 고르세요. (　　　)

②우리나라에는 화강암을 쪼아 만든 석탑이 많습니다. 그 가운데에서 가장 유명한 탑은 다보탑과 석가탑입니다. 다보탑과 석가탑에는 공통점과 차이점이 있습니다.

다보탑과 석가탑은 공통점이 있습니다. ①두 탑은 모두 통일 신라 시대에 만든 탑으로서 불국사 대웅전 앞뜰에 나란히 서 있습니다. ③또 두 탑은 그 가치를 인정받아 국보로 지정되었습니다.

두 탑의 모습은 매우 다릅니다. ⑤다보탑은 장식이 많고 화려합니다. 십자 모양의 받침 주변에 돌계단을 만들고 그 위에 사각·팔각·원 모양의 돌을 쌓아 올렸습니다. 반면 ⑤석가탑은 단순하면서도 세련된 멋이 있습니다. ④사각 평면 받침 위에 돌을 삼 층으로 쌓아 올려 매우 균형 있는 모습을 자랑합니다.

다보탑과 석가탑은 서로 다른 모습으로 각각 아름답습니다. 두 탑은 우리 조상의 뛰어난 솜씨와 예술성을 보여 줍니다. 그래서 많은 사람에게 관심과 사랑을 받습니다.

① 다보탑과 석가탑은 통일 신라 시대에 만들어졌다. ○
② 다보탑과 석가탑은 모두 화강암을 쪼아 만든 석탑이다. ○
③ 다보탑과 석가탑은 그 가치를 인정받아 국보로 지정되었다. ○
④ 다보탑은 사각 평면 받침 위에 돌을 삼 층으로 쌓아 올렸다. ×
⑤ 다보탑은 장식이 많고 화려하며, 석가탑은 단순하고 세련된 멋이 있다. ○

문제 풀기

④를 보면, '사각 평면 받침 위에 돌을 삼 층으로 쌓아 올려 매우 균형 있는 모습을 자랑합니다.' 라는 내용이 석가탑을 설명하고 있다는 것을 알 수 있어.

정답 : ④번

대화의 주제 파악과 제시된 정보 이해가 필요한 문제

6학년 1학기 7. 우리말을 가꾸어요 

문제 아래의 대화에서 알 수 있는 사실로 알맞은 것은? ( )

휘경: 어제 인터넷 뉴스에서 우리말이 훼손되고 있다는 기사를 보았어.

승협: 맞아. 우리 주변에서도 외국어나 줄임말을 사용하거나, 욕설을 사용하는 경우를 많이 볼 수 있어.

지혜: 우리말 사용 실태 조사를 위해 나는 우리 학교 6학년 친구들을 대상으로 설문 조사를 해 보았는데, 그 결과 90%의 학생들이 평소에 욕설이나 비속어를 사용한다는 것을 알 수 있었어.

윤희: 나는 거리에서 우리말이 사용되지 않은 경우를 살펴보았는데, ○○텔레콤, △△헤어 등 외국어를 사용한 간판이 많았어.

주영: 인터넷에서 유행하는 신조어를 무분별하게 사용하는 것도 우리말이 훼손된 경우라고 할 수 있어. 신조어를 사용하기 전 그 뜻이나 유래를 알아보는 것이 좋아.

① 인터넷 신조어를 사용하면 친근감을 느낄 수 있다.
② 우리말을 지키기 위한 노력이 활발하게 이루어지고 있다.
③ 대부분 학생이 평소 욕설이나 비속어를 사용하지 않는다.
④ 거리의 간판에서 우리말을 잘 사용하는 예를 찾을 수 있다.
⑤ 인터넷에서 유행하는 신조어를 사용할 때는 뜻이나 유래를 알아봐야 한다.

STEP 01

문제 읽기

❶ 어떤 문제인지 읽어 볼까? 문제와 제시된 글을 함께 살펴봐.

문제 유형 파악하기

❶ 제시된 대화, 문제, 보기를 전체적으로 살펴봐.
❷ 대화의 주제를 파악하고 제시된 정보를 이해하는 것이 필요한 문제 유형임을 알 수 있어.

문제 풀이의 기술 떠올리기

❶ 사실과 내용 확인이 필요한 문제에서는 주어진 자료(대화문)보다 보기를 먼저 살펴야 해.
❷ 그 후 주어진 글을 살피며 문제와 관련된 부분에 표시하고 내용을 파악해.

문제 풀이 계획 세우기

❶ 문제에 제시된 글을 읽기 전에 보기를 먼저 살펴봐.
❷ 대화문을 읽으며 알 수 있는 사실을 파악해야 하므로 보기 중 글에 제시된 것과 일치하는 내용을 찾아야 해.
❸ 대화문과 보기를 번갈아 읽고 연관된 부분에 표시하며 문제를 풀어봐.

STEP 03

문제 풀이의 기술 적용하기

❶ ①~⑤번에서 설명하고 있는 주제를 파악해 표시해 봐. 보기의 내용을 먼저 파악하면 제시된 대화문에서 집중해서 읽어야 할 부분을 알 수 있어.
❷ 표시된 주제에 집중하여 보기와 글을 비교하며 읽다가 보기에 제시된 내용이 나오면 밑줄을 긋고 비교해.
❸ 일치하는 정보를 찾아 보기 끝에 ○, × 표시를 하며 문제를 풀어 봐.

문제 아래의 대화에서 알 수 있는 사실로 알맞은 것은? (　　　)

휘경 : 어제 인터넷 뉴스에서 ②우리말이 훼손되고 있다는 기사를 보았어.
승협 : 맞아. 우리 주변에서도 외국어나 줄임말을 사용하거나, 욕설을 사용하는 경우를 많이 볼 수 있어.
지혜 : 우리말 사용 실태 조사를 위해 나는 우리 학교 6학년 친구들을 대상으로 설문 조사를 해 보았는데, 그 결과 ③90%의 학생들이 평소에 욕설이나 비속어를 사용한다는 것을 알 수 있었어.
윤희 : 나는 ④거리에서 우리말이 사용되지 않은 경우를 살펴보았는데, ○○텔레콤, △△헤어 등 외국어를 사용한 간판이 많았어.
주영 : 인터넷에서 유행하는 ①신조어를 무분별하게 사용하는 것도 우리말이 훼손된 경우라고 할 수 있어. ⑤신조어를 사용하기 전 그 뜻이나 유래를 알아보는 것이 좋아.

① 인터넷 신조어를 사용하면 친근감을 느낄 수 있다. ×
② 우리말을 지키기 위한 노력이 활발하게 이루어지고 있다. ×
③ 대부분 학생이 평소 욕설이나 비속어를 사용하지 않는다. ×
④ 거리의 간판에서 우리말을 잘 사용하는 예를 찾을 수 있다. ×
⑤ 인터넷에서 유행하는 신조어를 사용할 때는 뜻이나 유래를 알아봐야 한다. ○

문제 풀기

신조어를 설명하고 있는 주영이의 말에서 신조어를 사용하기 전 그 뜻이나 유래를 알아보는 것이 좋다는 내용을 확인할 수 있어.

정답 : ⑤번

국어
유형 파악의 기술 02

문맥을 파악하여 낱말의 뜻 짐작하기

낱말의 뜻을 파악하고 응용해야 하는 문제

5학년 2학기 7. 중요한 내용을 요약해요 

문제 다음 중 ㉠과 같은 의미로 쓴 사람은 누구인가요? (   )

내 귀는 건강한가요

귀가 ㉠**어두워** 무슨 말을 해도 제대로 알아듣지 못하는 만화 주인공 '사오정'을 아시나요? 만화 주인공 사오정과 비슷한 사람이 우리 주변에 많이 생겨나고 있습니다. 사오정이 뜬금없는 말로 우리에게 재미와 웃음을 주지만 요즘에 사오정들은 귀 건강을 위협받는 아주 위험한 상황에 놓여 있습니다.

휘경: 어두운 밤길에는 조심해야 해.
윤희: 오늘따라 친구의 표정이 참 어둡다.
주영: 눈이 어두워 잘 보이지 않는다.
승협: 나는 어두운 색의 옷이 잘 어울려.

문제 읽기

❶ 어떤 문제인지 읽어 볼까? 문제를 읽고 30초 정도 생각해.

문제 유형 파악하기

❶ 무엇을 보고 문제의 유형을 알 수 있을까?
❷ ㉠과 아래의 선택지를 살펴봐. 낱말의 뜻을 파악하고 응용해야 하는 문제야.

문제 풀이의 기술 떠올리기

❶ 낱말의 뜻을 짐작하기 위해서는 앞뒤 문장을 통해 문맥을 살펴야 해.
❷ 짐작한 뜻이 맞는지 확인하기 위해 비슷하거나 반대되는 낱말로 바꾸어 생각해 봐.
❸ 단어가 사용되는 예시를 떠올려도 좋아.

문제 풀이 계획 세우기

❶ 단순히 보이는 뜻만을 생각하지 말고, ㉠의 앞뒤 문장을 살피며 문맥을 파악해야 해.
❷ 앞뒤 문장뿐 아니라 글 전체를 읽으며 ㉠의 뜻을 짐작해 봐. ㉠과 관련하여 어떤 설명이 등장했는지 살피면 좋아.
❸ 짐작한 낱말을 ㉠에 넣어보고 짐작한 것이 맞는지 확인해.

STEP 03

문제 풀이의 기술 적용하기

문제 다음 중 ㉠과 같은 의미로 쓴 사람은 누구인가요? (　　　　)

내 귀는 건강한가요

귀가 ㉠**어두워** 무슨 말을 해도 제대로 알아듣지 못하는 만화 주인공 '사오정'을 아시나요? 만화 주인공 사오정과 비슷한 사람이 우리 주변에 많이 생겨나고 있습니다. 사오정이 뜬금없는 말로 우리에게 재미와 웃음을 주지만 요즘에 사오정들은 귀 건강을 위협받는 아주 위험한 상황에 놓여 있습니다.

❶ 무슨 말을 해도 제대로 알아듣지 못하는 만화 주인공을 '귀가 어둡다'고 표현한 첫 번째 문장을 살피며 ㉠의 뜻을 짐작할 수 있어.
❷ 글에서 ㉠의 뜻을 짐작할 수 있는 또 다른 문장을 찾아 표시해 봐.
❸ ㉠을 내가 알고 있는 다른 낱말인 '안 들려'로 바꾸어 생각하며 말이 잘 통하는지 살펴봐.

휘경: 어두운 밤길에는 조심해야 해.
윤희: 오늘따라 친구의 표정이 참 어둡다.
주영: 눈이 어두워 잘 보이지 않는다.
승협: 나는 어두운 색의 옷이 잘 어울려.

❹ 위와 같은 방법으로 문맥을 살피며 선택지의 밑줄 친 낱말의 뜻을 짐작해야 해.

문제 풀기

❶ 무슨 말을 해도 제대로 알아듣지 못하는 만화 주인공을 '귀가 어둡다'고 표현한 것으로 미루어 보아 '귀가 어둡다'는 귀가 잘 들리지 않는 것을 말한다는 것을 알 수 있어.
❷ 주영이는 '어둡다'를 '눈이 잘 보이지 않는다'는 뜻으로 사용했어. 이는 '어둡다'를 신체 기관인 '귀가 잘 들리지 않는다'라고 사용한 것과 의미가 같아.

정답 : 주영

모양은 같지만 뜻이 다른 낱말을 구분해야 하는 문제

6학년 1학기 6. 내용을 추론해요 ★☆☆☆☆

문제 다음 [ ] 안에 공통으로 들어갈 낱말은? ( )

– 챙이 넓은 모자를 머리에 [ ].

– 공책에 글씨를 [ ].

① 얹다
② 적다
③ 앉다
④ 쓰다
⑤ 올리다

문제 읽기

❶ 어떤 문제인지 읽어 볼까? 문제와 선택지를 살펴봐.

문제 유형 파악하기

❶ 무엇을 보고 문제의 유형을 알 수 있을까?
❷ 주어진 예시 문장과 선택지의 낱말을 살펴봐. 모양은 같지만 뜻이 다른 낱말을 구분해야 하는 문제야.

문제 풀이의 기술 떠올리기

❶ 주어진 글을 살펴보며 빈칸에 무슨 낱말이 들어가야 할지 짐작해.
❷ 선택지에 짐작한 낱말이 있는지 살펴보고, 빈칸에 넣어 확인해 봐.

문제 풀이 계획 세우기

❶ 모양은 같지만 뜻이 다른 낱말을 찾아야 할 때는 주어진 예시 문장을 먼저 살펴야 해. 빈칸에 들어갈 수 있는 낱말을 모두 떠올려 봐.
❷ 빈칸에 공통으로 들어갈 수 있는 낱말에는 무엇이 있을지 떠올린 후 선택지에서 찾아봐.
❸ 공통으로 들어갈 낱말로 짐작한 것을 빈칸에 넣어 보고 짐작한 것이 맞는지 확인해.

문제 풀이의 기술 적용하기

❶ 주어진 예시 문장을 읽으며 빈칸에 들어갈 수 있는 낱말을 모두 떠올려 봐. 예를 들어 '챙이 넓은 모자를 머리에 [   ]'의 빈칸에는 어떤 말이 들어갈 수 있을까? '쓰다', '얹다', '착용하다' 등 여러 낱말을 떠올릴 수 있어.

❷ 낱말이 잘 떠오르지 않으면 선택지의 낱말을 빈칸에 하나씩 넣으며 말이 통하는지 살펴봐도 좋아. 예를 들어 '공책에 글씨를 [   ]'의 빈칸에는 ②적다, ④쓰다를 넣으면 말이 잘 통해.

❸ 공통으로 들어갈 낱말을 찾았으면 다시 한번 예시 문장의 빈칸에 넣어 보고 짐작한 것이 맞는지 확인해야 해.

문제 풀기

'쓰다'는 글자는 같지만 뜻이 서로 다른 낱말로, '모자 따위를 머리에 얹어 덮다.', '붓, 펜, 연필과 같이 선을 그을 수 있는 도구로 종이 따위에 획을 그어서 일정한 글자의 모양이 이루어지게 하다.' 등의 뜻이 있어.

출처: 국립국어원 표준국어대사전

정답 : ④번

국어
유형 파악의 기술 03

글의 앞뒤 내용을 살펴 내용 추론하기

대화의 맥락을 바탕으로 드러나지 않은 의미를 파악하는 문제

5학년 1학기 5. 글쓴이의 주장 ★★☆☆☆

 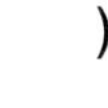 문제 ☐에 들어갈 내용으로 알맞은 것은? (　　)

사회자: '초등학생에게는 스마트폰이 필요하다.'라는 주제로 의견을 나누어 보겠습니다. 자신의 의견을 자유롭게 이야기해 주세요.

승협: 저는 초등학생에게 스마트폰이 필요하다고 생각합니다. 스마트폰이 있으면 언제 어디서든 내가 궁금한 것을 찾아볼 수 있어 공부에도 도움이 됩니다. 또, 친구들과 메신저로 연락을 주고받을 때도 스마트폰을 사용하므로 스마트폰은 친구 관계에도 도움이 됩니다.

지혜: 스마트폰 메신저로 친구와 연락을 주고받을 수 있지만, 오히려 스마트폰만 가지고 놀면 친구와 실제로 만나 놀기 어려워 ☐. 또, 스마트폰은 중독이 되기 쉬워 올바로 사용하지 않으면 오히려 독이 됩니다.

① 게임에 중독될 수 있습니다.
② 친구 관계가 멀어질 수 있습니다.
③ 편리한 생활을 즐길 수 있습니다.
④ 스마트폰을 활용하면 공부에 집중할 수 있습니다.
⑤ 친구와 스마트폰으로 친밀하게 소통할 수 있습니다.

STEP 01

문제 읽기

❶ 어떤 문제인지 읽어 볼까? 제시된 글의 상황을 살펴봐.

문제 유형 파악하기

❶ 제시된 글에서 인물들이 어떤 주제에 관한 대화를 나누고 있는지 살펴봐.
❷ 대화의 맥락을 바탕으로 드러나지 않은 의미를 파악해야 하는 문제 유형임을 알 수 있어.

STEP 02

문제 풀이의 기술 떠올리기

❶ 제시된 대화문을 읽으며 전체 맥락을 파악해.
❷ 빈칸에 들어갈 앞뒤 문장을 읽으며 들어갈 내용을 추론해.

문제 풀이 계획 세우기

❶ 주장에 대한 찬반 의견을 나누고 있으므로, 먼저 제시된 대화문을 읽으며 말하는 이의 의견을 파악해야 해.

❷ 빈칸에 들어갈 만한 의견은 무엇일지 추론해 봐. 이때 앞뒤 문장이나 다른 인물의 의견을 함께 살피면 드러나지 않은 의미를 파악하여 추론하는 데 도움이 돼.

문제 풀이의 기술 적용하기

❶ 말하는 이의 의견을 짐작할 수 있는 부분에 표시하며 대화문을 살펴봐. 말하는 이가 주장에 대해 찬성하고 있는지, 반대하고 있는지를 파악해야 해.

문제 [ ]에 들어갈 내용으로 알맞은 것은? (   )

사회자: '초등학생에게는 스마트폰이 필요하다.'라는 주제로 의견을 나누어 보겠습니다. 자신의 의견을 자유롭게 이야기해 주세요.

승협: 저는 초등학생에게 스마트폰이 필요하다고 생각합니다. 스마트폰이 있으면 언제 어디서든 내가 궁금한 것을 찾아볼 수 있어 공부에도 도움이 됩니다. 또, 친구들과 메신저로 연락을 주고받을 때도 스마트폰을 사용하므로 스마트폰은 친구 관계에도 도움이 됩니다.

지혜: 스마트폰 메신저로 친구와 연락을 주고받을 수 있지만, 오히려 스마트폰만 가지고 놀면 친구와 실제로 만나 놀기 어려워 [ ]. 또, 스마트폰은 중독이 되기 쉬워 올바로 사용하지 않으면 오히려 독이 됩니다.

❷ 빈칸의 앞뒤 문장을 살펴보면 들어갈 내용을 추론하는 데 도움이 돼. 예를 들어, 빈칸의 앞 문장인 '스마트폰 메신저로 친구와 연락을 주고받을 수 있지만'까지 읽으면 '초등학생에게 스마트폰이 필요하다.' 라는 주제에 대해 찬성하고 있는 것처럼 보여. 하지만 바로 뒤의 '오히려' 라는 단어를 통해 빈칸에 들어갈 내용은 주제에 대해 반대하는 내용이 들어갈 것임을 추론할 수 있어.

❸ 또, 빈칸의 앞뒤 문장을 읽으며 단순히 스마트폰에 대한 부정적인 의견이 아닌 스마트폰과 친구 관계에 대한 부정적인 내용이 들어갈 것임을 추론할 수 있어야 해.

문제 풀기

스마트폰만 가지고 놀면 친구와 실제로 만나 놀기 어렵다는 문장으로 미루어 보아 빈칸에는 '② 친구 관계가 멀어질 수 있습니다.'가 들어갈 수 있어.

정답 : ②번

문제 이 글의 내용을 알맞게 이해하지 못한 것은? (　　　)

관용 표현은 여러 사람이 생활 속에서 대화를 나누며 쓰는 표현 중 특정한 의미로 굳어져 한 낱말이나 문장처럼 활용되는 표현입니다. 의견을 전하거나 대화를 나눌 때 사용하는 여러 표현은 글자 뜻 그대로의 의미를 전달하는 경우도 있지만 상황에 따라서는 다른 표현과 합쳐져 다른 뜻을 전달하기도 합니다.

신체 부위와 관련된 관용 표현은 실제와 다른 의미를 나타내기도 합니다. '눈이 번쩍 뜨인다.'는 말은 우리 얼굴의 눈을 번쩍 뜨는 것 이외에 놀라거나 정신이 든다는 뜻을 포함하고 있습니다. '입을 막다.'라는 표현은 입을 두 손으로 가리는 것 이외에 시끄러운 소리나 자기에게 불리한 말을 하지 못하게 한다는 뜻이 있습니다.

일상생활에서 많이 듣는 ㉠ 도 관용 표현입니다. ㉠ 은/는 일상에 필요한 교훈을 직접적으로 전달하기보다 비유적으로 전달하는 표현입니다. '소 잃고 외양간 고친다.'라는 ㉠ 은/는 실제로 소를 잃어버렸다는 것이 아니라, 문제가 일어난 뒤에는 후회해도 소용이 없음을 의미합니다. 이처럼 관용 표현은 굳어진 뜻이 있으므로 대화를 주고받을 때는 관용 표현이 의미하는 뜻이 무엇인지 생각해야 합니다.

① ㉠에 들어갈 알맞은 말은 '속담'이겠군.
② 내가 친구를 부르는 별명은 관용 표현이 되겠군.
③ 관용 표현을 활용해 생각을 말할 때는 말하는 상황을 확인해야 하겠군.
④ '말 한마디에 천 냥 빚도 갚는다.'는 말은 교훈을 전달하는 관용 표현이겠군.
⑤ 'PC방에 발을 끊다.'라는 표현은 실제로 발을 끊는다는 것과 다른 의미이겠군.

문제 읽기

❶ 어떤 문제인지 읽어 볼까? 제시된 글의 상황을 살펴봐.

문제 유형 파악하기

❶ 제시된 글을 읽고 어떤 내용을 확인해야 하는지 살펴봐.
❷ 글의 맥락을 바탕으로 드러나지 않은 의미를 파악해야 하는 문제 유형임을 알 수 있어.

문제 풀이의 기술 떠올리기

❶ 제시된 글을 읽으며 전체적으로 어떤 내용에 대한 글인지, 글이 담고 있는 정보는 무엇인지 파악해.
❷ 각 문단을 읽고 선택지와 연결 지어 관련된 내용에는 무엇이 있을지 생각해 봐. 특히 (㉠)에 들어갈 단어가 무엇인지 앞뒤 문장을 읽으며 추론해야 해.

문제 풀이 계획 세우기

❶ 관용 표현에 대한 글이므로, 먼저 관용 표현에 대해 알 수 있는 정보를 파악해야 해.
❷ ㉠을 설명하는 앞, 뒤의 문장을 읽으며 들어갈 단어를 추론해 봐. 이때 앞뒤 문장이 아니더라도 ㉠을 설명하는 예시가 있다면 함께 살피는 것이 추론에 도움이 돼.

STEP 03

문제 풀이의 기술 적용하기

❶ 추론을 하는 데 필요한 정보가 담겨 있는 부분에 밑줄을 치며 글을 읽어 봐. 문단별로 어떤 내용을 설명하고 있는지 파악해야 해.

문제 이 글의 내용을 알맞게 이해하지 못한 것은? (　　　)

관용 표현은 여러 사람이 생활 속에서 대화를 나누며 쓰는 표현 중 특정한 의미로 굳어져 한 낱말이나 문장처럼 활용되는 표현입니다. 의견을 전하거나 대화를 나눌 때 사용하는 여러 표현은 글자 뜻 그대로의 의미를 전달하는 경우도 있지만 상황에 따라서는 다른 표현과 합쳐져 다른 뜻을 전달하기도 합니다.

신체 부위와 관련된 관용 표현은 실제와 다른 의미를 나타내기도 합니다. '눈이 번쩍 뜨인다.'는 말은 우리 얼굴의 눈을 번쩍 뜨는 것 이외에 놀라거나 정신이 든다는 뜻을 포함하고 있습니다. '입을 막다.'라는 표현은 입을 두 손으로 가리는 것 이외에 시끄러운 소리나 자기에게 불리한 말을 하지 못하게 한다는 뜻이 있습니다.

일상생활에서 많이 듣는 [㉠]도 관용 표현입니다. [㉠]은/는 일상에 필요한 교훈을 직접적으로 전달하기보다 비유적으로 전달하는 표현입니다. '소 잃고 외양간 고친다.'라는 [㉠]은/는 실제로 소를 잃어버렸다는 것이 아니라, 문제가 일어난 뒤에는 후회해도 소용이 없음을 의미합니다. 이처럼 관용 표현은 굳어진 뜻이 있으므로 대화를 주고받을 때는 관용 표현이 의미하는 뜻이 무엇인지 생각해야 합니다.

❷ 빈칸의 앞뒤 문장을 살펴보면 들어갈 내용을 추론하는 데 도움이 돼. 예를 들어, 빈칸의 뒷 문장인 '일상에 필요한 교훈을 직접적으로 전달하기보다 비유적으로 전달하는 표현'과 예시 '소 잃고 외양간 고친다.'를 읽으면 쉽게 빈칸에 들어갈 말을 추론할 수 있어.

문제 풀기

내가 친구를 부르는 별명은 관용 표현이 될 수 없어. 관용 표현은 많은 사람이 쓰며 굳어져 만들어지기 때문이야.

정답 : ②번

비유와 상징을 생각하며 의미 해석하기

대상과 비유하는 표현을 연결하는 문제

5학년 1학기 7. 기행문을 써요 ★★☆☆☆

문제 다음 대화를 읽고 표현이 어색한 부분을 고르세요. (   )

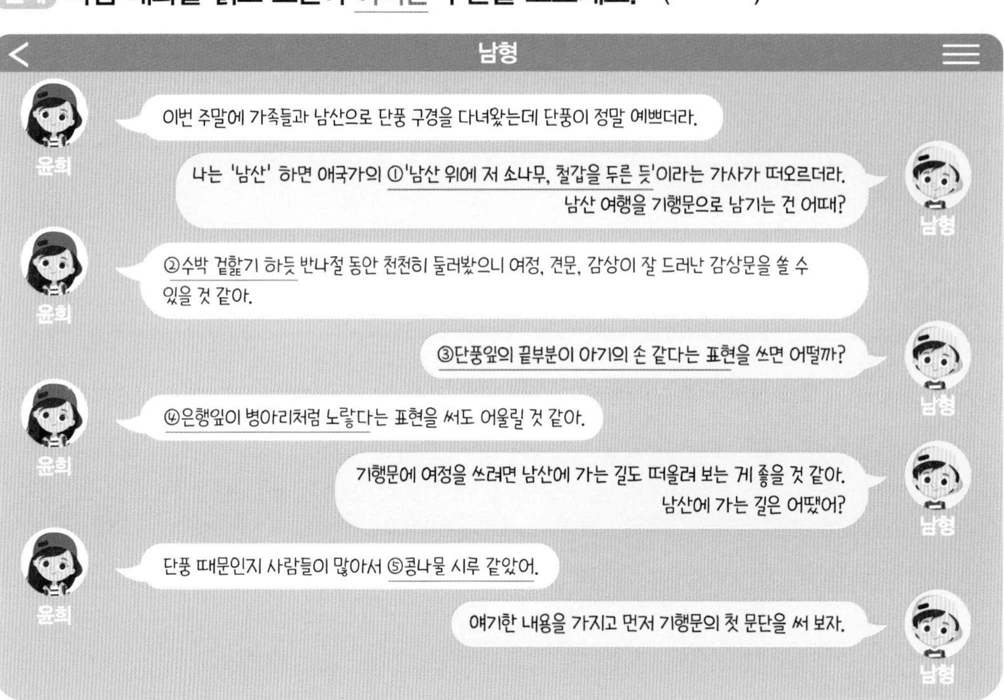

문제 읽기

❶ 어떤 문제인지 읽어 볼까? 문제와 제시된 글을 함께 읽어 봐.

문제 유형 파악하기

❶ 윤희와 남형이의 대화에 비유하는 표현들이 등장해.
❷ 대상과 비유하는 표현이 어색한 부분을 찾는 문제야.

문제 풀이의 기술 떠올리기

❶ 비유가 어색하지 않은지 살펴보려면 표현하고자 하는 대상과 비유하는 표현 사이 공통점을 찾아야 해.
❷ 모습이 비슷하거나 색깔이 같거나 하는 공통점이 있어야 비유가 어색하지 않아.

문제 풀이 계획 세우기

❶ 대상과 비유하는 표현을 각각 표시해 봐. 문제에 직접 표시하면 한눈에 살펴보기 쉬워.
❷ 표시한 내용을 보며 대상과 비유하는 표현 사이에 공통점이 있는지 찾아봐.

문제 풀이의 기술 적용하기

❶ 대상과 비유하는 표현을 표시해. 대상은 대상, 비유하는 표현은 비유하는 표현으로 표시해보자.

문제 다음 대화를 읽고 표현이 어색한 부분을 고르세요. (　　　)

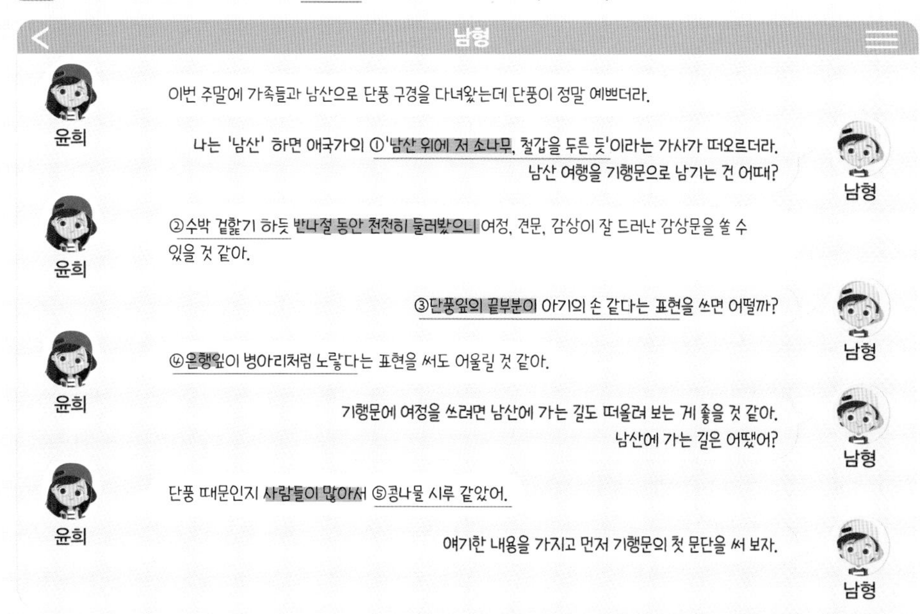

❷ 대상과 비유하는 표현 사이에 공통점이 있는지 살펴봐.

문제 풀기

❶ ①번은 소나무의 변치 않는 모습을 철갑을 두른 모습에 비유했어. ③번은 단풍잎의 끝부분이 갈라진 모습을 아기의 손 모양에 비유했어. ④번은 은행잎과 병아리가 모두 노랗다는 공통점 때문에 쓴 표현이야. ⑤번은 사람이 많은 모습은 빽빽하게 콩나물이 자란 콩나물 시루에 비유했어.
❷ 수박 겉핥기란 수박의 속이 아니라 겉만 핥고 있다는 뜻이야. 즉 내용은 모르고 겉만 건드리고 있다는 뜻으로 반나절 동안 천천히 둘러보았다는 윤희의 말과 어울리지 않아.

정답 : ②번

문제 ㉠은 어떤 사람을 비유한 것인가요? (　　　)

우리는 아무 생각 없이 '그냥' 지내는 날이 얼마나 많은지 몰라. 그냥 먹고, 그냥 자고, 그냥 노는 날 말이야. 어떤 때에는 봄이 와서 꽃이 피어도, 아침이 되어 찬란한 태양이 떠올라도 아무 느낌 없이 그냥 흘끗 보고 지나쳐 버리기도 하지. 새들이 어떻게 짝을 지어 날아가고, 구름이 어떻게 모였다가 흩어지는지 몇 번이나 눈여겨보았니? 자신에게 혹은 남들에게 궁금한 일에 대해서 몇 번이나 질문해 보았니? 남들이 하니까 그냥 따라 하고, 어른들이 시키니까 그냥 했던 일은 없었니?

자기 안에 물음표가 없어서 아무것도 묻지 못하는 사람은 ㉠건전지를 넣고 단추를 누르면 그냥 북을 쳐 대는 곰 인형과 별로 다를 것이 없어.

출처: 《생각 깨우기》, 이어령 지음, 푸른숲주니어, 2009

① 생각이 많은 사람
② 질문을 자주 하는 사람
③ 악기 연주를 잘하는 사람
④ 기계적으로 살아가는 사람
⑤ 자연환경에 관심이 없는 사람

문제 읽기

❶ 어떤 문제인지 읽어 볼까? 문제와 제시된 글을 함께 읽어 봐.

문제 유형 파악하기

❶ 비유의 뜻을 생각하며 문제를 다시 살펴봐.
❷ 글의 내용을 이해해야 ㉠의 뜻을 알 수 있어. 따라서 이 문제는 글의 맥락을 파악하며 비유적인 표현을 해석하는 것이 필요한 문제 유형임을 알 수 있어.

문제 풀이의 기술 떠올리기

❶ 글을 읽으며 글쓴이의 의도나 전체 맥락을 파악해.
❷ 표현하고자 하는 대상과 비유하는 표현 사이 공통점을 찾아야 해.

문제 풀이 계획 세우기

❶ ㉠을 살피며 왜 이런 표현을 사용했는지 짐작해 봐.
❷ 글 전체를 읽으며 글쓴이가 글을 쓴 의도와 글의 맥락을 파악해. 글에서 글쓴이가 반복해서 사용하는 단어를 찾아 표시하며 읽으면 글쓴이의 의도를 이해하기 쉬워.
❸ 글에서 ㉠이 표현하고자 하는 대상을 찾아 표시하고 공통점을 찾아 봐.

문제 풀이의 기술 적용하기

❶ '㉠건전지를 넣고 단추를 누르면 그냥 북을 쳐 대는 곰 인형'의 모습을 머릿속으로 떠올리며 글을 읽어봐.
❷ ㉠의 의미를 글자 그대로 생각하지 말고 글의 앞뒤 내용을 살피며 어떤 모습에 비유했는지 살펴야 해. 글에서 반복되는 단어를 찾으며 글쓴이의 의도를 짐작해. '그냥'이라는 단어를 반복해서 사용한 까닭은 무엇일까? '그냥'이라는 단어가 주는 느낌을 떠올리면 글의 맥락을 파악할 수 있어.
❸ ㉠이 표현하고자 하는 대상을 글에서 찾아 표시하고 공통점을 살펴봐. '자기 안에 물음표가 없어서 아무것도 묻지 못하는 사람'과 '건전지를 넣고 단추를 누르면 그냥 북을 쳐 대는 곰 인형' 사이에는 어떤 공통점이 있을까?

문제 ㉠은 어떤 사람을 비유한 것인가요? (　　　　)

우리는 아무 생각 없이 '그냥' 지내는 날이 얼마나 많은지 몰라. 그냥 먹고, 그냥 자고, 그냥 노는 날 말이야. 어떤 때에는 봄이 와서 꽃이 피어도, 아침이 되어 찬란한 태양이 떠올라도 아무 느낌 없이 그냥 흘끗 보고 지나쳐 버리기도 하지. 새들이 어떻게 짝을 지어 날아가고, 구름이 어떻게 모였다가 흩어지는지 몇 번이나 눈여겨보았니? 자신에게 혹은 남들에게 궁금한 일에 대해서 몇 번이나 질문해 보았니? 남들이 하니까 그냥 따라 하고, 어른들이 시키니까 그냥 했던 일은 없었니?
자기 안에 물음표가 없어서 아무것도 묻지 못하는 사람은 ㉠건전지를 넣고 단추를 누르면 그냥 북을 쳐 대는 곰 인형과 별로 다를 것이 없어.

출처: '생각 깨우기', 이어령, 푸른숲주니어, 2009

문제 풀기

'자기 안에 물음표가 없어서 아무것도 묻지 못하는 사람'과 ㉠은 모두 '기계적으로 살아가는 사람'이라는 공통점이 있어.

정답 : ④번

배운 개념을 떠올리며 문제에 적용하기

낱말의 뜻을 파악하고 응용해야 하는 문제

5학년 1학기 4. 글쓰기의 과정 

문제 ㉠~㉣ 중 문장의 호응 관계가 바르지 않은 것을 찾아 바르게 고치세요.

○월 ○일 ○요일

나는 어제 아버지와 함께 바다로 낚시를 ㉠**갔다.** 지난 주말부터 바람이 세차게 불어 걱정했는데, 다행히 어제는 날씨가 ㉡**맑을 것이다.**

낚시가 처음이라 긴장한 나에게 아버지께서 "긴장을 풀고 기다리다 보면 물고기를 많이 잡을 수 있을 거야."라고 ㉢**말씀하셨다.** 낚시를 시작한 지 얼마 지나지 않아, 내 낚싯대에 물고기가 ㉣**걸렸다.** 정말 신나는 하루였다.

호응 관계가 바르지 않은 것	
바르게 고쳐 쓴 것	

문제 읽기

❶ 어떤 문제인지 살펴볼까? 문제와 제시된 글을 함께 읽어 봐.

문제 유형 파악하기

❶ 문장의 호응 관계에 대해 배운 개념을 떠올려 봐.
❷ 이 문제는 국어 과목에서 배운 지식이나 개념을 적용해야 하는 문제 유형임을 알 수 있어.

문제 풀이의 기술 떠올리기

❶ 문제를 읽으며 배운 내용 중 어떤 개념을 적용해야 하는지 생각해.
❷ 배운 내용을 떠올리면서 주어진 글을 다시 읽고 문제를 해결해.

문제 풀이 계획 세우기

❶ 문제를 읽으며 '문장의 호응 관계'와 관련해서 수업 시간에 배운 내용을 떠올려.
❷ 문법과 관련된 개념이 등장하는 문제에서는 주어진 글과 같이 예시 문장이 함께 나와. 문장의 호응 관계가 잘 기억이 나지 않을 때는 문장을 자세히 읽으면 힌트를 얻을 수 있어.
❸ ㉠~㉣ 중 문장의 호응 관계가 바르지 않은 것을 찾았으면 배운 내용을 떠올리며 바르게 고쳐.

STEP 03

문제 풀이의 기술 적용하기

❶ 수업 시간에 배운 내용을 떠올려 봐. 문장의 호응 관계는 주로 문장 성분 중 서술어와 관련이 있어. 제시된 글에서 서술어에 해당하는 부분에 표시해 봐.
❷ 서술어의 앞과 뒤를 함께 살피며 글을 읽고, 문장의 호응 관계를 알 수 있는 부분을 찾아 표시해. 예를 들어 ㉣은 주어의 상태를 나타내는 서술어이므로 무엇이 걸렸는지 생각하면 주어를 찾을 수 있겠지?

문제 ㉠~㉣ 중 문장의 호응 관계가 바르지 않은 것을 찾아 바르게 고치세요.

○월 ○일 ○요일

나는 어제 아버지와 함께 바다로 낚시를 ㉠갔다. 지난 주말부터 바람이 세차게 불어 걱정했는데, 다행히 어제는 날씨가 ㉡맑을 것이다.

낚시가 처음이라 긴장한 나에게 아버지께서 "긴장을 풀고 기다리다 보면 물고기를 많이 잡을 수 있을 거야."라고 ㉢말씀하셨다. 낚시를 시작한 지 얼마 지나지 않아, 내 낚싯대에 물고기가 ㉣걸렸다. 정말 신나는 하루였다.

❸ ㉠~㉣ 중 문장의 호응 관계가 바르지 않은 것을 찾았으면 문장의 호응 관계를 생각하며 바르게 고쳐.

문제 풀기

㉡은 시간을 나타내는 말인 '어제는'과 호응 관계가 맞지 않으므로 '맑을 것이다'가 아닌 과거를 표현하는 '맑았다'로 바꾸어 써야 해.

정답:

호응 관계가 바르지 않은 것	㉡
바르게 고쳐 쓴 것	맑았다.

문제 ㉠에 대한 설명으로 알맞은 것은? (　　　　)

사슴 : ㉠(다급한 목소리로) 나무꾼님, 나무꾼님. 제발 저를 좀 살려주세요.

나무꾼 : 대체 무슨 일이니?

사슴 : 사냥꾼이 저를 잡으려고 해요. 저를 살려주시면 이 은혜는 잊지 않을게요.

나무꾼 : 큰일이구나. 여기 나뭇더미 속에 숨으렴.

사슴이 나뭇더미 사이에 숨는다. 나무꾼이 다시 나무를 베고 있는데 사냥꾼이 저 멀리서 헐레벌떡 달려온다.

사냥꾼 : 이보시오, 여기 사슴 한 마리가 도망쳐 오지 않았소?

나무꾼 : ㉠(시치미를 떼며) 글쎄요. 사슴은커녕 토끼 한 마리도 보지 못했습니다.

① 인물이 직접 하는 말을 나타낸다.
② 인물의 행동이나 표정을 나타낸다.
③ 극본의 구성 요소 중 대사에 해당한다.
④ 무대의 배경이나 상황이 바뀌는 것을 안내한다.
⑤ 극본에서 때, 곳, 나오는 사람을 설명하는 부분이다.

STEP 01

문제 읽기

❶ 어떤 문제인지 살펴볼까? 문제와 제시된 글을 함께 읽어 봐.

문제 유형 파악하기

❶ 문제와 제시된 글을 읽으며 글의 특징을 생각해.
❷ 이 문제는 문학의 갈래별 특성과 구성 요소를 이해하는지 평가하는 문제 유형이야.

문제 풀이의 기술 떠올리기

❶ 제시된 글을 읽으며 갈래를 파악해.
❷ 갈래의 특성과 구성 요소를 생각하며 문제를 해결해.

※ 갈래란 글을 내용과 형식의 기준에 따라 묶은 것을 뜻해. 읽는 사람에게 재미나 감동을 주기 위한 글인 시, 이야기, 극본이나 정보나 생각을 전달하기 위한 글인 설명하는 글, 주장하는 글, 편지글, 감상문 등으로 나눌 수 있어.

문제 풀이 계획 세우기

❶ 제시된 글의 특징을 살펴보고, 문학의 갈래 중 어느 것에 해당하는지 파악해야 해.
❷ ㉠을 읽고 문제의 선택지와 비교하며 문제를 해결해. 갈래의 특성과 구성 요소가 잘 기억이 나지 않을 때는 선택지를 읽으며 힌트를 얻을 수 있어.

문제 풀이의 기술 적용하기

❶ 인물의 말을 큰따옴표(“, ”)가 아닌 등장인물별 대사로 구성되어 있어. 이러한 특징을 통해 글의 갈래가 극본이라는 것을 파악해야 해.
❷ 극본에 대해 배운 내용을 떠올리며 ㉠을 살펴봐. 잘 기억이 나지 않을 때는 문제의 선택지를 읽으며 하나씩 비교해도 좋아.
❸ ㉠에 대한 설명으로 알맞지 않은 선택지를 하나씩 지우며 문제를 풀어.

문제 풀기

㉠은 인물의 행동이나 표정을 지시해 주는 지문이야.

정답 : ②번

2

문제의 조건을 나누고, 식과 그림으로 나타내는 능력이 중요한 수학 영역

수학 과목에서는 교과서의 수학 개념을 이해하고, 이해한 내용을 노트 필기로 정리하는 게 매우 중요합니다. 교과서와 노트 필기로 수학 개념을 이해했다면, 다양한 문제를 풀어야 합니다. 하지만 문제를 푸는 기술을 학습하지 않고 문제만 많이 풀면 안 됩니다. 분명 알고 있는 개념인데 문제에 어떻게 적용해야 할지 모르는 경우가 많기 때문입니다. 예를 들어 나눗셈의 알고리즘만 이해하고 있는 학생에게 나눗셈 문장제 문제를 준 후 문제를 풀라고 하면 이 학생은 문제의 뜻을 이해하지 못했기 때문에 나눗셈 식을 세워 계산하지 못합니다. 그러나 나눗셈 계산식을 주고 계산해 보라고 하면 자신 있게 계산을 합니다. 즉, 이와 같은 문제의 원인은 내가 알고 있는 내용을 문제에 어떻게 적용해야 하는지를 알지 못하기 때문입니다.

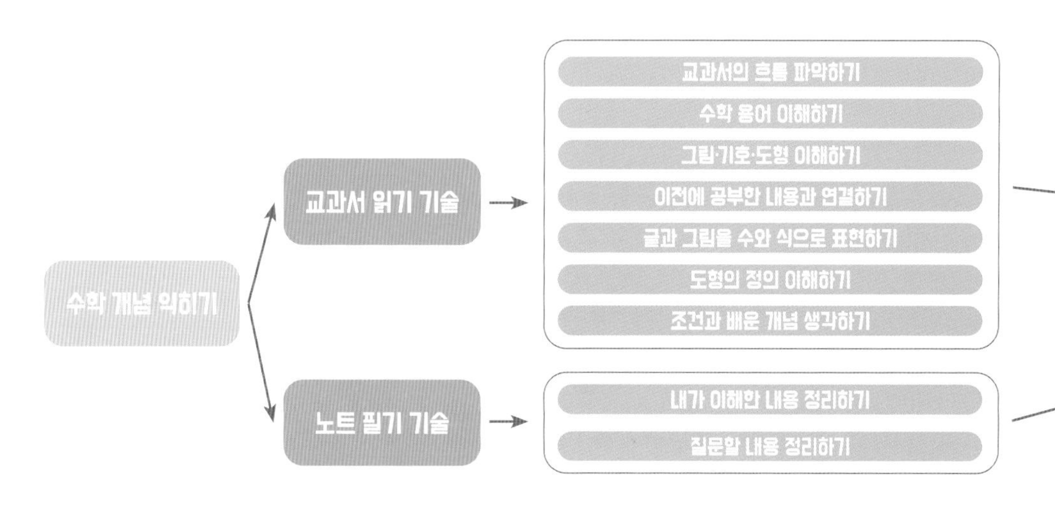

자신이 학습한 개념을 이해하는 것과 이해한 내용을 문제에 적용하는 것은 다릅니다. 학생은 문제에 숨어 있는 개념, 조건 등을 분석하고 식과 그림을 활용해 문제를 해결해야 합니다. 개념을 모르는 게 아니라면 문제 풀이의 기술을 익혀 다양한 문제 상황에 적용해야 합니다. 수학 문제 풀이에는 크게 다섯 가지 기술이 있습니다. 다섯 가지 기술을 익히고 문제 상황에 반복해서 적용하면 어떤 문제가 나와도 자신 있게 문제를 해결할 수 있습니다. 학생들이 앞으로 보게 될 평가에서는 개념 공부만 열심히 했다고 좋은 점수를 받기 어렵습니다. 내가 학습한 개념을 문제를 통해 확인하고 모르는 부분을 보충해야 합니다. 알고 있지만 표현하지 못하면 제대로 된 공부라고 할 수 없습니다. 학습한 내용을 생각하고 문제에 적용하는 연습이 필요합니다.

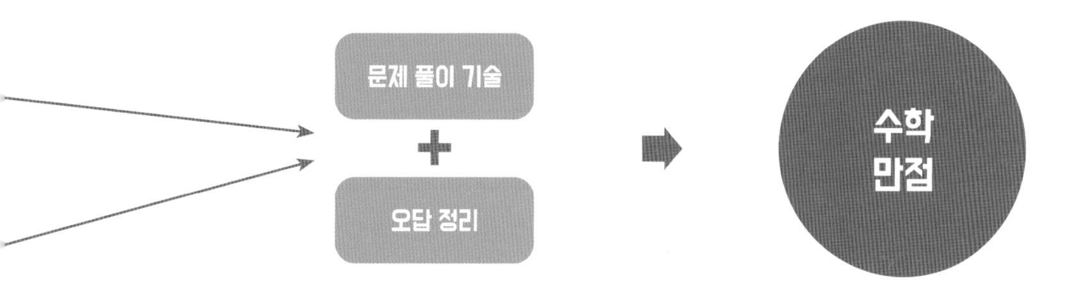

수학 유형 파악의 기술 01

문제의 조건을 문장과 키워드로 나누어 분석하기

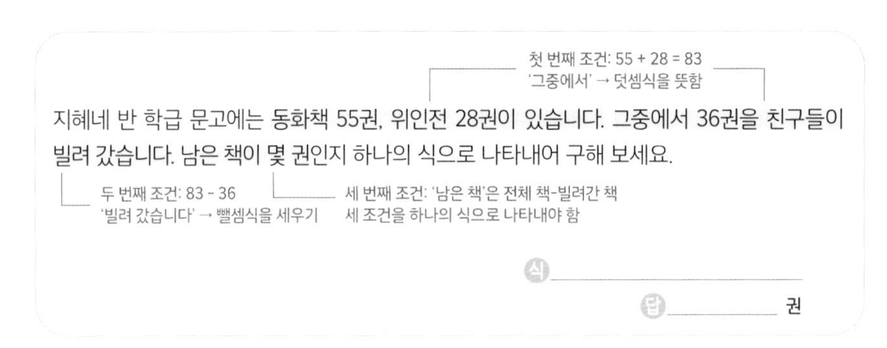

위 문장제 문제는 한 문제 안에 여러 조건이 있습니다. 앞으로 학생들이 만날 문제들은 단순 연산 능력만으로는 해결할 수 없습니다. 한 문제에 들어 있는 여러 조건을 문장과 키워드로 나누어 분석하고 식으로 표현해야 합니다. 한 번에 여러 조건을 분석하는 것은 어렵습니다. 그러므로 문장으로 나누어 문제 조건을 분석하고 분석한 내용을 식으로 표현해야 합니다. 마지막으로 여러 식을 하나의 식으로 정리해야 합니다.

문제 속 조건을 문장과 키워드로 나누어 분석할 때는 문장과 문장을 연결하는 단어를 활용하는 것이 좋습니다. 각 단어에는 사칙연산이 숨어 있거나, 각각의 조건을 하나로 연결하기 때문입니다.

첫 번째 조건: '그중에서' → 덧셈식: 55 + 28 = 83
두 번째 조건: '빌려 갔습니다' → 뺄셈식: 83 - 36 = 47
세 번째 조건: 남은 책 = 전체 책 - 빌려간 책 = (55 + 28) - 36 = 47

식 (55 + 28) - 36 = 47 답 47 권

문제를 풀 때 중요한 조건은 반드시 밑줄을 쳐야 합니다. 밑줄을 치면 중요한 조건을 잊지 않을 수 있습니다. 또 나중에 내가 해결한 방법이 맞는지 확인할 수 있습니다.

수학 유형 파악의 기술 02

이전에 배운 개념과 연결하기

※ 5학년 1학기 문제 예시

숫자 3, 4, 5를 한 번씩 사용하여 계산 결과가 가장 큰 수가 되도록 □ 안에 각각 알맞은 수를 넣으시오.

12 + (□ - □) × □

필요한 개념

1. 자연수의 혼합 계산 개념
(지금 배우고 있는 개념)
2. 두 수의 곱이 가장 크기 위한 조건
(이전에 배운 개념)

수학 개념을 이해하기 위해서는 이전에 배운 개념을 활용해야 합니다. 예를 들어 위의 5학년 1학기 1. 자연수의 혼합 계산 문제를 살펴보면 자연수의 혼합 계산 개념만으로는 해결할 수 없습니다. (☆ - △) × □ 는 결국 ○ × □로 생각해야 합니다. ○는 (☆ - △)를 의미하지요. 이때, 이전에 배운 개념을 파악해야 하는데 바로 ○와 □의 수의 크기가 클수록 이 두 수의 곱이 커진다는 개념입니다.

이때 □에 들어갈 수 있는 수는 3, 4, 5 세 가지가 있기 때문에 세 가지 경우로 나누어서도 생각할 수 있어야 합니다.

1) □ = 3 2) □ = 4 3) □ = 5

수학 문제 풀이 기술1 과 수학 문제 풀이 기술2 는 따로 사용하는 기술이 아닙니다. 언제든지 함께 사용할 수 있게 준비돼야 합니다.

답 12 + (5 - 3) × 4

수학 유형 파악의 기술 03

그림, 표, 수직선을 활용해 문제 해결하기

수학 문제를 해결할 때는 수 이외에도 그림, 표, 수직선을 이해하고 활용해야 합니다. 오로지 수와 식으로만 문제를 해결하면 문제 풀이가 복잡해지고 문제를 해결하다가 중간에 포기할 가능성이 높습니다. 그러므로 그림, 표, 수직선을 시각화하는 문제 풀이 기술을 익히는 것이 좋습니다.

앞으로 볼 평가에서는 수와 식으로만 해결하는 문제는 많지 않습니다. 그림, 표, 수직선 등 다양한 요소를 활용한 문제가 많기 때문에 평상시에 이 요소들에 익숙해져야 할 필요가 있습니다.

그림을 보고 $\frac{1}{4} \div 3$을 곱셈으로 나타내어 계산해 보세요.

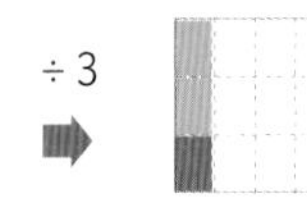

$\frac{1}{4} \div 3 = \frac{1}{4} \times \frac{\square}{\square} = \frac{\square}{\square}$

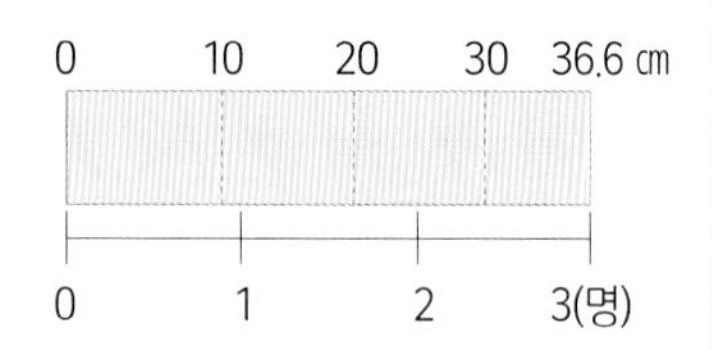

처음에 있던 도넛 수와 판매한 도넛 수만큼 ○를 색칠해 보세요.

처음에 있던 도넛 수	○○○○○	○○○○○	○○○○○	○○○○○
판매한 도넛 수	○○○○○	○○○○○	○○○○○	○○○○○

- 처음에 있던 도넛 수에 대한 판매한 도넛 수의 비를 써 보세요.
- 판매한 도넛 수는 처음에 있던 도넛 수의 몇 배인지 분수와 소수로 각각 나타내어 보세요.

출처: 2015 교육과정 6학년 1학기 수학 교과서

· 그림 : 분수의 사칙연산, 도형의 둘레와 넓이 등의 개념과 원리를 설명할 때 자주 사용됩니다. 그림은 개념 이해에 매우 효과적입니다.
· 수직선: 덧셈, 뺄셈, 곱셈, 크기 비교, 비와 비율 문제, 소수의 곱셈과 나눗셈 등의 개념과 원리를 설명할 때 자주 사용됩니다.
· 표: 표는 복잡한 자료를 보기 좋게 정리해 줍니다. 여러 수를 나열해야 하거나, 여러 조건으로 문제를 분석해야 할 경우 표를 활용할 수 있습니다.

수학 유형 파악의 기술 04

문제를 단순화해서 내가 알고 있는 개념으로 해결하기

복잡한 문제는 단순화해서 해결해야 합니다. 앞으로 학생들이 해결해야 하는 문제는 여러 조건과 개념이 섞여 있기 때문에 문제 풀이 방법을 떠올리기가 어렵습니다. 하지만 나에게 익숙한 문제 상황, 문제 조건 등으로 단순화하면 문제 풀이에 자신감이 생기고 문제를 효율적으로 해결할 수 있습니다. 예를 들어, 학생 수를 모르는 상황에서 문제의 조건에 맞는 학생 수를 생각해서 대입하기, 비와 비율 단원에 나온 비 5 : 7의 전체를 12(5 + 7)로 보고 5와 7로 단순화해서 해결하기, 내가 알고 있는(내가 이해하기 쉬운) 도형으로 바꿔서 생각하기, 보조선 그리기 등이 있습니다.

수학 유형 파악의 기술 05

문제에 숨어 있는 조건과 개념 찾아 해결하기

몇몇 문제에는 직접적으로 드러나지 않는 조건과 개념이 있습니다. 이 조건과 개념을 찾지 못하면 문제를 해결하지 못하고 포기하게 됩니다. 그러므로 문제에 숨어 있는 조건과 수학 개념을 찾아내는 게 매우 중요합니다.

숨어 있는 조건과 수학 개념을 찾기 위해서는 먼저 내가 무엇을 구해야 하는지 알아야 합니다. 구해야 하는 것을 찾으면 이 구해야 하는 것을 알아내기 위해 필요한 조건과 개념을 하나씩 찾아야 합니다.

7. 세로의 길이가 6 ㎝ 인 직사각형이 있습니다. 네 변이 바닥에 닿도록 직선 위에 한 바퀴 굴린 후, 길이를 재어 보니 32 ㎝ 였습니다. 이 직사각형의 가로 길이는 몇 ㎝ 입니까?

① 8 ㎝ ② 10 ㎝ ③ 16 ㎝ ④ 20 ㎝ ⑤ 26 ㎝

출처: 2012년 국가수준 학업성취도 평가 초등 6학년

직사각형은 네 변이 있습니다. 네 변이 바닥에 닿도록 직선 위에 한 바퀴 굴리라는 말은 모든 변이 한 번씩 바닥에 닿았다는 말입니다. 즉 이 말은 직사각형의 둘레가 32 ㎝라는 말과 같습니다. 이렇게 직접적으로 '둘레'라는 개념이 문제에 나타나 있지 않기 때문에 문제를 읽으면서 찾아야 합니다.

답 ②번

수학
유형 파악의 기술 01

문제의 조건을 문장과 키워드로 나누어 분석하기

조건 분석 문제

5학년 2학기 2. 분수의 곱셈 ★★★★☆

문제 **서우네 학교의 5학년 학생 수는 전교생의 $\frac{1}{6}$ 입니다. 5학년의 $\frac{2}{3}$ 는 남학생이고, 그중 $\frac{1}{2}$ 은 수학을 좋아합니다. 수학을 좋아하는 5학년 남학생은 전교생의 얼마일까요? (   )**

① $\frac{5}{18}$ ② $\frac{2}{9}$ ③ $\frac{1}{6}$

④ $\frac{1}{9}$ ⑤ $\frac{1}{18}$

STEP 01

문제 읽기

❶ 문제를 읽고 30초 정도 어떻게 풀어야 할지 생각해.

❷ 문제의 핵심 키워드는 '5학년 학생 수', '전교생의 $\frac{1}{6}$', '5학년의 $\frac{2}{3}$', '$\frac{1}{2}$은 수학을 좋아하는 5학년 남학생'이야.

구해야 할 것이 무엇인지 생각하기

❶ 무엇을 구해야 할까? 우리가 구해야 할 것은 5학년 남학생 수와 전교생의 수라는 걸 알 수 있어.

STEP 02

문제 풀이의 기술 떠올리기

❶ 문제의 조건을 문장으로 나눈다는 건 문제를 해결하기 위해 우리가 파악해야 할 것을 표시하고 생각하는 과정이야.

❷ 문장 또는 키워드를 기준으로 문장의 조건을 나누어 봐.

❸ 문장의 조건을 나눈 후 어떻게 풀어야 할지 식으로 나타내서 생각해 보면 좋아.

❹ 조건을 식으로 나타낼 때는 문장 속에 숨겨진 연산 표현을 찾는 것이 중요해.
예를 들어 같다는 의미의 '~는' → '=', 곱셈을 나타내는 '의' → '×' 로 바꿔 생각할 수 있어.

문제 풀이 계획 세우기

❶ 문제의 조건을 세 가지로 나눈 후 식으로 나타내 봐.
❷ 식으로 나타낼 때 중요한 건 숨겨진 수학 개념과 연산표현을 찾아내는 거야.
❸ 문제의 조건에 각각 밑줄을 그은 후 식으로 풀이 과정을 기록하는 것이 중요해.

문제 서우네 학교의 ①5학년 학생 수는 전교생의 $\frac{1}{6}$ 입니다. ②5학년의 $\frac{2}{3}$ 는 남학생이고, ③그중 $\frac{1}{2}$ 은 수학을 좋아합니다. 수학을 좋아하는 5학년 남학생은 전교생의 얼마일까요?

STEP 03

문제 풀이의 기술 적용하기

❶ 조건 ①~③을 식으로 하나씩 나타낸 후 문제를 해결해 봐.

❷ 문제 풀이

조건	식
① 5학년 학생 수는(=) 전교생의 (×) $\frac{1}{6}$ 문장을 읽고 식으로 나타내기 위해서는 문장 속에 숨겨진 수학 기호와 연산을 찾아야 해.	5학년 학생 수 = 전교생의 × $\frac{1}{6}$
② 5학년의(×) $\frac{2}{3}$ 는(=) 5학년 남학생 이 식에서 한 가지 더 생각해야 하는 것은 5학년의 $\frac{2}{3}$ 가 남학생이라는 거야.	5학년 × $\frac{2}{3}$ = 5학년 남학생
③ 그중(5학년 남학생의(×)) $\frac{1}{2}$ 은(=) 수학을 좋아합니다.	그중 × $\frac{1}{2}$ = 5학년 남학생 중 수학을 좋아하는 학생

조건 ①~③을 정리해 보면 다음과 같아.

❶ 5학년 학생 수 = 전교생 × $\frac{1}{6}$

❷ 5학년 남학생 수 = 5학년 학생 수 × $\frac{2}{3}$ = 전교생 × $\frac{1}{6}$ × $\frac{2}{3}$

❸ 수학을 좋아하는 5학년 남학생 수 = 5학년 남학생 수 × $\frac{1}{2}$ = 전교생 × $\frac{1}{6}$ × $\frac{2}{3}$ × $\frac{1}{2}$

❹ 수학을 좋아하는 5학년 남학생 수 = 전교생 × □

□ = $\frac{1}{6}$ × $\frac{2}{3}$ × $\frac{1}{2}$ □ = $\frac{1}{18}$

정답 : ⑤번

문제 **철사 $\frac{6}{7}$ m를 모두 사용하여 크기가 똑같은 정사각형 모양을 3개 만들었습니다. 이 정사각형의 한 변의 길이는 몇 m인지 구하세요.**

답 : ______ m

STEP 01

문제 읽기

❶ 문제를 읽고 30초 정도 어떻게 풀어야 할지 생각해.

❷ 문제의 핵심 키워드는 '철사 $\frac{6}{7}$ m', '정사각형 모양 3개', '정사각형의 한 변의 길이'야.

구해야 할 것이 무엇인지 생각하기

❶ 무엇을 구해야 할까? 정사각형의 한 변의 길이를 구하는 문제라는 걸 알 수 있어.

❷ 정사각형의 정의를 떠올리고 문제의 조건을 문장으로 나누어 하나씩 분석해야 해.

STEP 02

문제 풀이의 기술 떠올리기

문제 ㉠철사 $\frac{6}{7}$ m를 모두 사용하여 크기가 똑같은 ㉡정사각형 모양을 3개 만들었습니다. 이 ㉢정사각형의 한 변의 길이는 몇 m인지 구하세요.

❶ 문제의 조건을 문장으로 나눈다는 건 문제를 해결하기 위해 우리가 파악해야 할 것을 표시하고 생각하는 과정이야.

❷ 조건을 ㉠~㉢으로 나눈 후 어떻게 풀어야 할지 식 또는 그림으로 나타내서 생각하면 좋아. 내가 알고 있는 것을 표현하는 연습은 매우 중요해.

❸ 조건을 분석할 때 중요한 건 조건에 숨어 있는 개념을 발견해야 한다는 거야. 예를 들어 ㉡에 나와 있는 정사각형의 정의 '네 변의 길이가 같은 사각형'을 알아야 해.

문제 풀이 계획 세우기

❶ 조건 ㉠~㉢을 그림과 식으로 나타내 봐.

❷ 그림으로 나타낸 후 구해야 할 것(정사각형의 한 변의 길이)을 어떤 수학 개념(분수의 나눗셈)을 활용해서 풀어야 할지 생각해 봐.

❸ 문제에 밑줄을 그은 후 그림과 식으로 풀이 과정을 기록해.

문제 풀이의 기술 적용하기

❶ 조건 ㉠~㉢을 그림과 식으로 나타낸 후 문제를 해결해 봐.

❷ 문제 풀이

조건	식
㉡정사각형 모양을 3개	① ㉡정사각형 모양 3개 그리기 □ □ □
㉠철사 $\frac{6}{7}$ m를 모두 사용	② ㉠철사 $\frac{6}{7}$ m를 모두 사용한다는 의미를 생각하면 정사각형의 네 변을 모두 철사로 만들어야 한다는 뜻이야.
㉢정사각형의 한 변의 길이는 몇 m	③ 문제에 주어진 정사각형은 3개이므로 정사각형의 모든 변은 12개(3×4). ④ 정사각형은 네 변의 길이가 모두 같으므로 ㉢ 한 변의 길이를 구한다는 의미는 나눗셈의 의미와 연결되므로 분수의 나눗셈 개념을 이용해서 식을 세워야 해. $\frac{6}{7} \div 12 = \frac{6}{7} \times \frac{1}{12} = \frac{1}{14}$

TIP

문제 풀이 사고 과정

문제의 조건을 분석하기 ➡ 분석한 내용과 문제 해결에 필요한 개념을 그림과 식으로 나타내기 ➡ 분석한 내용을 바탕으로 식을 세운 후 계산 실수 없이 계산하기 ➡ 다른 풀이 방법(수직선 등)으로 내가 계산한 답과 사고 과정이 맞는지 점검하기

정답 : $\frac{1}{14}$ m

수학
유형 파악의 기술 02

이전에 배운 개념과 연결하기

두 가지 이상의 개념을 활용하는 문제

5학년 1학기 4. 약분과 통분 ★★★☆☆

문제 아래 네 장의 수 카드 중에서 두 장을 뽑아 한 장은 분모, 다른 한 장은 분자로 하는 진분수를 만들려고 합니다. 이때 $\frac{1}{2}$ 보다 큰 진분수 중에서 가장 작은 분수를 구하세요.

답 : ___________

STEP 01

문제 읽기

❶ 어떤 문제인지 읽어 볼까? 문제를 읽고 30초 정도 어떻게 풀어야 할지 생각해.

❷ 문제의 핵심 키워드는 '분모', '분자', '진분수', '$\frac{1}{2}$', '가장 작은 분수'야.

구해야 할 것이 무엇인지 생각하기

❶ 무엇을 구해야 할까? 우리가 구해야 할 것은 '$\frac{1}{2}$보다 큰 진분수 중에서 가장 작은 분수'라는 걸 알아야 해.

❷ 가장 작은 분수를 찾을 때 활용할 수 있는 문제 풀이 도구(표, 수직선, 그림 등)에는 무엇이 있을까?

STEP 02

문제 풀이의 기술 떠올리기

❶ 3학년 1학기 때 배운 분수, 분모, 분자의 정의를 생각해.

❷ 진분수의 개념을 바탕으로 $\frac{1}{2}$보다 큰 진분수를 구하려면 분수의 크기 비교를 해야 해.

❸ 이전에 배운 분수의 크기 비교 방법 중 분모를 같게 한 후 분자로 분수의 크기 비교하는 게 좋아.

예) $\frac{2}{3}$ ◯ $\frac{4}{9}$ ➡ 분모를 9로 통분 ➡ $\frac{6}{9} > \frac{4}{9}$

문제 풀이 계획 세우기

❶ 네 장의 수 카드 3, 4, 5, 6 중 진분수의 분모가 될 수 있는 수 카드는 무엇이 있는지 찾아야 해.

❷ 분모가 결정되면 진분수의 정의에 맞게 분자에 들어갈 수 있는 수 카드를 하나씩 넣어. 머릿속에 있는 생각을 글과 식으로 표현하는 게 중요해.

❸ 만든 진분수 중 $\frac{1}{2}$ 보다 큰 진분수를 찾아야 해. 이때 표를 그려서 정리하면 좋아.

STEP 03

문제 풀이의 기술 적용하기

❶ 분수, 분모, 분자, 진분수의 정의를 생각하며 문제를 해결하자.

❷ 문제 풀이의 기술3 (그림, 표, 수직선 등을 활용해서 문제 해결하기)를 이용해서 풀면 돼.

조건	$\frac{1}{2}$ 보다 큰 진분수
분모가 4인 분수	$\frac{3}{4}$
분모가 5인 분수	$\frac{3}{5}$, $\frac{4}{5}$
분모가 6인 분수	$\frac{4}{6}$, $\frac{5}{6}$

❸ 진분수는 분모가 분자보다 크기 때문에 3, 4, 5, 6 중 분모가 될 수 있는 수 카드는 4, 5, 6 뿐이야.

❹ 표로 정리한 분수 중 가장 작은 분수를 $\frac{3}{4}$, $\frac{3}{5}$, $\frac{4}{6}$ 중에서 찾아야 해. 세 분수 분모가 모두 다르지? 분모가 다를 때 분수의 크기를 비교할 수 있는 방법은 분모를 통분하는 방법을 사용할 수 있어.

❺ 그런데 $\frac{3}{4}$ 과 $\frac{3}{5}$ 은 분자가 같아. 분자가 같을 때 분모의 값이 클수록 분수의 크기가 작아지지? 그러므로 $\frac{3}{4}$ 이 $\frac{3}{5}$ 보다 커.

❻ $\frac{3}{5}$ 과 $\frac{4}{6}$ 를 비교하기 위해서 5와 6의 최소공배수 30을 이용해 크기를 비교하면 $\frac{3}{5} = \frac{18}{30}$ 이고 $\frac{4}{6} = \frac{20}{30}$ 이므로 $\frac{3}{5}$ 이 $\frac{4}{6}$ 보다 크기가 작다는 것을 알 수 있어.

❼ 그러므로 $\frac{1}{2}$ 보다 큰 진분수 중 가장 작은 분수는 $\frac{3}{5}$ 이야.

정답 : $\frac{3}{5}$

보조선을 활용하는 문제

6학년 1학기 1. 분수의 나눗셈 ★★★☆☆

문제 정사각형의 각 변을 각각 3등분하는 점을 찍고, 그중 두 점을 이용해 또 다른 정사각형을 그렸습니다. 색칠한 부분의 넓이가 20.84 ㎠ 일 때, 전체 정사각형의 넓이는 몇 ㎠ 일까요?

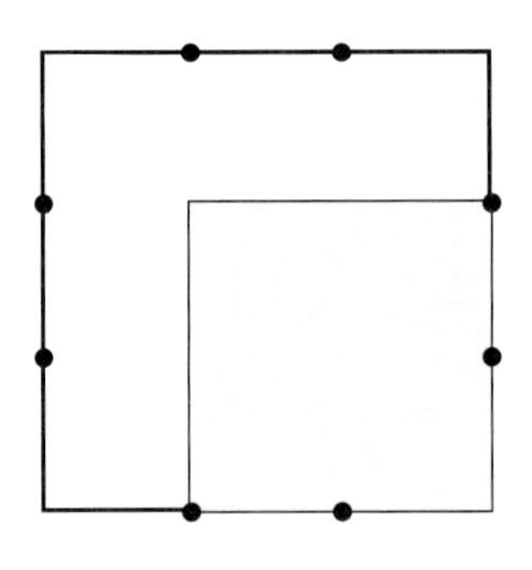

답 : ________ ㎠

※ 보조선: 문제의 도형에는 없는 다른 직선을 추가로 그리는 것.

STEP 01

문제 읽기

❶ 문제를 읽을 때 그림이 있으면 문제와 그림을 연결해서 읽어야 해.

❷ 문제의 핵심 키워드는 '정사각형', '3등분', '또 다른 정사각형', '색칠한 부분의 넓이', '전체 정사각형'이야.

구해야 할 것이 무엇인지 생각하기

❶ 무엇을 구해야 할까? 전체 정사각형의 넓이를 구하는 문제라는 걸 알 수 있어야 해.

❷ 전체 정사각형의 넓이를 구하기 위해 이전에 배운 개념을 어떻게 이용할지 생각해야 해.

STEP 02

문제 풀이의 기술 떠올리기

❶ 이전에 배운 정사각형의 정의와 등분의 뜻을 모두 문제에 적고 풀면 좋아.

❷ 이전에 배운 넓이 개념을 학습할 때 기억을 떠올려 보면 한 가지 중요한 개념이 떠올라야 해. 바로 단위넓이 개념이야. 정사각형의 변을 각각 3등분 했지? 등분한 점을 연결하는 가로, 세로선을 그리면 정사각형의 넓이를 구할 때 활용할 수 있는 단위넓이를 알 수 있어. 등분, 넓이라는 단어가 보이면 단위넓이를 떠올려 봐.

이전에 배운 단위넓이 개념(5학년 1학기)

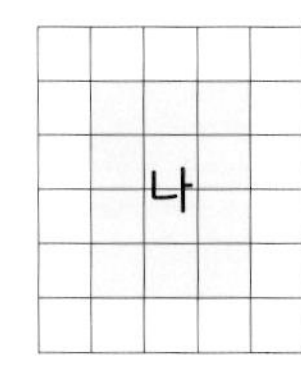

<단위넓이>

단위넓이를 뜻하는 정사각형의 수를 알면 (나)의 넓이를 구할 수 있음.

문제 풀이 계획 세우기

❶ 정사각형은 네 변의 길이가 모두 같다는 정의를 이용해야 해.

❷ 이전에 배운 단위넓이를 이용하기 위해서 3등분한 점들을 서로 연결하는 보조선을 그려 봐. 보조선은 오른쪽 그림과 같이 문제에 그려져 있지 않은 선을 추가로 그리는 걸 이야기해. 보조선을 그리면 큰 정사각형은 작은 정사각형(단위넓이) 9개로 이루어졌다는 걸 알 수 있어.

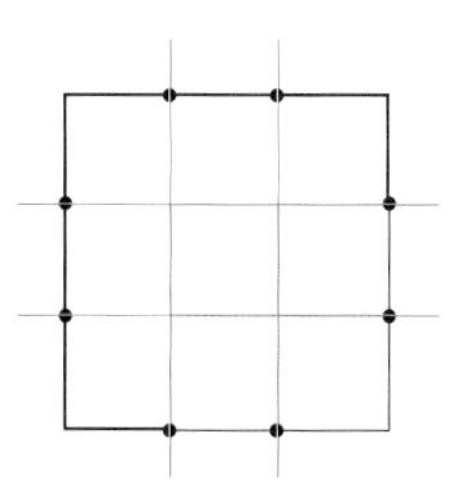

❸ 단위넓이를 활용해서 전체 넓이를 구하면 돼.

STEP 03

문제 풀이의 기술 적용하기

❶ 넓이와 등분의 개념을 활용해서 보조선을 그려 봐.

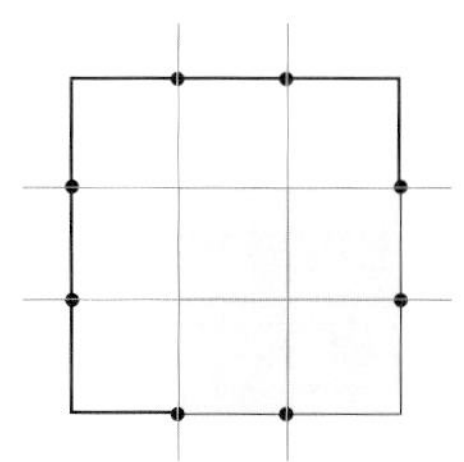

❷ 큰 정사각형 안에 단위넓이를 뜻하는 작은 정사각형이 9개지? 색칠한 부분의 넓이 20.84 ㎠는 작은 정사각형 4개의 넓이의 합과 같아.

❸ 단위넓이를 뜻하는 작은 정사각형의 크기는 모두 같기 때문에 나눗셈을 활용해서 식을 세우면 작은 정사각형 한 개의 넓이(단위넓이)를 알 수 있어.

❹ 20.84 ㎠ ÷ 4 = 단위넓이 = 5.21 ㎠

❺ 전체 정사각형의 넓이는 단위넓이 9개의 넓이 합과 같으므로 곱셈의 개념을 이용하면 5.21 ㎠ × 9 = 46.89 ㎠

정답 : 46.89 ㎠

수학
유형 파악의 기술 03

그림, 표, 수직선을 활용해 문제 해결하기

문제의 조건을 표로 표현하는 문제

5학년 1학기 3. 규칙과 대응 ★★★☆☆

문제 남형이와 누나의 나이는 6살 차이가 납니다. 2022년 남형이의 나이는 12살입니다. 2022년부터 남형이가 20살이 되기 전까지 $\frac{\text{남형이의 나이}}{\text{누나의 나이}}$가 기약분수이면서 진분수인 해를 모두 쓰세요.

답: ______ , ______ , ______

※ 기약분수: 더 이상 약분되지 않는 분수, 분모와 분자의 공약수가 1뿐인 분수

STEP 01

문제 읽기

❶ 문제를 읽고 30초 정도 어떻게 풀어야 할지 생각해.
❷ 문제의 핵심 키워드를 찾으면 '6살 차이', '2022년', '남형이의 나이는 12살', '2022년부터 남형이가 20살이 되기 전', '$\frac{\text{남형이의 나이}}{\text{누나의 나이}}$', '기약분수', 진분수'야.

구해야 할 것이 무엇인지 생각하기

❶ 무엇을 구해야 할까? 남형이가 20살이 되기 전 해를 알아보고, $\frac{\text{남형이의 나이}}{\text{누나의 나이}}$가 기약분수이면서 진분수인 해를 모두 구해야 해.

STEP 02

문제 풀이의 기술 떠올리기

❶ 2022년부터 시작해서 남형이가 20살이 되기 전(19살)의 해를 모두 알아야 하므로 표로 정리해서 풀면 좋아.
❷ 문제를 해결하기 위해서는 해를 모두 구해야 하므로 표로 정리한 후 조건에 맞는 해만 찾아야 해.

문제 풀이 계획 세우기

❶ 문제에 나온 조건이 무엇인지 생각해 봐.
❷ 남형이의 나이가 20살이 되기 전까지 생각해야 하므로 표로 정리해야 해.
❸ 표에 들어갈 요소를 떠올린 후 표를 그리고 가로와 세로에 들어갈 내용을 생각해야 해.
❹ 남형이의 나이가 분자에 있으므로 표 첫째 줄에 적고 누나 나이는 분모에 있으므로 표 둘째 줄에 적는 게 좋아.

STEP 03

문제 풀이의 기술 적용하기

❶ 문제의 조건을 표의 가로와 세로에 적절하게 넣어 표를 그려야 해.

연도	2022	2023	2024	2025	2026	2027	2028	2029
남형이의 나이	12	13	14	15	16	17	18	19
누나의 나이	18	19	20	21	22	23	24	25

❷ 누나의 나이는 분모이기 때문에 표의 아래에 위치하고 있는 게 이해하기 좋아.

❸ 기약분수인 진분수를 구해야 하므로 남형이가 20살이 되기 전까지 $\frac{\text{남형이의 나이}}{\text{누나의 나이}}$가 약분이 되는 해를 지워.

연도	2022	2023	2024	2025	2026	2027	2028	2029
남형이의 나이	12	13	14	15	16	17	18	19
누나의 나이	18	19	20	21	22	23	24	25

$\frac{13}{19}$, $\frac{17}{23}$, $\frac{19}{25}$는 더 이상 약분이 되지 않는 진분수이므로 2023년, 2027년, 2029년이 답이 돼.

문제 풀기

약분이 되지 않는 진분수를 표에서 찾으면 $\frac{13}{19}$, $\frac{17}{23}$, $\frac{19}{25}$ 이므로 2023년, 2027년, 2029년이 답이야.

정답 : 2023년, 2027년, 2029년

문제의 조건을 수직선으로 표현하는 문제

6학년 1학기 4단원 비와 비율 

문제 지현이네 학교 6학년 여학생 중 수학을 좋아하는 학생과 수학을 좋아하지 않는 학생 수의 비는 5 : 7입니다. 수학을 좋아하는 여학생과 수학을 좋아하지 않는 여학생의 차가 80명일 때, 지현이네 학교 6학년 여학생은 모두 몇 명일까요?

답 : ________ 명

STEP 01

문제 읽기

❶ 문제를 읽고 30초 정도 어떻게 풀어야 할지 생각해.

❷ 문제의 핵심 키워드를 찾아봐. '여학생 중 수학을 좋아하는 학생과 수학을 좋아 하지 않는 학생 수의 비는 5 : 7', '수학을 좋아하는 여학생과 수학을 좋아하지 않는 여학생의 차가 80명'이야.

구해야 할 것이 무엇인지 생각하기

❶ 무엇을 구해야 할까? 지현이네 학교 6학년 여학생 수를 구해야 해.

STEP 02

문제 풀이의 기술 떠올리기

문제 ㉠지현이네 학교 6학년 여학생 중 수학을 좋아하는 학생과 수학을 좋아하지 않는 학생 수의 비는 5 : 7입니다. ㉡수학을 좋아하는 여학생과 수학을 좋아하지 않는 여학생의 차가 80명일 때, 지현이네 학교 6학년 여학생은 모두 몇 명일까요?

❶ ㉠과 ㉡의 문장처럼 길고, 비가 나와 있어서 이해하기 어려울 때는 문제 상황을 표현할 방법을 떠올려야 해.

❷ 전체 크기(6학년 여학생)가 같고, 두 조건(수학을 좋아하는 학생 수, 수학을 좋아하지 않는 학생 수)을 하나의 그림으로 나타내기 위해서는 수직선이 가장 좋아.

❸ 조건㉠과 ㉡을 수직선에 나타날 때는 5 : 7을 단순화(전체 크기 12)해서 나타내면 돼.

문제 풀이 계획 세우기

❶ 조건㉠과 ㉡을 수직선으로 나타내.
❷ 수직선으로 문제 상황을 나타날 때는 전체 크기를 단순화한 후 생각해.
❸ 조건㉡을 통해 수직선 한 칸의 간격이 얼마인지 구해야 해.
❹ 수직선 한 칸의 간격을 활용해서 6학년 여학생 수를 구하면 돼.

STEP 03

문제 풀이의 기술 적용하기

❶ 문제의 내용을 수직선으로 나타내는 것이 무엇보다 중요해. 수직선은 문제 내용을 시각적으로 보여주기 때문에 문제 내용과 조건을 이해하는 데 도움을 줘.
❷ 문제 풀이 조건 ㉠을 단순화해서 전체 12칸(5 : 7의 5와 7을 더한 값), 수학을 좋아하는 여학생 수는 5칸, 수학을 싫어하는 여학생 수는 7칸으로 나누면 돼.

문제 풀기

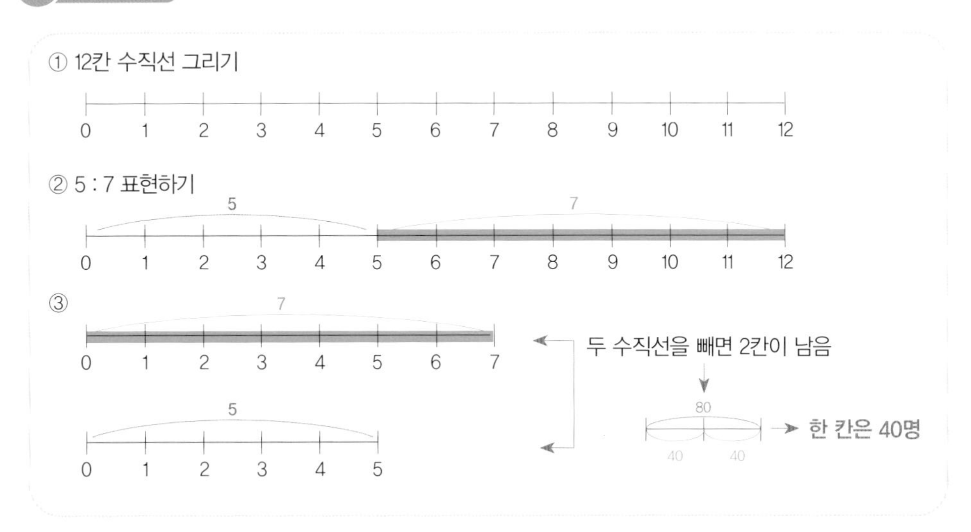

❶ 수직선을 그릴 때 가장 중요한 건 전체 크기를 결정하는 거야. 5 : 7을 5와 7로 바꾸기로 했으므로 전체는 5 + 7 = 12 즉 12칸을 기준으로 그려야 해.
❷ 여학생 중 수학을 좋아하는 학생을 5, 여학생 중 수학을 싫어하는 학생을 7로 단순화해서 표현하면 돼. 12칸을 5칸, 7칸씩 나눠 가지면 되겠지?
❸ 수학을 좋아하는 여학생과 수학을 좋아하지 않는 여학생의 차가 80명이므로 수직선의 5를 기준으로 크기가 7인 수직선의 5의 위치를 가위로 싹둑 자르면 2칸이 남지? 2칸의 값은 80명이야. 한 칸의 값 = 80 ÷ 2 = 40
❹ 한 칸이 40명이므로, 6학년 여학생은(12칸) = 40 × 12 = 480명
전체 여학생 수는 480명이야.

정답 : 480명

수학
유형 파악의 기술 04

문제를 단순화해서 내가 알고 있는 개념으로 해결하기

도형을 이동시켜 넓이를 구하는 문제

5학년 1학기 6. 다각형의 둘레와 넓이 ★★★☆☆

문제 다각형의 넓이는 몇 ㎠일까요?

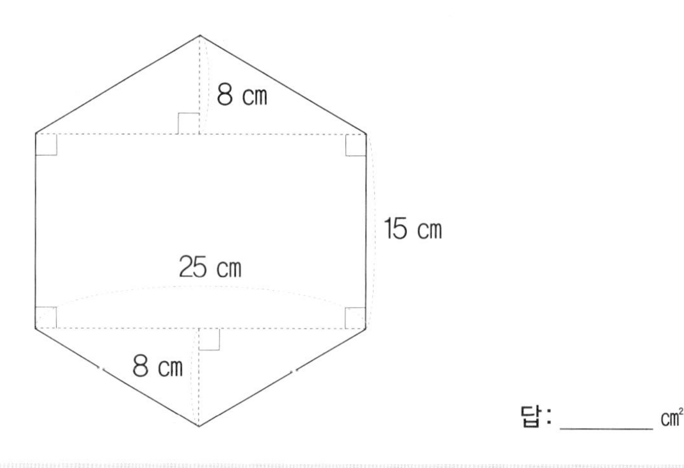

답 : ________ ㎠

STEP 01

문제 읽기

❶ 어떤 문제인지 그림과 함께 읽어 볼까?
다각형이 어떤 도형으로 이루어져 있는지와 직각 표시가 어디에 있는지 확인해.

❷ 다각형 그림에 나온 길이를 확인한 후, 같은 길이인 변에 길이를 표시해.
각 도형의 넓이를 구하기 위해 주어진 길이와 직각 표시를 어떻게 활용할지 생각해 봐.

구해야 할 것이 무엇인지 생각하기

❶ 무엇을 구해야 할까? 다각형의 넓이야.

STEP 02

문제 풀이의 기술 떠올리기

❶ 주어진 다각형의 넓이를 구할 수 있는 방법이 쉽게 떠오르지 않을 때는 내가 알고 있는 도형으로 단순화 해.

❷ 우리가 알고 있는 사각형, 삼각형의 넓이 개념을 적용할 수 있게 도형의 모양을 바꾸면 문제를 쉽게 해결할 수 있어.

문제 풀이 계획 세우기

❶ 우리가 알고 있는 도형 중 어떤 도형으로 단순화 할 수 있는지 생각해 봐.
❷ 똑같은 도형이 있으면 도형을 이동시켜 봐. 문제의 위아래에 삼각형의 크기와 모양이 같기 때문에 이 도형 중 하나를 선택해서 이동시켜 봐.
❸ 삼각형이 모이면 사각형이 되지? 아래쪽 삼각형을 가위로 오려서 위에 붙인다고 생각해 봐.

STEP 03

문제 풀이의 기술 적용하기

❶ 아래 그림처럼, 아래에 있던 삼각형을 위로 옮기면 직사각형 모양을 만들 수 있어.

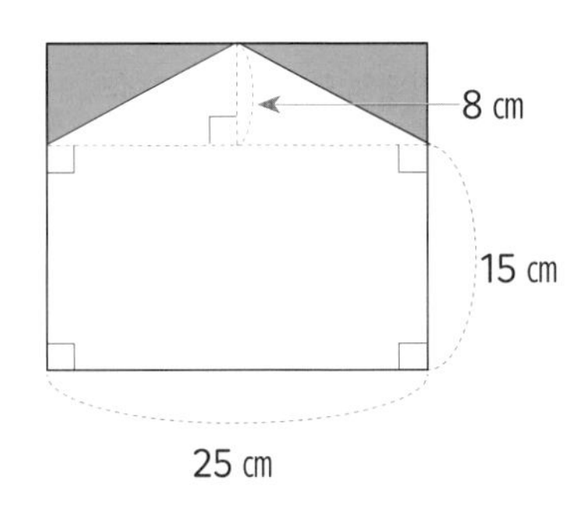

단순화할 때 가장 중요한 건 내가 알고 있는 개념 또는 도형으로 바꿔야 한다는 거야. 내가 알고 있는 도형으로 도형을 바꾸면 문제를 어떻게 풀어야 할지 감이 잡혀.

문제 풀기

첫 번째 풀이

직사각형 위와 아래에 있는 두 삼각형은 밑변과 높이의 길이가 같으므로 모두 같은 삼각형이지?

직사각형의 넓이 = (가로) × (세로) = 25 ㎝ × 15 ㎝ = 375 ㎠

삼각형의 넓이 = (밑변) × (높이) ÷ 2 = 25 ㎝ × 8 ㎝ ÷ 2 = 100 ㎠

삼각형이 위아래에 있으므로 100 ㎠ × 2 = 200 ㎠

전체 넓이 = (직사각형의 넓이) + (두 삼각형의 넓이)= 375 ㎠ + 200 ㎠ = 575 ㎠

두 번째 풀이

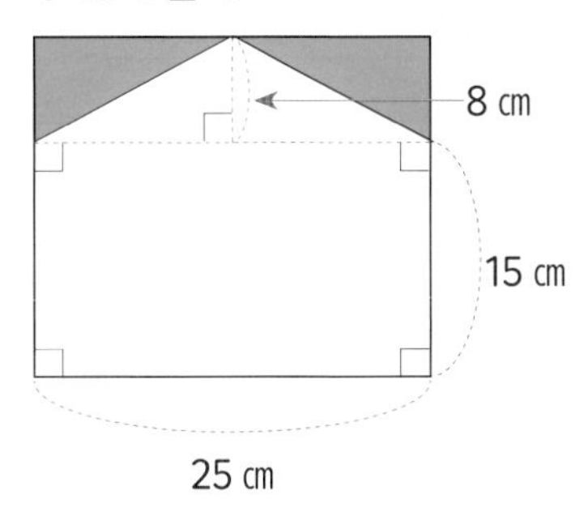

아래에 있는 삼각형을 잘라서 위에 있는 삼각형에 붙이면 직사각형이 돼. 이 직사각형의 가로의 길이는 25 ㎝, 세로의 길이는 8 ㎝ + 15 ㎝ = 23 ㎝이므로

직사각형의 넓이 = 25 ㎝ × 23 ㎝ = 575 ㎠

정답 : 575 ㎠

도형을 단순화하는 문제

6학년 2학기 5. 원의 넓이 ★★★☆☆

문제 **밑면의 반지름이 4 ㎝인 통조림 캔 4개를 그림과 같이 끈으로 팽팽하게 한 번 묶었습니다. 사용한 끈의 길이는 몇 ㎝인지 구하세요.** (단, 매듭의 길이는 생각하지 않습니다). (원주율: 3)

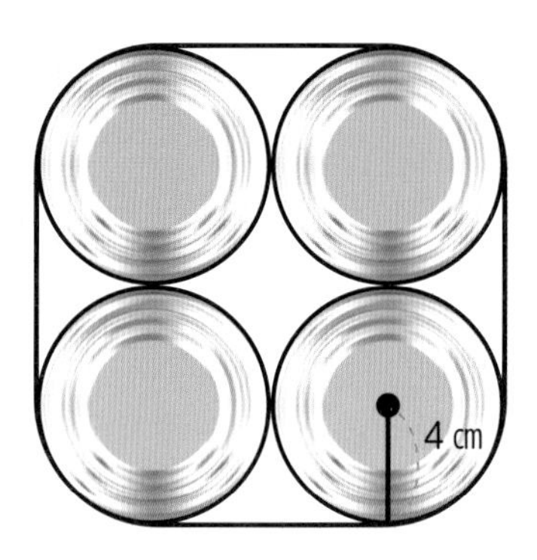

답 : ________ ㎝

STEP 01

문제 읽기

❶ 어떤 문제인지 그림과 함께 읽어 볼까?
❷ 문제의 조건을 생각해 봐. 반지름이 4 ㎝인 통조림이 4개 있어. 직선 부분과 곡선 부분을 그림에서 발견할 수 있어야 해.

구해야 할 것이 무엇인지 생각하기

❶ 무엇을 구해야 할까?
❷ 사용한 끈의 길이(직선 부분의 길이, 곡선 부분의 길이)가 얼마일지 생각해 봐.

STEP 02

문제 풀이의 기술 떠올리기

❶ 주어진 그림을 단순하게 그릴 때 보조선을 그리면 좋아.
❷ 원의 중심을 찾은 후 원의 중심을 지나는 가로선과 세로선의 보조선을 각각 그리면 풀이 방법을 떠올릴 때 큰 도움이 돼.

문제 풀이 계획 세우기

❶ 네 원의 중심을 각각 찍은 후 중심을 지나는 가로선과 세로선을 그려야 해.
❷ 보조선을 그린 후 우리가 구해야 하는 끈의 길이를 어떻게 단순화할지 생각해야 해.
❸ 단순화한 후 직선의 길이와 곡선의 길이를 각각 어떤 개념을 이용해서 해결할지 알아야 해.

STEP 03

문제 풀이의 기술 적용하기

❶ 원이 나올 때는 중심을 모두 그린 후 중심을 지나는 가로, 세로선을 모두 그려 봐.
❷ 우리가 구해야 하는 끈의 길이는 직선, 곡선으로 나누어져 있다는 걸 알 수 있어.
❸ 직선과 곡선을 각각 분리하면 식을 세워 계산하기 좋기 때문에 주어진 그림에서 직선과 곡선을 표시해 봐.

문제 풀기

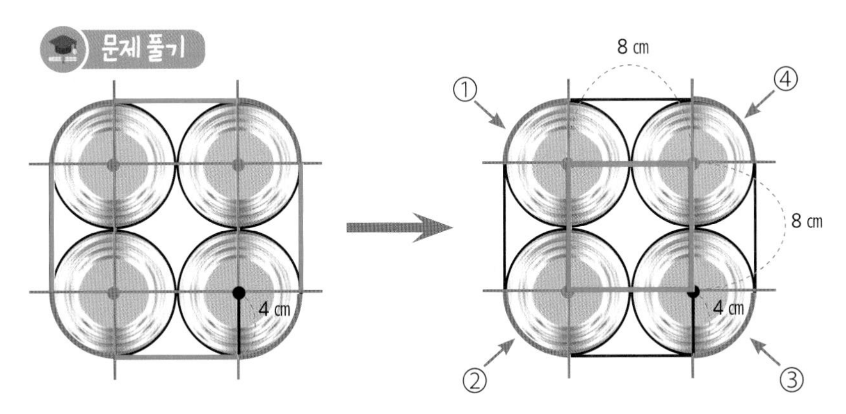

❶ 원 문제가 나오면 원의 중심을 꼭 표시해야 해. 직선과 곡선으로 분리한 후 단순화해야 해. 그러므로 원의 중심을 지나는 가로선과 세로선을 모두 그려야 해.

❷ 직선의 길이

통조림을 둘러싼 끈 중 직선의 길이는 위쪽 그림의 파란색 **정사각형의 둘레의 길이와 같아.**

정사각형의 둘레 = (한 변의 길이) × 4

정사각형의 둘레 = 8 × 4 = 32 ㎝

❸ 곡선의 길이

통조림의 곡선 부분은 총 4개 있어.

①~④의 부분을 하나로 합치면 원이 나오지?

곡선의 길이는 원주 공식을 활용해서 구하면 돼.

원주 = (지름) × (원주율)

= 8 × 3

= 24

(직선의 길이) + (곡선의 길이)

32 ㎝ + 24 ㎝ = 56 ㎝

정답 : 56 ㎝

수학
유형 파악의 기술 05

문제에 숨어 있는 조건과 개념을 찾아 해결하기

전체와 부분을 파악하는 문제

5학년 1학기 6. 다각형의 둘레와 넓이 

문제 다음 도형에서 색칠된 부분의 넓이는 몇 ㎠인지 구하세요.

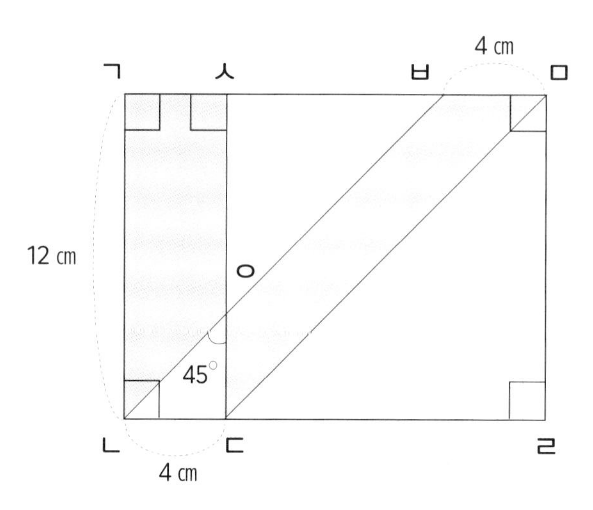

답: ________ ㎠

STEP 01

문제 읽기

❶ 어떤 문제인지 그림과 함께 읽어 볼까?
❷ 색칠된 부분이 어떤 도형으로 이루어져 있는지와 직각 표시가 어디에 있는지 확인해.

구해야 할 것이 무엇인지 생각하기

❶ 무엇을 구해야 할까? 색칠된 부분의 넓이야.

STEP 02

문제 풀이의 기술 떠올리기

❶ 우리가 구해야 할 넓이가 무엇인지 생각하고 넓이를 구하는 공식을 생각해야 해.
❷ 공식을 적용하기 힘들 경우 숨은 조건 또는 다른 문제 풀이 도구를 떠올려야 해.
❸ 그림에 나온 변의 길이와 각을 활용해서 넓이를 어떻게 구할 수 있을지 그림에 표시하면서 풀어야 해.

문제 풀이 계획 세우기

❶ 사다리꼴의 넓이를 구하려면 윗변, 아랫변, 높이를 모두 알아야 하는데 알기 어렵기 때문에 문제에 숨어 있는 조건을 활용해 도형의 넓이를 구해야 해.

❷ 문제 풀이 도구 중 하나인 전체 넓이 - 부분 넓이 = 구해야 할 넓이를 활용해.
예를 들어 사각형 ㄱㄴㄷㅅ - 삼각형 ㄴㄷㅇ = 사다리꼴 ㄱㄴㅇㅅ,
평행사변형 ㄴㄷㅁㅂ - 삼각형 ㄴㄷㅇ = 사다리꼴 ㄷㅁㅂㅇ

❸ 삼각형 ㄴㄷㅇ을 이용하는 것이 이 문제에서 중요해.

STEP 03

문제 풀이의 기술 적용하기

❶ 우리가 구해야 할 색칠한 부분의 도형은 두 개이기 때문에 ①과 ②로 표시해.
그리고 (전체) - (부분) = (우리가 구해야 할 넓이)를 활용해서 식을 세우면 돼.
가장 중요한건 부분에 해당하는 직각이등변삼각형 ㄴㄷㅇ의 숨은 조건을 활용해야 한다는 거야.

문제 풀기

첫 번째 풀이

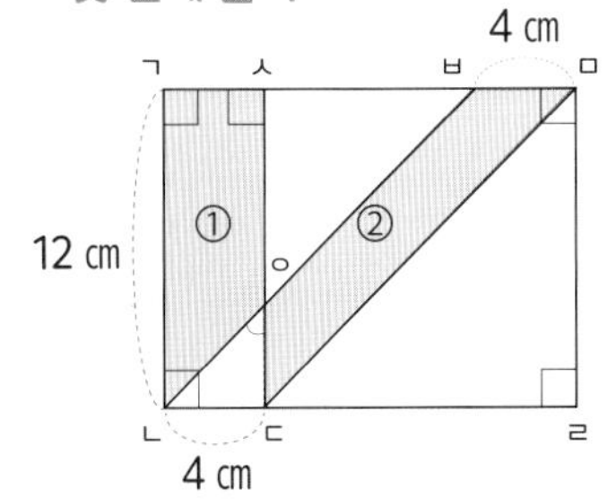

① 사각형 ㄱㄴㄷㅅ - 삼각형 ㄴㄷㅇ = 사다리꼴 ㄱㄴㅇㅅ
$= 12 \times 4 - (4 \times 4) \div 2$
$= 48 - 8$
$= 40$

② 평행사변형 ㄴㄷㅁㅂ - 삼각형 ㄴㄷㅇ = 사다리꼴 ㄷㅁㅂㅇ
$= 12 \times 4 - (4 \times 4) \div 2$
$= 48 - 8$
$= 40$

두 사다리꼴의 넓이는 모두 40 ㎠이므로 ① + ② = 40 ㎠ + 40 ㎠ = 80 ㎠

두 번째 풀이

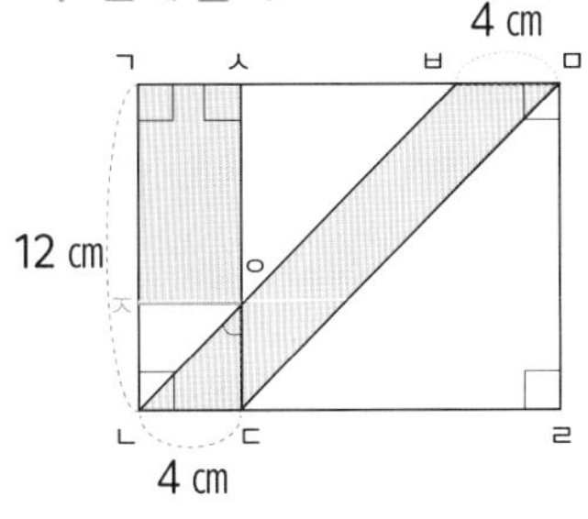

보조선 ㅇㅈ을 그리면 숨은 조건이 눈에 들어와.
삼각형 ㄴㅇㅈ과 삼각형 ㄴㄷㅇ은 넓이가 같기 때문에
삼각형 ㄴㅇㅈ을 삼각형 ㄴㄷㅇ으로 이동하면 돼.
즉, (직사각형 ㄱㅈㅇㅅ 넓이) + (평행사변형 ㄴㄷㅁㅂ 넓이)를 구하면 돼.
직사각형 ㄱㅈㅇㅅ = 4×8 = 32 ㎠, 평행사변 ㄴㄷㅁㅂ = 4×12 = 48 ㎠
32 ㎠ + 48 ㎠ = 80 ㎠

정답 : 80 ㎠

전체와 부분을 파악하는 문제

6학년 1학기 4. 비와 비율 ★★★☆☆

문제 ㉰에 대한 ㉮의 비율을 기약분수로 나타내세요.

- ㉯에 대한 ㉮의 비율: $\frac{8}{25}$
- ㉰에 대한 ㉯의 비율: 1.25

답 : ________

※ 기약분수: 더 이상 약분되지 않는 분수, 분모와 분자의 공약수가 1뿐인 분수

STEP 01

문제 읽기

❶ 어떤 문제인지 읽어 볼까?
❷ 문제의 키워드는 '~에 대한', '비율', '기약분수'야.

구해야 할 것이 무엇인지 생각하기

❶ 무엇을 구해야 할까? 두 조건을 활용하여 ㉰에 대한 ㉮의 비율을 기약분수로 나타내야 해.

STEP 02

문제 풀이의 기술 떠올리기

❶ ㉮, ㉯, ㉰의 값을 모르기 때문에 주어진 조건과 숨어 있는 조건을 활용해서 구해야 해.
❷ 주어진 두 조건을 보면 ㉯가 두 번 나오지? ㉯가 숨어 있는 조건이 될 수 있어.
❸ 두 조건의 비율이 하나는 분수, 다른 하나는 소수이므로 하나로 통일해야 숨어 있는 조건 ㉯를 활용해서 문제를 해결할 수 있어.

문제 풀이 계획 세우기

❶ 비와 비율 단원에서 학습한 개념 □에 대한 ○의 비율 = $\frac{○}{□}$을 활용해서 식을 세워야 해.

❷ 숨어 있는 조건을 활용하기 위해서는 두 비율의 값을 분수로 통일해야 해.

❸ 분수로 통일한 후 ㉯의 값을 통일하면 주어진 ㉮, ㉰의 값을 알 수 있어.

문제 풀이의 기술 적용하기

❶ 문제에 숨어 있는 조건을 찾고, 이 조건을 활용할 수 있는 방법을 찾아야 해.
❷ 비와 비율 단원에서 가장 중요한 건 기준을 잡는 일이기 때문에 ㉯를 하나의 값으로 통일하자.
❸ 이제 숨어 있는 조건 ㉯를 활용해 ㉮~㉰의 값을 구하면 돼. 이 문제의 핵심은 조건 ㉯라는 걸 기억해.

문제 풀기

❶ 숨어 있는 조건이 ㉯라는 걸 파악한 후 비와 비율의 개념을 활용해서 식을 세워야 해.

$\frac{㉮}{㉯} = \frac{8}{25}$, $\frac{㉯}{㉰} = \frac{125}{100}$ 여기서 가장 중요한 건 양쪽에 있는 ㉯겠지? 그런데 두 분수의 ㉯의 값이 같지 않지?

❷ 그러므로 첫 번째 조건 ㉯의 25를 125로 만들어 보자. 25에 5를 곱하면 125가 되므로

$\frac{㉮}{㉯} = \frac{8}{25}$의 분모, 분자에 5를 곱하면 $\frac{㉮}{㉯} = \frac{40}{125}$이 돼.

❸ ㉮ = 40, ㉯ = 125가 되므로 이제는 자연스럽게 ㉰ = 100이라는 조건에 맞겠지?

㉰에 대한 ㉮의 비율 = $\frac{40}{100}$이 되고, 기약분수로 나타내야하므로 $\frac{2}{5}$가 답이야.

정답 : $\frac{2}{5}$

3

사회현상을 이해하고 문제에 적용하는 능력이 중요한

사회 영역

사회 과목은 사회생활에 필요한 지식과 기능을 익혀 사회에서 일어나는 일을 인식하고 민주 사회를 살아가는 데 필요한 가치와 태도를 갖추게 합니다. 사회 과목을 공부하면서 사회 교과서에 등장하는 기본 개념과 원리를 발견하고 탐구합니다. 이를 통해 우리 사회의 특징과 세계의 여러 모습을 종합적으로 이해하게 됩니다.

이처럼 사회 과목은 우리가 사는 세상을 이해하기 위한 과목입니다. 우리가 직접 겪으며 살아가는 주변의 이야기를 담은 과목이기 때문에 어떤 학생들은 사회 과목의 개념들을 빠르게 이해합니다. 하지만 어떤 학생들은 사회 과목을 어렵게 느낍니다. 사회 개념과 관련된 경험이 적거나 개념의 뜻을 알지 못하기 때문입니다. 이를 해결하기 위해 사회

사회 교과서 읽기
사회 지식 이해하기
→
사회 노트 필기하기
사회 지식 정리하기
→

교과서를 읽는 방법을 아는 것이 필요합니다. 또 이해한 내용을 노트에 정리하는 방법을 익혀야 합니다.

하지만 교과서 내용을 잘 이해하고 노트 정리도 잘하는데 유독 사회 문제를 풀 때 자신 없어 하는 학생들은 어떤 어려움을 겪고 있는 것일까요? 바로 이해한 내용을 우리가 사는 세상에 적용하는 데 어려움을 겪거나 혹은 문제 자체를 이해하지 못하기 때문입니다. 이러한 어려움을 겪는 학생들을 위해 사회 문제 풀이의 기술 다섯 가지를 정리했습니다. 사회 시험에 자주 등장하는 문제 유형 다섯 가지와 문제를 어떻게 이해하여 분석하고 해결해야 하는가에 대한 기술입니다. 이 다섯 가지 기술을 통해 사회 과목 자신감을 높여볼까요?

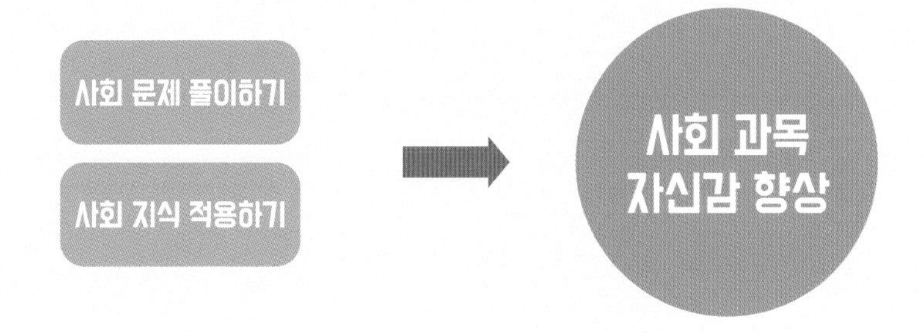

사회 유형 파악의 기술 01

개념을 사회현상 속에 적용하기

사회 교과서에는 사회 지식을 배우기 위해 다양한 사회 개념들이 등장합니다. 이제까지 배웠던 사회 개념들 중 떠오르는 것들을 적어볼까요?

예시) 의식주, 지도, 인구 분포, 교류 등

그렇다면 이 사회 개념들의 뜻도 이야기할 수 있나요? 위에 적은 사회 개념 중 한 가지를 골라 그 뜻을 적어 봅시다.

사회 개념	정의
예시) 지도	위에서 내려다본 땅의 실제 모습을 일정한 형식으로 줄여서 나타낸 그림

혹시 뜻이 떠오르지 않는 사회 개념이 있나요? 그렇다면 예시나 사례를 떠올려야 합니다. 예를 들어 '인구 분포'에 대한 문제가 등장하였는데 '인구 분포'의 뜻을 알지 못한다면 이 개념을 들어봤던 상황이나, 예시글을 떠올립니다. 또는 문제에서 '인구 분포'가 등장한 부분을 봅니다. '대도시는 지역의 인구 밀도는 높고, 산지 지역과 농어촌 지역의 인구 밀도는 낮다.'라는 문장이 떠올랐다면 '인구 분포'가 사람들이 어디에 얼마나 모여 살고 있는지 나타낸 것이라는 정의와 연결하기 쉽습니다.

사회 유형 파악의 기술 02

지도가 표현하려는 내용 확인하기

지도는 다양한 내용을 담고 있습니다. 아래의 ㉠, ㉡지도는 모두 우리나라 지도입니다. 각 지도는 어떤 내용을 표현하기 위해 그려진 지도일까요? ㉠지도는 우리나라의 행정 구역을 표현하기 위한 지도이고, ㉡지도는 우리나라의 지형을 표현하기 위한 지도입니다. ㉠지도를 통해서는 각 도가 어디에 위치하는지 알 수 있고, ㉡지도를 통해서는 우리나라의 어디에 산이 많고 강이 있는지 알 수 있습니다. 이처럼 모양은 같지만 지도마다 표현하는 내용은 다양합니다. 또 방위표, 기호 등 지도 위에 다양한 정보들이 나와 있기 때문에 어떤 정보를 표현하는지 찾아야 합니다. 또 우리나라 지도뿐만 아니라 세계지도가 실릴 수도 있습니다. 세계지도에는 경선과 위선이 표시되곤 합니다.

지도는 지리 문제뿐만 아니라 역사 문제에서도 자주 등장합니다. 옛 지명으로 적혀 있는 경우 지명을 통해 시대를 추측해 볼 수도 있고, 행정 구역이나 지형을 알기 위한 지도가 아니라 시대적 특징이 담겨 있을 수 있습니다. 이러한 내용을 파악하여 문제를 해결해 나가야 합니다.

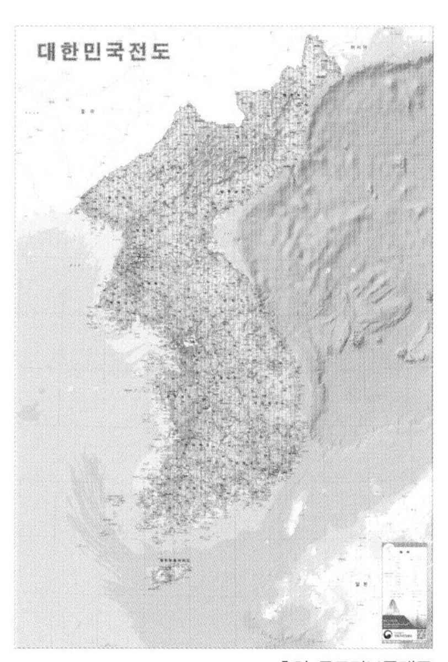

출처: 국토정보플랫폼

㉠

사회 유형 파악의 기술 03

원인과 결과를 연결하기

역사적 사건은 긴 역사의 흐름 사이에서 갑자기 생긴 것이 아닙니다. 모든 역사적 사건들은 서로가 서로의 원인과 결과가 되어 꼬리에 꼬리를 물며 일어납니다. 사회 문제에서 자주 등장하는 문제가 바로 이 시간의 흐름에 맞게 역사적 사건을 배열하거나 혹은 시간의 흐름 중 빈 부분을 찾는 것입니다. 그래서 역사적 사건의 순서를 물어보는 문제를 해결할 때는 원인을 찾아야 하는지, 결과를 찾아야 하는지 먼저 살펴봐야 합니다.

<table>
<tr><td>원인
㉠이 발생함.</td><td></td><td></td></tr>
<tr><td>결과
㉠으로 인해 ㉡이 발생함.</td><td>원인
㉡이 발생함.</td><td></td></tr>
<tr><td></td><td>결과
㉡으로 인해 ㉢이 발생함.</td><td>원인
㉢이 발생함.</td></tr>
<tr><td></td><td></td><td>결과
㉢으로 인해 ㉣이 발생함.</td></tr>
</table>

㉠-㉡-㉢-㉣ 순으로 배열되는 역사적 사건이 있다고 한다면 위와 같은 표를 그려 사건을 정리해 보는 것입니다. 표를 활용하면 역사적 사건을 배열하기도 쉽고 문제도 어렵지 않게 해결할 수 있습니다.

사회 유형 파악의 기술 04

자료와 사회 개념 연결하기

사회 문제에는 사회현상을 소개하거나 설명하기 위한 다양한 자료들이 등장합니다. 많은 그림이나 사진이 등장하며 표와 그래프 같은 자료가 등장하기도 합니다. 그렇다면 이 표와 그래프를 읽을 줄 아는 것만으로 문제를 해결할 수 있을까요? 문제를 해결하기 위해서는 표나 그래프를 통해 알게 된 값을 사회 개념이나 현상에 적용해야 합니다. '○○ 지역의 연평균 기온은 ○○°이다.'라는 내용을 그래프를 통해 알게 되었다면 이 자체는 정답인 경우는 드뭅니다. 이 기온이 다른 지역에 비해 높은지 낮은지를 비교하거나, 이러한 기온으로 인해 지역 주민들의 생활이 어떠한지를 문제와 연결 지어 살펴봐야 합니다.

사회 유형 파악의 기술 05

시대와 시대의 역사적 특징 떠올리기

지나간 역사는 우리가 경험해 보지 못한 시간들입니다. 따라서 역사 문제에서는 각종 사료가 등장합니다. 사료에는 문화유산, 문헌과 같은 기록물, 역사적 인물의 초상화 등이 있습니다. 이런 사료에서 나타난 시대적 특징을 찾아 어느 시대인지 또 그 시대는 어떤 역사적 특징을 가지고 있는지 연결해야 역사 문제를 해결할 수 있습니다. 때로는 사료만 가지고 해결하기 어려울 수 있습니다. 그럴 때는 사료와 함께 문제에 제시된 지문을 읽고 힌트를 얻어야 합니다.

사회
유형 파악의 기술 01

개념을 사회 현상 속에 적용하기

개념의 정의를 알고 있어야 하는 문제

5학년 1학기 2단원 인권 존중과 정의로운 사회 

문제 다음은 두 학생의 대화입니다. 휘경이가 겪은 상황이 생활 속에서 인권을 존중하는 모습으로 바뀌려면 세면대가 어떻게 바뀌어야 하는지 예를 들어 쓰고, 그러한 변화가 필요한 까닭을 인권과 관련지어 쓰세요.

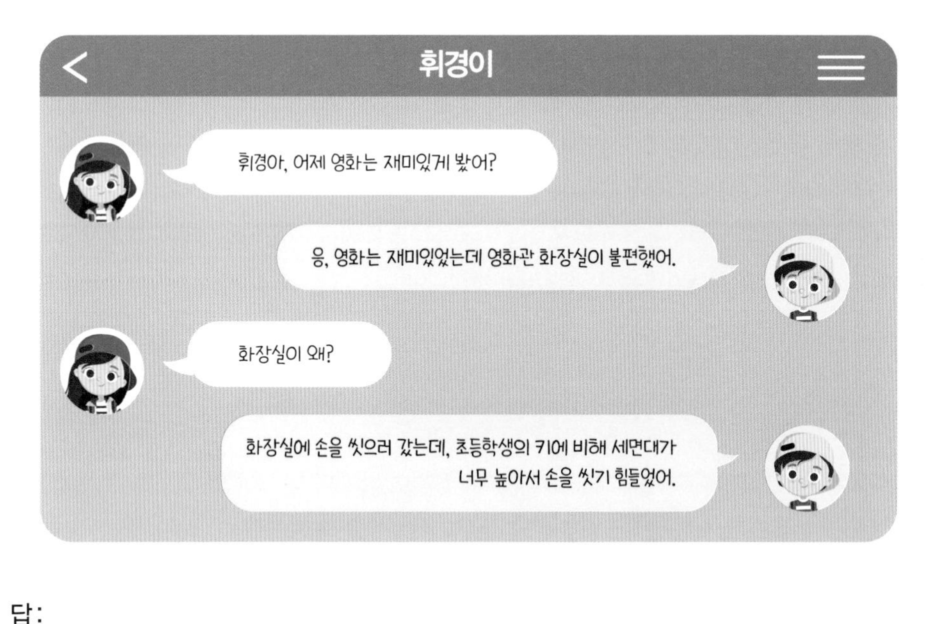

답 : ____________________

____

문제 읽기

❶ 어떤 문제인지 읽어 볼까? 문제를 읽고 30초 정도 생각해.

문제 유형 파악하기

❶ 무엇을 보고 문제의 유형을 알 수 있을까?
❷ 문제에서 여러 번 나온 개념이 무엇인지 찾아봐.

문제 풀이의 기술 떠올리기

❶ 어떤 개념에 대한 문제인지 찾아봐.
❷ 사회 개념을 물어보는 문제에서는 개념의 정의를 떠올려야 해.
❸ 만약 개념의 정의가 떠오르지 않는다면 일상생활 속에서의 사례를 떠올려 봐. 개념과 관련된 교과서 내용이나 평소에 본 기사를 떠올리는 거야.

문제 풀이 계획 세우기

❶ 이 문제를 해결하기 위해서는 인권의 개념을 알아야 해.
❷ 개념의 정의가 떠오르지 않는다면 일상생활 속 사례를 떠올려 봐. 예를 들어 '인권'과 관련된 교과서 내용에는 무엇이 있었지?
❸ 문제의 대화를 활용해서 생각해 볼 수도 있어. '인권이라는 개념과 화장실 세면대가 무슨 관련이 있지?'라고 생각해 보는 거야.

문제 풀이의 기술 적용하기

❶ 답을 '인권'이라는 사회 개념과 관련지어 적어야 해. 그래서 인권의 정의를 간단하게 답에 쓰는 것이 좋아. 인권이란 사람이기 때문에 당연히 누려야 하는 안전하고 행복하게 살아갈 권리야.
❷ 만약 인권 영화를 본 적이 있다면, 그 영화가 왜 인권과 관련된 영화였는지 떠올리면서 인권의 정의를 떠올려 봐. 다양한 사례를 떠올려 보면 인권이란 우리를 둘러싼 일상생활 속에서 지켜져야 한다는 것을 알 수 있어. 그렇기 때문에 변화가 필요하다고 답을 적어야 해.

문제 풀기

❶ 문제에 제시된 변화가 필요한 상황을 파악하자.
❷ 답에 써야 하는 내용은 두 가지야. 첫째, 세면대가 어떻게 바뀌어야 하는지 예를 적고 둘째, 이런 변화가 필요한 까닭을 인권과 관련지어 써야 해.

정답 : 어른보다 키가 작은 어린이를 위해 낮은 세면대가 설치되어야 합니다. 인권이란 모든 사람이 태어나면서 가지는 안전하고 행복하게 살 권리이기 때문에 어린이의 인권도 지켜져야 합니다. 그래서 어린이가 세면대를 이용하는 데 불편하거나 어렵지 않도록 해야 합니다.

개념의 정의를 알고 있어야 하는 문제

6학년 1학기 2단원 인권 존중과 정의로운 사회 

문제 다음은 윤희가 공부한 내용을 정리한 노트의 모습입니다. ㉮에 들어갈 내용으로 적절하지 않은 것은 무엇인가요? (　　　)

정치란?	사람들이 함께 살면서 생기는
	여러 가지 문제를 원만하게 해결해 가는 과정
생활 속	㉮ 와 같은 문제들을 해결해 가는 일
정치의 예	

① 가정에서 집안일을 어떻게 나누면 좋을까요?
② 오늘 빨간 옷을 입을까요, 노란 옷을 입을까요?
③ 학급에서 급식 순서를 어떻게 정할까요?
④ 우리 지역의 소음 문제를 어떻게 해결하면 좋을까요?
⑤ 학교에서 우리가 지켜야 할 규칙은 무엇인가요?

STEP 01

문제 읽기

❶ 어떤 문제인지 읽어 볼까? 문제를 읽고 무엇에 관한 문제인지 30초 정도 생각해.

문제 유형 파악하기

❶ 무엇을 보고 문제의 유형을 알 수 있을까?
❷ 문제에 어떤 개념의 정의가 정리되어 있는지 살펴봐.

STEP 02

문제 풀이의 기술 떠올리기

❶ 어떤 개념에 대한 문제인지 찾아봐.
❷ 문제에 이미 개념의 정의가 정리되어 있을 때는 그 개념과 관련된 일상생활 속 사례를 묻는 문제들이 많아.
❸ 문제에 제시된 개념의 정의를 꼼꼼하게 읽으며 개념의 조건을 찾아봐.

문제 풀이 계획 세우기

❶ 윤희가 공부한 노트에 정치의 개념이 제시되어 있어.
❷ 정치의 의미와 개념의 특징을 생각해 봐.
❸ 사회 속에서 '정치' 개념이 적용된 예시를 생각해야 해.

문제 풀이의 기술 적용하기

❶ '정치'란 여러 사람이 함께 살아가다 보면 생기는 여러 가지 문제를 해결해 가는 과정이야.
❷ '정치'의 개념을 머릿속에 떠올리며 문제를 읽어 보면, 사람들 사이에 일어나는 문제, 많은 사람에게 영향을 끼치는 공동의 문제를 해결하는 과정이 아닌 것을 찾는 문제라는 것을 알 수 있어.
❸ 선택지를 읽고, 정치의 정의와 어울리지 않는 것을 찾아봐.

많은 사람에게 영향을 끼치는 공동의 문제를 해결하는 과정인가요?

네	아니오
① 가정에서 집안일을 어떻게 나누면 좋을까요?	② 오늘 빨간 옷을 입을까요, 노란 옷을 입을까요?
③ 학급에서 급식 순서를 어떻게 정할까요?	
④ 우리 지역의 소음 문제를 어떻게 해결하면 좋을까요?	
⑤ 학교에서 우리가 지켜야 할 규칙은 무엇인가요?	

문제 풀기

❶ ②번의 '어떤 색의 옷을 입을까?'라는 문제는 개인의 문제이기 때문에 생활 속 정치의 예가 되기 어려워. 만약 '운동회에서 우리 반 단체복으로 어떤 옷을 입을까?'라는 문제라면 우리 반 학생 모두에게 해당되기 때문에 생활 속 정치의 예가 될 수 있어.
❷ ②번을 제외한 나머지 문제들은 모두, 가정, 학급, 학교, 지역과 같은 사회 속에서 발생할 수 있고 사회 구성원들에게 영향을 끼치는 공동의 문제야.

정답 : ②번

사회
유형 파악의 기술 02

지도가 표현하려는 내용 확인하기

지도가 실린 목적을 파악하는 문제

5학년 1학기 1단원 국토와 우리 생활 

문제 우리 국토의 위치에 대한 설명 중 옳지 않은 것을 찾아 바르게 고치세요. (   )

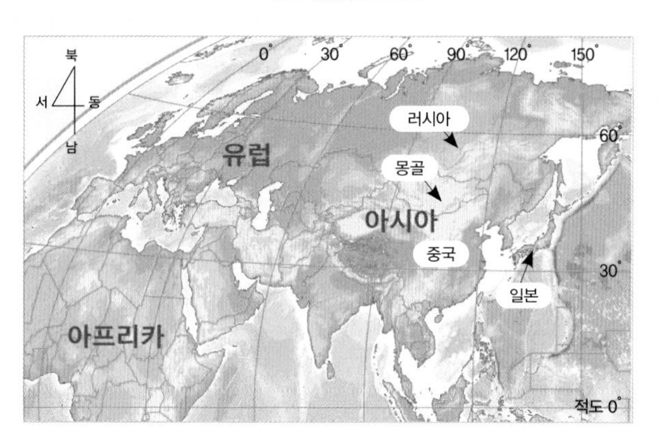

출처: 국토정보플랫폼

① 우리 국토는 아시아 대륙의 동쪽에 있어요.
② 우리 국토는 북위 30°~45° 사이에 있어요.
③ 우리 국토는 러시아의 남쪽에 있어요.
④ 우리 국토는 서경 120°~135° 사이에 있어요.
⑤ 우리 국토는 삼면이 바다와 맞닿아 있어요.

STEP 01

문제 읽기

❶ 어떤 문제인지 읽어 볼까? 문제를 읽고 지도를 살펴봐.

문제 유형 파악하기

❶ 무엇을 보고 문제의 유형을 알 수 있을까?
❷ 지도가 등장한 문제이기 때문에 지도가 나타내는 내용이 무엇인지 알아야 하는 문제야.

STEP 02

문제 풀이의 기술 떠올리기

❶ 지도는 다양한 내용을 담고 있어. 어떤 지도는 위치를 표현하기도 하고, 어떤 지도는 지형을 표현하기도 해.
❷ 지도가 표현하려는 내용을 찾을 수 있어야 지도를 어떻게 읽을지 정할 수 있어.

STEP 03

문제 풀이 계획 세우기

❶ 문제를 읽어 보면 문제의 선택지들은 모두 우리 국토의 위치에 대한 설명이야. 따라서 문제의 지도가 우리 국토의 '위치'를 표현하고 있다는 것을 알아야 해.
❷ 위치를 읽으려면 지도에서 어떤 정보들을 읽어야 하는지 생각해 봐. 방위표, 위선과 경선 등을 통해 위치를 읽을 수 있어.
❸ 지도의 방위표와 위선, 경선을 살펴볼까? 방위표를 읽는 방법은 4학년 사회 시간에 공부했었어.
❹ 위선과 경선이 무엇을 나타내는지 떠올려 봐.
❺ 지도에서 알 수 있는 위치에 대한 정보와 문제의 선택지가 일치하는지 살펴봐.

문제 풀이의 기술 적용하기

❶ 우리 국토에 대해 묻고 있기 때문에 먼저 우리 국토가 지도의 어디 있는지 확인해.
❷ 그 다음 선택지에 위치를 나타내는 표현들이 바른지 확인해 볼까? 문제의 선택지에서 위치를 나타내는 말들을 표시해 보자.

① 우리 국토는 아시아 대륙의 동쪽에 있어요.
② 우리 국토는 북위 30°~45° 사이에 있어요.
③ 우리 국토는 러시아의 남쪽에 있어요.
④ 우리 국토는 서경 120°~135° 사이에 있어요.
⑤ 우리 국토는 삼면이 바다와 맞닿아 있어요.

❷ 이 표현들이 옳은 내용인지 지도를 보며 확인해 봐.

문제 풀기

❶ ④번 선택지를 살펴보자.
❷ 경선은 위치를 찾기 편하도록 지도나 지구본에 나타낸 가상의 선 중 세로 선을 말해. 본초 자오선은 어떻게 찾지? 0° 라고 쓰인 부분을 찾아봐. 본초 자오선을 기준으로 동쪽은 동경이라고 해. 우리나라는 본초 자오선의 동쪽에 있어. 따라서 서경이라는 설명이 틀렸다는 것을 알 수 있어.
❸ 옳지 않은 내용을 찾아 바르게 고치면 서경이 아니라 동경이야.

TIP

가로 선이 위선, 세로 선이 경선인데 종종 가로 선이 위선인지 경선인지 헷갈릴 때가 있어. 사회 개념은 암기가 필요할 때도 많아. 이럴 때 다양한 방법을 활용해 암기하는 것을 추천해. 예를 들어 '가로선이 위선' = '가위'로 읽을 수 있지. 이렇게 특정 단어와 연결하면 자연스럽게 암기가 돼.

정답 : ④번, 우리 국토는 동경 120°~135° 사이에 있어요.

지도가 실린 목적을 파악하는 문제

5학년 2학기 1단원 옛사람들의 삶과 문화 ★★★★☆

문제 다음은 삼국 시대 어느 나라의 전성기 지도인지 쓰고, 그렇게 생각한 까닭을 쓰세요.

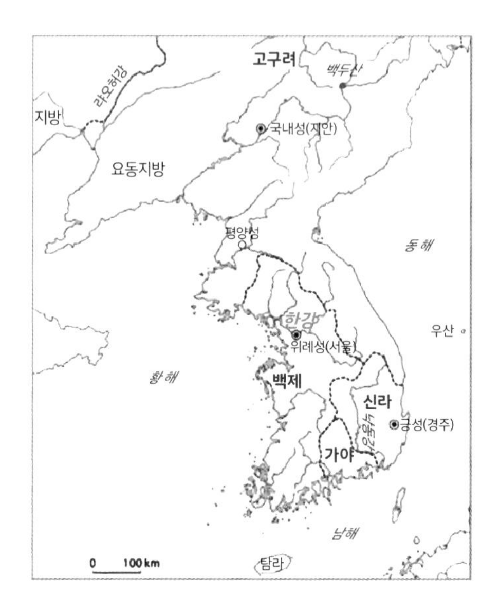

답: ______________________________

____

STEP 01

문제 읽기

❶ 어떤 문제인지 읽어 볼까? 문제를 읽고 지도를 살펴봐.

문제 유형 파악하기

❶ 무엇을 보고 문제의 유형을 알 수 있을까?

❷ 지도가 등장한 문제이기 때문에 지도가 나타내려는 내용이 무엇인지 알아야 하는 문제야.

STEP 02

문제 풀이의 기술 떠올리기

❶ 이 문제는 위치를 표현한 지도일까? 아니면 지형을 표현한 지도일까? 지도에서 읽을 수 있는 정보들을 찾아봐.

❷ 문제를 살펴보면 지도가 실린 이유나, 지도에서 무엇을 찾아야 하는지 알 수 있어.

문제 풀이 계획 세우기

❶ 이번 문제의 지도는 삼국 시대 중 한 나라의 전성기를 표현하고 있어. 그래서 지도를 보면 나라의 이름이나 지명이 쓰여 있어.

❷ '고구려가 백제와 신라의 북쪽에 있다.'와 같이 단순하게 위치만 파악하지 말고 지도 안에서 여러 정보를 찾아야 해.

❸ 삼국의 전성기 지도를 배웠던 기억을 떠올려 봐. 삼국이 전성기일 때 공통적으로 차지한 곳이 있어.

STEP 03

문제 풀이의 기술 적용하기

❶ 삼국 시대의 삼국이란 어떤 나라들을 말하는 것인지 떠올려 봐.

❷ 지도의 어느 부분을 보고 전성기를 파악할 수 있을까?

❸ 한반도의 중심에 있는 한강 유역을 어떤 나라가 차지하고 있는지 살펴봐.

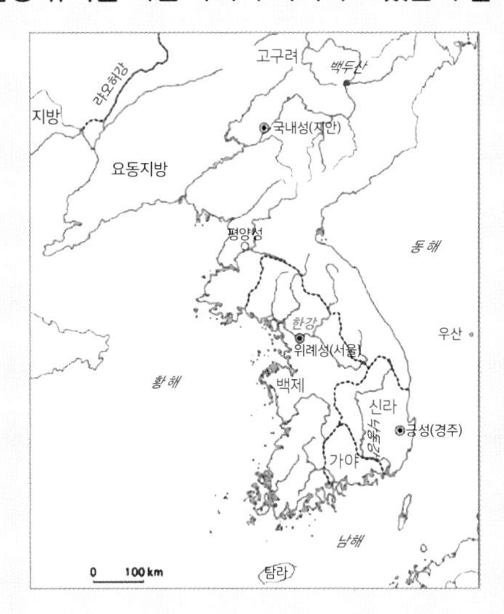

문제 풀기

❶ 답에 써야 하는 내용은 두 가지야. 첫째, 나라의 이름과 둘째, 그 나라의 전성기 지도라고 생각한 까닭을 써야 해.

❷ 전성기 때 삼국은 공통적으로 한강 유역을 차지했어. 지도를 보고 한강 유역을 보면 한강 유역이 백제의 땅이라는 것을 알 수 있지?

정답 : 백제의 전성기 지도입니다. 왜냐하면 백제가 한강 유역을 차지하고 있기 때문입니다.
삼국은 공통적으로 전성기에 한강 유역을 차지했습니다. 한강 유역은 한반도의 중심이기 때문에 영토를 확장하는 데 중요한 역할을 했습니다.

사회
유형 파악의 기술 03

원인과 결과를 연결하기

시간, 시대 순으로 배열하는 문제

5학년 2학기 1단원 옛사람들의 삶과 문화 

문제 신라의 삼국 통일 과정을 순서대로 나열하세요. (–   –   –   )

㉠ 당이 신라와의 동맹을 깨려고 함.

㉡ 신라와 당이 동맹을 맺음.

㉢ 백제와 고구려가 멸망함.

㉣ 신라가 당을 상대로 전쟁에서 승리해 삼국 통일을 이룸.

STEP 01

문제 읽기

❶ 어떤 문제인지 읽어 볼까? 문제를 읽고 30초 정도 생각해.

문제 유형 파악하기

❶ 과정을 순서대로 나열하는 문제야.
❷ 시간, 시대 순으로 배열하는 역사 문제라는 것을 알 수 있어.

STEP 02

문제 풀이의 기술 떠올리기

❶ 시간의 흐름에 맞게 순서대로 배열하려면 무엇을 생각해야 할까? 바로 원인과 결과를 연결해야 해. 원인과 결과를 연결하는 방법에 대해 알아보자.
❷ 어떤 역사적 사건은 또 다른 역사적 사건의 원인이 되기도 하고 결과가 되기도 해. 원인과 결과가 꼬리에 꼬리를 물며 시간의 흐름을 만들어. 그래서 역사적 사건의 순서를 물어 보는 문제를 해결할 때는 내가 원인을 찾아야 하는지, 결과를 찾아야 하는지 먼저 살펴봐.

문제 풀이 계획 세우기

❶ 이 문제에서는 삼국 통일의 과정을 물어보고 있어. 그렇기 때문에 신라의 삼국 통일은 결과이지.

❷ ㉠~㉣ 중 어떤 것을 먼저 살펴보아야 할까? 삼국 통일이 최종 결과라고 했으니까 ㉣이 맨 마지막 순서겠네.

❸ 나머지 ㉠~㉢은 어떤 순서대로 나열해야 할까? ㉠은 나머지 ㉡, ㉢ 중 어떤 사건의 원인이 될까? 또 ㉡, ㉢ 중 어떤 사건의 결과가 될까?

❹ 이제 원인과 결과가 서로 이어지도록 하나씩 나열해 봐.

STEP 03

문제 풀이의 기술 적용하기

❶ 삼국 통일이 될 수 있었던 이유는 무엇일까? 또 그 이유는 어떤 사건의 원인이 되는지 생각해 봐.

❷ 문제에 제시된 ㉠~㉣을 원인과 결과 순서대로 정리해 봐.

원인 신라는 백제와 고구려를 멸망시키기 위해 당의 도움이 필요함.			
결과 ㉡ 신라가 당과 동맹을 맺음.	원인 ㉡ 신라와 당이 동맹을 맺음.		
	결과 ㉢ 백제와 고구려가 나당연합과의 전쟁에서 패해 멸망함.	원인 ㉢ 백제와 고구려가 나당연합과의 전쟁에서 패해 멸망함.	
		결과 ㉠ 당이 신라와의 동맹을 깨고 한반도 전체를 차지하려고 함.	원인 ㉠ 당이 신라와의 동맹을 깨고 한반도 전체를 차지하려고 함.
			결과 ㉣ 신라가 당을 상대로 전쟁을 해 승리하여 삼국 통일을 이룸.

문제 풀기

❶ 신라와 당이 동맹을 맺고 힘을 합쳐 백제와 고구려를 멸망시켰어.

❷ 그런데 당이 동맹을 깨고 신라까지 멸망을 시키려 했지.

❸ 그래서 신라가 당을 상대로 전쟁을 했고 승리해서 삼국 통일을 이뤘어.

정답 : ㉡-㉢-㉠-㉣

시간, 시대 순으로 배열하는 문제

5학년 2학기 1단원 옛사람들의 삶과 문화 

문제 다음은 병자호란에 대한 설명입니다. (가)에 들어갈 내용으로 옳은 것을 고르세요. (　　　)

조선이 명과 가까이 지내자 명과 전쟁 중이던 후금이 조선에 쳐들어와 정묘호란이 일어남.	➡	(가)	➡	후금은 세력을 키워 청이 되었고 조선과의 관계를 임금과 신하의 관계로 바꾸고자 함.	➡	조선은 청과 임금- 신하의 관계를 맺길 거절했기 때문에 병자호란이 다시 일어남.

① 광해군의 중립 외교를 비판한 세력이 광해군을 왕위에서 몰아냄.
② 조선이 명의 군사 지원 요청에 군대를 보냄.
③ 조선이 후금과 형제 관계를 맺음.
④ 명이 후금을 물리치기 위해 조선에 군사 지원을 요청함.
⑤ 서희가 소손녕과 담판을 벌임.

STEP 01

문제 읽기

❶ 어떤 문제인지 읽어 볼까? 문제를 읽고 30초 정도 생각해.

문제 유형 파악하기

❶ 이 문제에서는 병자호란의 과정을 물어보고 있어.
❷ 시간, 시대 순으로 배열하는 역사 문제라는 것을 알 수 있어.

STEP 02

문제 풀이의 기술 떠올리기

❶ ㉠-㉡-㉢ 순으로 배열되는 역사적 사건이 있다고 해 보자. 문제에서는 ㉠, ㉡, ㉢ 중 한 사건을 비워 놓고 빈자리에 들어가는 사건이 무엇인지 묻는 문제가 자주 출제돼. ㉠이 빈자리일 경우 무엇이 원인이 되어 ㉡-㉢의 사건이 일어났는지 파악해야 해. ㉢이 빈자리일 경우 시간 순서대로 사건을 떠올리며 ㉠-㉡으로 인해 어떤 일이 생겼는지 떠올려.
❷ 이번 문제는 ㉡이 빈자리인 경우야. 따라서 ㉠은 ㉡의 원인이 되고 ㉢은 ㉡의 결과가 되지.

문제 풀이 계획 세우기

❶ 이 문제에서는 병자호란의 과정을 물어보고 있어. 병자호란은 결과이지. 병자호란이 일어나기 까지 영향을 끼친 원인들을 생각해 봐.

❷ 정묘호란의 결과로 어떤 일이 생겼었는지 떠올려야 해.

문제 풀이의 기술 적용하기

❶ 문제에 제시된 사건을 원인과 결과 순서대로 정리해 봐.

원인 조선이 명과 가까이 지내자 명과 전쟁 중이던 후금이 조선에 쳐들어와 정묘호란이 일어남.		
결과 정묘호란의 결과 조선은 후금과 형제 관계를 맺음.	원인 정묘호란의 결과 조선은 후금과 형제 관계를 맺음.	
	결과 조선과 형제 관계를 맺은 후금은 세력을 키워 청이 되었고 조선과의 관계를 임금과 신하의 관계로 바꾸고자 함.	원인 조선과 형제 관계를 맺은 후금은 세력을 키워 청이 되었고 조선과의 관계를 임금과 신하의 관계로 바꾸고자 함.
		결과 조선은 청과 임금-신하 관계를 맺길 거절했고 이 때문에 병자호란이 다시 일어남.

문제 풀기

❶ 정묘호란의 결과 조선과 후금의 관계가 어떻게 되었는지 생각해 봐.

❷ 세력을 키워 청이 된 후금이 임금-신하 관계를 요구하기 전에, 먼저 형제 관계를 맺었었어.

정답 : ③번

사회
유형 파악의 기술 04

자료와 사회 개념 연결하기

그래프나 표를 보고 개념을 연결하는 문제

5학년 1학기 1단원 국토와 우리 생활 ★★★★☆

문제 다음 기후 그래프가 나타나는 지역에 사는 사람들의 모습으로 옳지 않은 내용을 말한 사람은? (   )

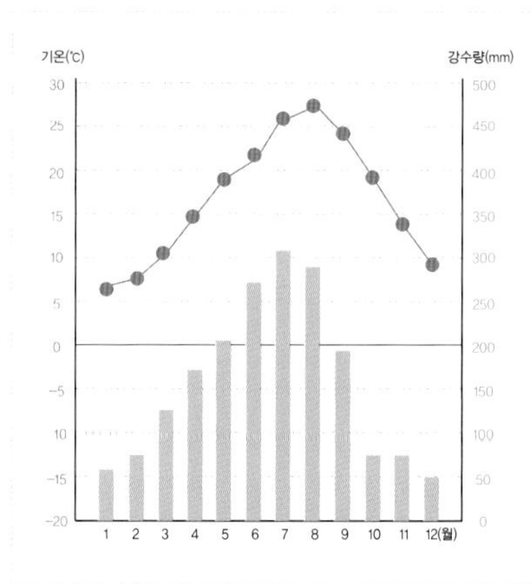

① 윤희: 이 지역은 다른 지역보다 개나리와 벚꽃이 먼저 피어서 꽃구경을 일찍 할 수 있어.
② 주영: 여름 방학 때 이 지역으로 여행을 갔는데 여름에 비가 많이 와서 우산을 들고 다녔어.
③ 승협: 이 지역은 1년 내내 건조해서 집에 빨래를 널어두면 잘 말라.
④ 휘경: 이 지역은 다른 지역보다 겨울에도 따뜻해서 비교적 옷을 얇게 입을 수 있어.
⑤ 지혜: 이 지역은 여름에 덥고 습해서 땀이 많이 났어.

문제 읽기

❶ 어떤 문제인지 읽어 볼까? 문제에 어떤 자료가 나와 있는지 살펴봐.

문제 유형 파악하기

❶ 이 문제는 그래프를 참고해서 풀어야 하는 문제야.
❷ 그래프를 통해 알 수 있는 내용을 사회 개념과 연결하는 문제 유형이라는 것을 알 수 있어.

문제 풀이의 기술 떠올리기

❶ 문제에 어떤 자료가 있는지 살펴봐야 해. 표가 등장할 수도 있고, 그래프가 등장할 수도 있어. 그래프가 나와 있다면 무엇을 나타내는 그래프인지 파악해야 해. 자료의 제목이 있다면 제목을 보는 게 도움이 돼.

❷ 그래프를 읽고 그래프에서 알 수 있는 정보들을 찾아봐.

❸ 사회 문제에서는 그래프의 수치를 읽고 그래프의 수치가 사람들의 삶과 어떤 관련이 있는지 찾아야 해.

문제 풀이 계획 세우기

❶ 문제에서 등장한 그래프는 꺾은선그래프와 막대그래프야. 이 그래프들은 무엇을 나타내고 있을까? 각각의 그래프가 무엇을 나타내는지 살펴봐.

❷ 그래프의 가로축과 세로축을 살펴볼까?

❸ 각각의 그래프를 통해 문제에서 말하는 지역이 어떤 지역인지 찾아봐.

❹ 그래프를 통해 알 수 있는 그 지역의 특징은 무엇일까?

STEP 03

문제 풀이의 기술 적용하기

❶ 문제에 등장한 그래프를 사회 시간에는 기후 그래프라고 불러. 하지만 수학 시간에는 꺾은선그래프, 막대그래프라고 하지.

❷ 꺾은선그래프는 기온을 나타내므로 왼쪽의 눈금을 읽어야 해.

❸ 막대그래프는 강수량을 나타내므로 오른쪽 눈금을 읽어야 해.
꺾은선그래프와 막대그래프를 읽는 방법은 4학년 수학 시간에 배웠어.

❹ 자료의 값만 읽고 사회 개념과 연결 짓지 못하는 경우가 많아. 사회에서 이 그래프를 기후 그래프라고 부른다고 했으니 '기후'라는 개념과 연결해야 해. 기후가 사람들이 사는 모습에 어떤 영향을 주는지 연결 지어야 해.

문제 풀기

❶ 꺾은선그래프를 통해 알 수 있는 정보는 이 지역의 기온은 1년 내내 영상*이라는 거야. 이 말은 1년 내내 따뜻하다는 뜻이야. *영상: 0℃ 이상의 온도

❷ 막대그래프를 통해 알 수 있는 정보는 여름철에 특히 강수량이 많다는 거야. 즉 비가 많이 내린다고 해석할 수 있어.

❸ 자료를 통해 얻은 정보를 기후라는 개념과 연결해 보면 이 지역은 여름에 덥고 습하며, 겨울은 포근하다는 것을 알 수 있어.

❹ 이 지역은 자료에서 알 수 있는 정보로 미루어 보아 제주도 서귀포의 기후 그래프라는 것을 알 수 있어. 서귀포는 연간 강수량이 많아 건조하다고 보기 어려워.

정답 : ③번

그래프나 표를 보고 개념을 연결하는 문제

6학년 1학기 2단원 우리나라의 경제 발전 ★★★★☆

문제 주영이는 온라인 수업을 위해 스마트패드를 사려고 합니다. 아래 표와 같은 기준으로 스마트패드를 구입한다면 선택지 중 무엇을 선택해야 할까요? 또 물건을 선택할 때 이러한 기준을 고려해야 하는 까닭이 무엇인지 쓰세요.

순위	기준
1	친환경 제품인가?
2	가격이 저렴한가?
3	화면 크기가 큰가?

①

장점	친환경 제품
가격	100,000원
화면 크기	20 ㎝

②

장점	친환경 제품
가격	200,000원
화면 크기	20 ㎝

③

장점	뛰어난 기능
가격	100,000원
화면 크기	30 ㎝

④

장점	뛰어난 기능
가격	200,000원
화면 크기	30 ㎝

⑤

장점	친환경 제품
가격	100,000원
화면 크기	30 ㎝

답 : ______________________________

____

문제 읽기

❶ 어떤 문제인지 읽어 볼까? 문제에 어떤 자료가 나와 있지?

문제 유형 파악하기

❶ 이 문제는 표를 참고해서 풀어야 하는 문제야.
❷ 표를 통해 알 수 있는 내용을 사회 개념과 연결하는 문제 유형이라는 것을 알 수 있어.

STEP 02

문제 풀이의 기술 떠올리기

❶ 문제에 어떤 자료가 있는지 살펴봐야 해. 표가 나왔다면 표의 가로, 세로 첫 줄을 보고 어떤 내용을 담은 표인지 알아봐.
❷ 표를 읽고 알 수 있는 정보들은 무엇일까?

문제 풀이 계획 세우기

❶ 이 문제의 표는 스마트패드를 고를 때 무엇을 어떤 순위로 고려하는지 나타내고 있어.
❷ 표의 내용을 보고 선택지를 적용하여 해결하는 문제야.
❸ 선택지를 읽을 때, 가장 중요하게 생각하는 기준부터 고려하며 선택지를 살펴봐야 해.
❹ 물건을 살 때 표에 나온 기준을 고려하는 까닭이 무엇인지 생각해 봐.

STEP 03

문제 풀이의 기술 적용하기

❶ 물건을 사는 것을 소비라고 해. 주영이는 자신의 기준에 맞는 '합리적인 소비'를 하기 위해 '합리적인 선택'을 하고 있어.
❷ 표를 보며 기준에 맞는 선택지를 찾아봐.

문제 풀기

❶ 기준에 맞지 않는 선택지를 하나씩 지우며 문제를 푸는 게 좋아.
❷ 먼저 주영이가 가장 중요하게 생각하는 기준은 친환경 제품 여부야.
③, ④번은 친환경 제품이 아니기 때문에 두 선택지를 먼저 지워.

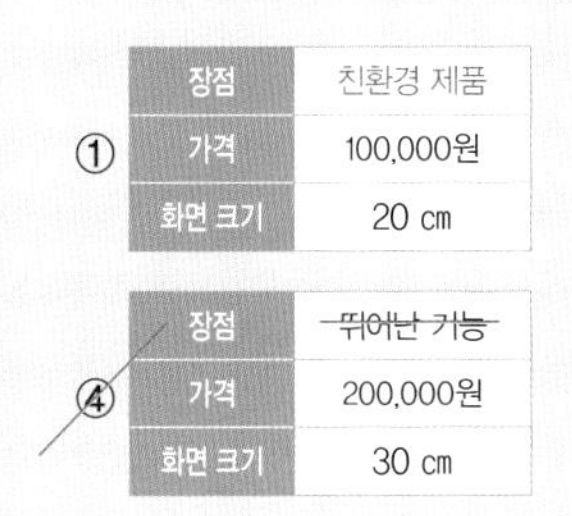

①

장점	친환경 제품
가격	100,000원
화면 크기	20 cm

④

장점	~~뛰어난 기능~~
가격	200,000원
화면 크기	30 cm

②

장점	친환경 제품
가격	200,000원
화면 크기	20 cm

⑤

장점	친환경 제품
가격	100,000원
화면 크기	30 cm

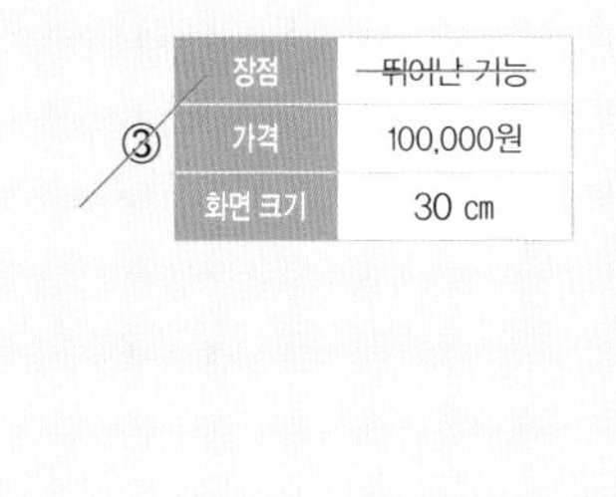

③

장점	~~뛰어난 기능~~
가격	100,000원
화면 크기	30 cm

❸ 다음으로 가격이 저렴해야 해. ②번보다 ①, ⑤번이 더 저렴해.

①

장점	친환경 제품
가격	100,000원
화면 크기	20 cm

④

장점	~~뛰어난 기능~~
가격	200,000원
화면 크기	30 cm

②

장점	친환경 제품
가격	~~200,000원~~
화면 크기	20 cm

⑤

장점	친환경 제품
가격	100,000원
화면 크기	30 cm

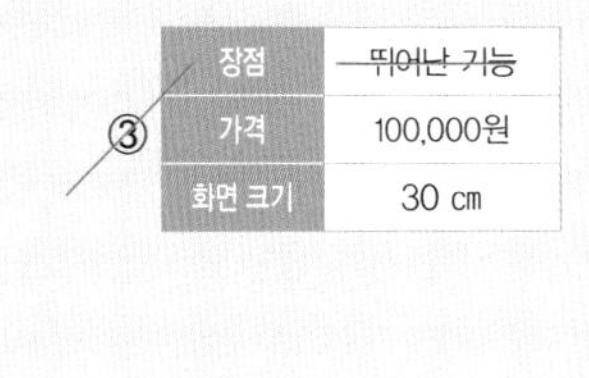

③

장점	~~뛰어난 기능~~
가격	100,000원
화면 크기	30 cm

❹ 마지막으로 ①, ⑤번의 크기를 비교해 봐. ①번보다 ⑤번의 화면 크기가 더 커.
❺ 따라서 최종 선택은 ⑤번이야.

정답 : ⑤번, 더 적은 비용으로 큰 만족감을 얻을 수 있는 선택을 하기 위해서.

사회
유형 파악의 기술 05

시대와 시대의 역사적 특징 떠올리기

사료를 보고 푸는 문제

5학년 2학기 1단원 옛사람들의 삶과 문화 ★★★★☆

문제 **승협이는 ㉠나라에 대해 조사하여 발표하였습니다. 승협이의 발표 내용 중 틀린 것을 고르세요. (　　　)**

㉠나라는 ①고구려의 유민인 대조영이 동모산 지역에 세운 나라입니다. 이 나라는 바다 동쪽에서 기운차게 일어나 번성하는 나라라는 뜻에서 ②해동성국이라고 불리기도 했습니다. 이 나라는 ③군사적 힘이 강력하지 못해 고구려의 옛 땅을 되찾지는 못했습니다. ㉠나라의 문화유산들을 살펴보면 ④스스로 고구려를 계승한 나라임을 내세웠음을 알 수 있습니다. 사진의 석등은 절에 세우는 석조물 중 하나입니다. ㉠나라에서 불교와 관련된 문화유산이 많이 발견되는 것으로 보아 ⑤불교문화가 발달했음을 알 수 있습니다.

㉠나라의 전성기

상경성 ㉠나라 석등

문제 읽기

❶ 어떤 문제인지 읽어 볼까? 문제에 어떤 자료가 나와 있지?

문제 유형 파악하기

❶ 이 문제는 사진과 지도를 보고 역사적 특징을 찾아 해결하는 문제야.
❷ 주어진 사진과 지도를 보고 어느 시대인지, 그 시대의 특징은 무엇인지 알아야 해.

문제 풀이의 기술 떠올리기

❶ 문제에 어떤 자료가 있는지 살펴봐야 해. 역사에 대한 문제에는 문화유산, 문헌과 같은 기록물, 역사적 인물의 초상화 등 다양한 자료가 자주 등장해.

❷ 자료에서 알 수 있는 특징들을 통해 어떤 시대와 관련되어 있는지 찾아봐. 대개 자료 사진이 여러 장 실리거나 사진과 함께 글로 된 선택지가 나와. 주어진 사료들을 조합하면 시대에 대해 알 수 있지.

문제 풀이 계획 세우기

❶ ㉠나라가 어느 나라인지 알기 위해서 주어진 자료들을 살펴봐.

❷ 문화유산 사진을 보면 힌트를 얻을 수 있어. 만약에 사진을 보고 알기 어렵다면 사진 외 자료들을 활용해. 이 문제에서는 승협이의 발표 내용을 살펴봐야 해.

문제 풀이의 기술 적용하기

❶ 문화유산의 사진이나 승협이의 발표 내용을 보고 ㉠나라가 어느 나라인지 생각해 보자.

❷ ㉠나라는 발해라는 것을 알 수 있어. ㉠나라가 어느 나라인지 알았다면 그 나라의 특징들을 떠올려봐.

문제 풀기

❶ '대조영', '해동성국', '불교 석등' 등을 통해 ㉠ 나라가 발해라는 것을 알 수 있어.

❷ 발해 전성기의 지도를 떠올려 보면 발해가 고구려의 옛 땅을 대부분 되찾은 것을 볼 수 있어. 그래서 ③번의 '군사적 힘이 강력하지 못해 고구려의 옛 땅을 되찾지는 못했습니다.'는 틀린 설명이야.

정답 : ③번

사료를 보고 푸는 문제

5학년 2학기 1단원 옛사람들의 삶과 문화 ★★★★☆

문제 다음 퀴즈의 정답으로 옳은 것은? (　　　)

수업 마무리 퀴즈

만월대 기와　　선죽교　　고려 첨성대

이 문화유산들이 있는 지역은 어디일까요?

① 개성　② 공주　③ 전주　④ 철원

문제 출처: 52회 한국사능력검정시험 활용

STEP 01

문제 읽기

❶ 어떤 문제인지 읽어 볼까? 문제에 어떤 자료가 나와 있지?

문제 유형 파악하기

❶ 이 문제는 문화유산 사진을 보고 역사적 특징을 찾아 해결하는 문제야.
❷ 주어진 사진을 보고 어느 시대인지, 또 지역이 어디인지 알아야 해.

문제 풀이의 기술 떠올리기

❶ 문제에 어떤 자료가 있는지 살펴봐야 해. 역사 문제에서는 문화유산, 문헌과 같은 기록물, 역사적 인물의 초상화 등 다양한 사진이 자주 등장해.
❷ 사진에서 알 수 있는 특징들을 통해 어떤 시대와 관련되어 있는지 찾아봐. 대개 사진이 여러 장 실리거나 사진과 함께 글로 된 선택지가 나와. 주어진 사료들을 조합하면 시대에 대해 알 수 있지.

문제 풀이 계획 세우기

❶ 이 문화유산들이 어느 시대의 문화유산인지 알면 문제를 쉽게 해결할 수 있어.
❷ 주어진 사료에서 힌트를 찾아봐.

문제 풀이의 기술 적용하기

❶ 사진 아래의 이름을 보니 고려 시대의 문화유산들이라는 것을 알 수 있어.
❷ 고려의 여러 특징들 중에서 지역에 대한 문제야.
❸ 중요한 문화유산들은 주로 그 나라의 수도에 있어. 고려의 수도가 어디였는지 떠올려 봐.

문제 풀기

❶ 만월대는 고려의 왕궁터야. 왕궁은 수도에 있으므로 고려의 수도인 개성을 떠올릴 수 있어.
❷ 선죽교하면 떠오르는 인물은 바로 정몽주야. 정몽주는 고려 말 어지러운 상황을 해결하는 방법으로 고려를 유지하면서 개혁하려 했던 인물이야. 정몽주는 선죽교에서 죽음을 맞이했어.
❸ 고려 첨성대는 문화유산의 이름에서 고려라는 힌트를 얻을 수 있어.
❹ 선택지 ④번의 철원은 초기 고려의 수도야. 하지만 개경으로 천도하면서 고려의 문화가 꽃피었어.

TIP

역사학자들이 연구할 때 문헌이나 유물, 건축물 등을 연구하는 것은 당연하겠지? 때문에 역사 문제에서는 다양한 사료가 등장해. 어떤 시대에 대해 공부할 때 그 나라의 역사와 특징들을 정리하고 대표적인 문헌, 유물, 건축물 등을 연결 지어 공부해야 해. 사료의 사진을 자주 보며 눈에 익혀두는 것이 좋아. 사료의 사진을 보며 어느 시대인지, 이 사료가 왜 중요한지 생각하며 공부해야 해. 그래야 문제를 해결할 때 사료를 보고 그 시대와 역사적 특징을 금방 떠올릴 수 있어.

정답 : ①번

4

자료(실험, 표, 그래프 등)를 해석하고 개념과 연결 짓는 능력이 중요한

과학 영역

과학은 순간순간 일어나는 현상을 글과 그림으로 나타내어 이해하고, 생활 속 사례에서 실험내용을 읽어내야 하는 과목입니다. 따라서 교과서에 제시된 탐구 활동, 실험원리와 개념을 이해했다면, 실험과정 중에 관찰하거나 확인할 수 있는 개념들이 어떤 유형의 자료로 어떻게 표현되는지 문제를 통해 익혀야 합니다. 낯선 용어도 많고 비슷한 듯 다른 실험들이 등장하기 때문에 개념과 문제 유형을 익히지 않으면 쉬운 문제를 풀 때도 당황하게 됩니다. 자신있게 과학 문제를 풀기 위해서는 문제 속에서 공부한 내용을 찾고, 배운 내용을 문제 풀이에 응용하는 힘이 중요합니다.

과학 개념을 교과서 읽기와 노트 필기로 탄탄히 다졌다면, 과학 문제를 해결하는 여

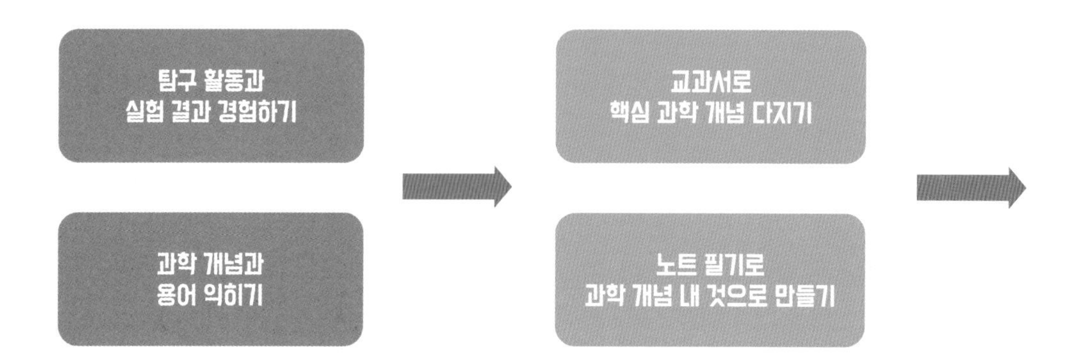

러 기술을 익히고 문제 풀이에 적용하며 배운 것을 내 것으로 만들어야 합니다. 과학 개념을 알기 위해 실험을 정리하여 익히는 것과 개념을 문제 풀이에 적용하는 것은 다릅니다. 문제에 숨어 있는 과학 개념을 발견하고, 자료에 따라 다르게 제시되는 과학 원리를 생각하고 조건에 따라 표현할 수 있어야 합니다. 특히 눈앞에서 실험 과정이나 결과를 바로 볼 수 없기 때문에, 문제에 적용된 탐구 활동이나 실험이 어떤 내용인지 정확히 머릿속으로 정리해 내는 것이 중요합니다. 어떤 과학 문제가 나와도 자신 있게 문제를 해결하게 해 주는 과학 문제 풀이의 기술 다섯 가지를 소개합니다.

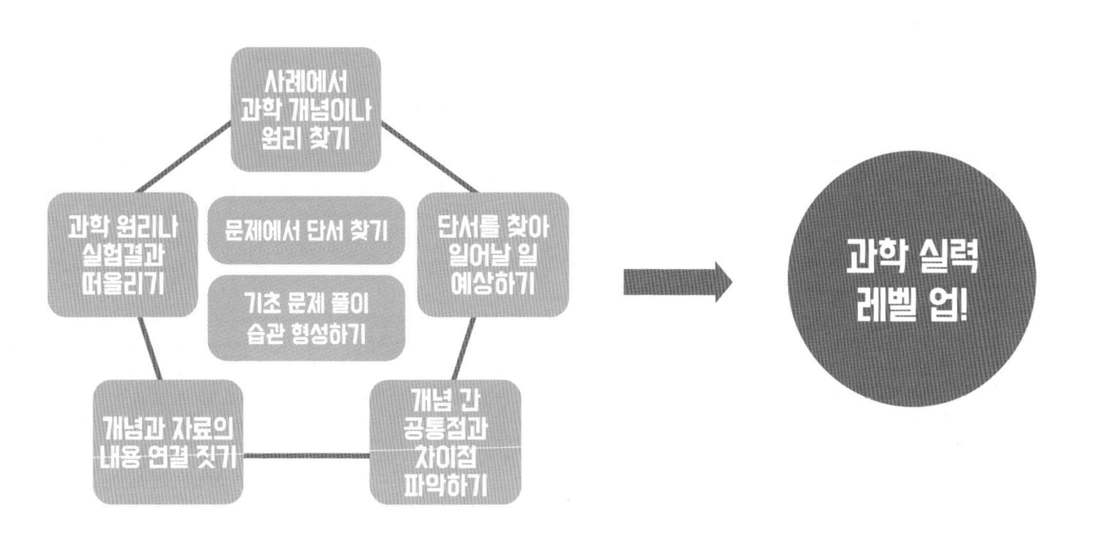

과학 유형 파악의 기술 01

개념과 자료(그래프, 표)의 내용 연결 짓기

과학 실험과정과 결과는 다양한 유형의 자료로 표현됩니다. 그중에서 그래프와 표를 읽는 방법을 확인해 볼까요? 그래프와 표를 보고 다음 질문에 답하여 봅시다.

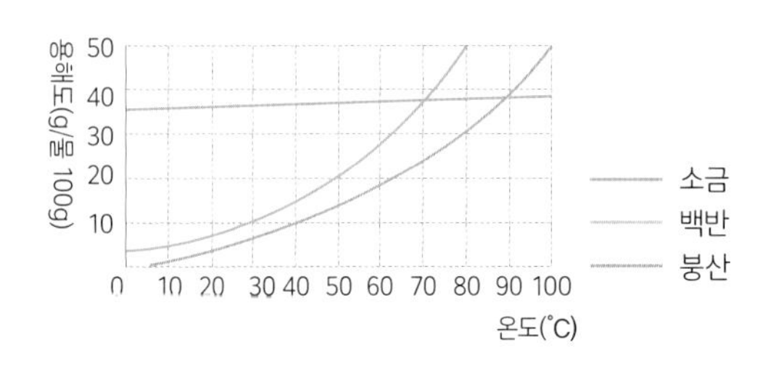

물질 \ 온도	0도	30도	70도	100도
소금	35g	36g	38g	39g
백반	3g	10g	38g	50g
붕산	0g	6g	23g	50g

온도에 따른 가루 물질의 용해도

출처: 에듀넷

Q. 그래프와 표의 항목에는 어떤 것들이 있나요?
Q. 그래프와 표는 어떤 내용을 담고 있나요?
Q. 그래프와 표는 어떤 과학 개념과 관련이 있을까요?

그래프와 표는 여러 가지 내용을 담고 있습니다. 그래프나 표가 나온 문제에서는 자료의 항목이 무엇인지 확인해야 합니다. 또, 그래프나 표 안의 내용을 살펴보며 개념을 떠올리고 그 안에 담긴 뜻을 읽어 내야 합니다. 이때 단순히 하나의 사실만을 읽어서는 문제를 해결할 수 없습니다. 용해의 뜻은 물론이고, 백반과 붕산은 온도가 올라가면 용해도가 올라가지만 소금은 온도에 따라 용해도 차이가 크지 않다는 사실 등을 확인할 수 있어야 합니다. 마지막으로 그래프나 표의 내용을 보기와 연결 지어 과학적으로 설명할 수 있어야 합니다. 그래프나 표가 나오는 문제는 보기에 개념과 연결 지어 해석할 수 있는지를 묻는 경우가 많습니다. 그래프나 표를 보고 해석한 내용을 보기의 내용과 하나씩 연결 지어 옳은지 옳지 않은지 하나하나 자세히 확인해야 합니다.

과학 유형 파악의 기술 02

과학 원리나 실험결과를 떠올리기

사고력이 필요한 문제는 실험결과를 단순하게 묻지 않습니다. '~라면?'이라는 단서를 달아 실험과정을 변형하기도 하고, 교과서 속 실험과 다른 결과를 제시하며 '어떤 점이 왜 다를까?'를 묻는 문제도 있습니다. 여러 개념들이 합쳐진 응용문제를 풀 때에는 먼저 기본 개념을 나타내는 키워드나 힌트를 찾아야 합니다. 실험내용이 드러나는 그림이나 사진이 있다면 꼼꼼히 살펴보며 어떤 실험인지 생각해야 합니다. 마지막으로 그와 관련한 과학 원리를 메모하며 풀어야 합니다. 각각의 개념들이 머릿속에서 잘 정리되어 있어야 문제 풀이에 제대로 적용할 수 있기 때문입니다. 아래 문제를 보고 질문에 답하여 봅시다.

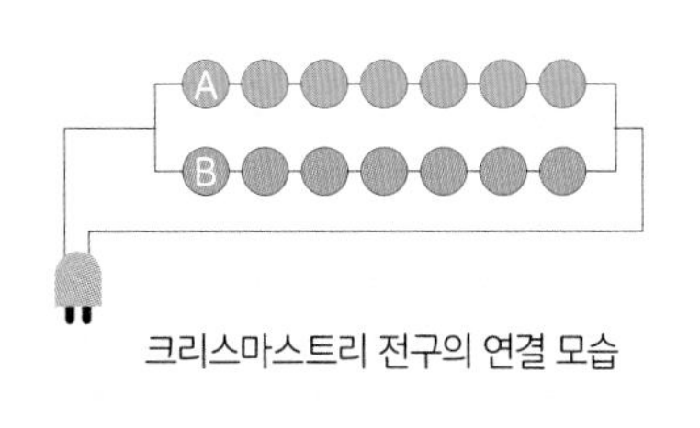

크리스마스트리 전구의 연결 모습

크리스마스트리에 전구를 다음과 같이 연결하였더니 모두 불이 켜졌습니다. 불이 켜진 상태에서 전구 B가 고장 나서 꺼졌을 때, 전구 A는 어떻게 될까요? 왜 그렇게 되는지 이유도 함께 말해 보세요.

Q. 과학 개념을 나타내는 키워드나 힌트는 무엇이 있을까요?
Q. 어떤 과학 원리를 활용해서 문제를 해결할 수 있을까요?

위 문제에서 찾을 수 있는 키워드는 '전구', '연결'입니다. 또한 그림이 힌트가 됩니다. 그림을 보면 전구 A와 전구 B가 병렬로 연결되어 있음을 알 수 있습니다. 따라서 전구 B가 고장이 나도 전구 A는 불이 들어오게 됩니다. 병렬 연결의 특징을 알고 있으면 쉽게 해결할 수 있는 문제였습니다.

이처럼 응용 문제를 풀 때에는 가장 기본적으로 교과서에 제시된 탐구 활동과 개념을 떠올릴 수 있어야 합니다. 개념이 무엇인지 알고 있어야 실험 조건을 달리하거나 배운 개념을 한 걸음 더 발전시켜 생각해야 할 때 헷갈리지 않고 답을 말할 수 있기 때문입니다.

과학 유형 파악의 기술 03

사례에서 과학 개념이나 원리 찾기

과학은 생활에서 일어나는 현상을 배우는 과목입니다. 따라서 교과서에서 배운 개념이 생활 속 사례로 어떻게 표현되는지 알아야 하고 반대로 생활 속 사례에 어떤 개념이 녹아들어 있는지 발견해 낼 수도 있어야 합니다. 이때 문제에서 과학 개념이나 힌트가 될 수 있는 키워드를 찾는 것은 어느 단원의 문제인지 파악하는 데 도움이 됩니다.

> 물이 담긴 둥근 어항 앞에서 어항 뒤에 있는 토끼 인형을 보면 뒤집어져 보입니다. 이 어항의 특징을 두 가지 말해 보세요.
> Q. 과학 개념을 나타내는 키워드나 힌트는 무엇이 있을까요?
> Q. 어떤 과학 원리를 활용해서 문제를 해결할 수 있을까요?

이 문제에서 힌트가 되는 키워드는 '물이 담긴 둥근 어항', '뒤집어'입니다. 이 문제의 키워드를 보고 볼록렌즈로 보는 탐구 활동을 떠올릴 수 있어야 합니다. 이처럼 실험에 활용한 실험도구가 실생활 사례로 어떻게 표현될 수 있을지 생각하고 사례 속에 숨겨진 조건을 찾을 수 있어야 합니다. 이 문제에서는 '어항 앞에서 어항 뒤에 있는'이라는 부분이 문제 해결의 힌트가 됩니다. 볼록렌즈를 통해 물체를 본다는 의미를 나타내기 때문입니다. 마지막으로 사례가 나타내는 원래의 실험도구나 개념을 찾는 능력, 과학 용어의 뜻을 풀어서 생각하는 능력은 실생활 사례로 표현된 문제를 해결할 때 많은 도움이 됩니다.

과학 유형 파악의 기술 04

단서를 찾아 일어날 일 예상하기

과학 문제는 조건에 따라 어떤 실험결과가 나올지 자주 묻습니다. 또는 실험결과나 개념을 활용해서 규칙을 찾고 앞으로 일어날 일을 예상해 보는 문제도 자주 출제됩니다. 문제를 읽고 실험이나 자료에서 단서(조건)를 찾아야 합니다. 단서(조건)를 분석하여 앞으로 일어날 일을 예상하고, 왜 그렇게 예상되는지에 대한 이유를 말할 수 있기 때문입니다. 단서를 찾은 후에는 숨겨진 과학 원리나 개념을 과학 용어로 어떻게 표현할지 생각해야 합니다. 과학 용어가 답을 적는 출발점이 되기 때문입니다.

빈 페트병의 뚜껑을 닫아 깊은 바닷속에 넣으면 어떻게 될까요?
Q. 문제에서 찾을 수 있는 조건(단서)은 무엇인가요?
Q. 어떤 과학 개념을 묻고 있을까요?

이 문제에 제시된 단서는 '바닷속 깊이 들어갔다'는 것과 '빈 페트병'입니다. 바닷속 깊이 들어가는 것이 곧 주위의 압력이 세진다는 것을 의미하고 빈 페트병이라는 단서는 기체에 대한 문제라는 것을 알려 줍니다. 단서를 바탕으로 압력에 따른 기체의 부피에 대해 물어 보고 있다는 것을 떠올릴 수 있어야 합니다.

과학 유형 파악의 기술 05

개념 간 공통점과 차이점 파악하기

과학 개념은 현실에서 일어나는 다양한 현상과 관련이 있기 때문에 여러 개념들은 공통점과 차이점을 갖고 있습니다. 개념 간 공통점과 차이점을 묻는 문제에서는 먼저 어떤 개념을 비교하는지 찾아야 합니다. 개념을 찾은 후에는 개념이 갖고 있는 고유의 특징을 생각해 봅니다. 이때 문제에 제시된 비교 기준을 바탕으로 어떤 점이 비슷하고 다른지를 파악할 수 있어야 합니다.

주영이는 6월 20일 밤하늘의 금성과 별을 관찰하였습니다. 15일 후 이 세상에 해가 사라졌다고 가정하면 금성과 별을 관찰할 때 어떤 일이 일어날까요?
Q. 어떤 개념을 비교하고 있나요?
Q. 금성과 별은 어떤 점이 비슷한가요?
Q. 금성과 별은 각각 어떤 특징을 갖고 있나요?

금성과 별은 모두 하늘에서 관찰할 수 있습니다. 금성과 같은 행성은 스스로 빛을 내지 못하고 태양 빛을 반사해 밝게 보입니다. 반면 별은 스스로 빛을 내 밝게 보입니다. 따라서 만약 해가 사라진다면 스스로 빛을 내는 별은 볼 수 있지만 금성은 볼 수 없을 것입니다. 이처럼 개념 간 공통점이나 차이점을 파악하는 문제는 같은 범위 안에서 다른 두 가지 이상 탐구주제를 묻는 경우가 많으므로, 먼저 어떤 개념에 대해 묻고 있는지 확인하고, 각각 어떤 특징을 갖고 있는지 생각해 보면 문제를 쉽게 해결할 수 있습니다.

과학
유형 파악의 기술 01

개념과 자료(그래프, 표)의 내용 연결 짓기

자료가 나오는 문제

5학년 2학기 3단원 날씨와 우리 생활 ★★★☆☆

문제 다음은 진주가 날씨에 대해 알아보기 위해 기상청에서 찾은 자료입니다. 두 자료를 살펴보고 일기도가 나타나는 날씨에 대해 바르게 설명한 것을 고르세요. (   )

㉠ 일기도

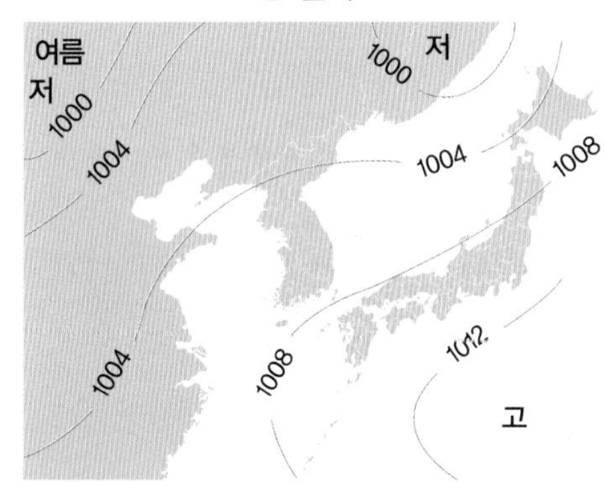

㉡ 연간 기온과 강수량 그래프

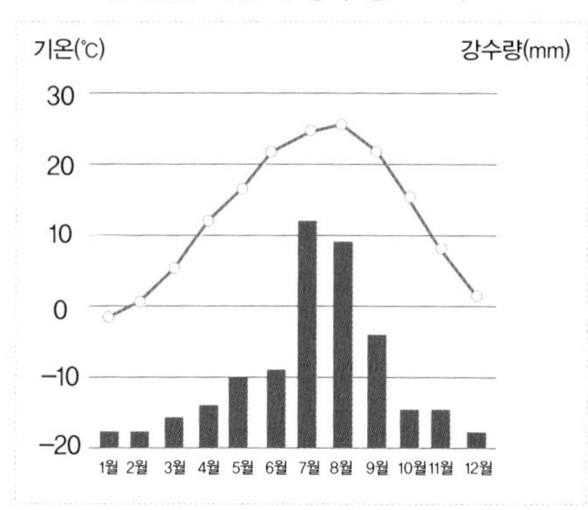

	영향을 받는 공기 덩어리	시기
①	차갑고 건조함	7~8월
②	차갑고 건조함	1~2월
③	따뜻하고 습함	7~8월
④	따뜻하고 습함	1~2월
⑤	따뜻하고 건조함	7~8월

문제 읽기

❶ 어떤 문제인지 읽어 볼까? 문제와 선택지를 읽어 봐.
❷ 문제에 어떤 자료가 나오는지 함께 살펴봐.

문제 유형 파악하기

❶ 무엇을 보고 문제의 유형을 알 수 있을까?
❷ 문제에 지도와 그래프가 나온 걸 보니 이 문제는 지도와 그래프를 함께 해석해서 답을 찾아야 하는 문제라는 것을 알 수 있어.

문제 풀이의 기술 떠올리기

❶ 자료가 나오는 문제는 자료와 문제를 함께 살피며 어떤 과학 개념을 묻는 문제인지 확인해.
❷ 지도와 그래프를 보고 어떤 특징을 발견할 수 있을까? 과학 개념을 떠올리며 차근차근 지도와 그래프를 살펴 해석해야 해.
❸ 해석한 정보를 바탕으로 선택지를 살피며 문제를 해결해.

문제 풀이 계획 세우기

❶ 자료와 문제를 읽으며 어떤 과학 개념을 묻는 문제인지 확인해야 해. 자료에서 알 수 있는 내용을 찾아봐.
❷ 왼쪽 지도를 자세히 살펴봐. '고', '저'라고 쓰인 부분과 바람이 부는 방향을 연결시켜 해석할 수 있어야 해.
❸ 오른쪽 그래프를 자세히 살펴봐. 꺾은선그래프와 막대그래프가 뜻하는 것은 무엇일까? 또, 이 그래프를 통해 알 수 있는 사실은 무엇일까?
❹ 왼쪽의 지도와 오른쪽의 그래프에서 알 수 있는 과학적 개념을 생각하며 문제를 해결해.

문제 풀이의 기술 적용하기

❶ ㉠일기도 위에 나타나 있는 기압, ㉡그래프의 기온과 강수량, 문제의 '공기 덩어리'라는 낱말을 살피면 바람과 날씨에 대한 개념을 묻는 문제라는 것을 파악할 수 있어.
❷ 먼저 ㉠일기도를 읽으며 자료를 해석해 봐. 공기가 고기압에서 저기압으로 이동하므로, 남동쪽에서 이동해 오는 공기 덩어리의 영향을 받고 있음을 알 수 있어.
❸ ㉡그래프의 특징을 살펴봐. 우리나라의 기온과 강수량 변화를 월별로 나타내고 있어.
❹ 각 자료를 해석했다면 다음은 두 자료를 연결해서 파악해야 해. 남동쪽에서 이동해 오는 공기 덩어리의 특징은 무엇이고, 영향을 받는 계절은 언제인지 떠올려 봐.

문제 풀기

❶ 남쪽에서 불어오는 바람은 따뜻하고, 바다에서 불어오기 때문에 습한 성질을 가지고 있어. 따라서 ㉠의 일기도가 나타내는 날씨는 기온이 따뜻하고 강수량이 많을 거야.
❷ ㉡의 그래프에서 기온이 따뜻하고 강수량이 많은 시기는 7~8월이야.

정답 : ③번

문제 아래 그래프와 표는 절기에 따른 낮의 길이, 태양의 남중고도의 변화를 보여주고 있습니다. 틀리게 말한 학생의 이름을 쓰고, 옳은 문장으로 고치세요.

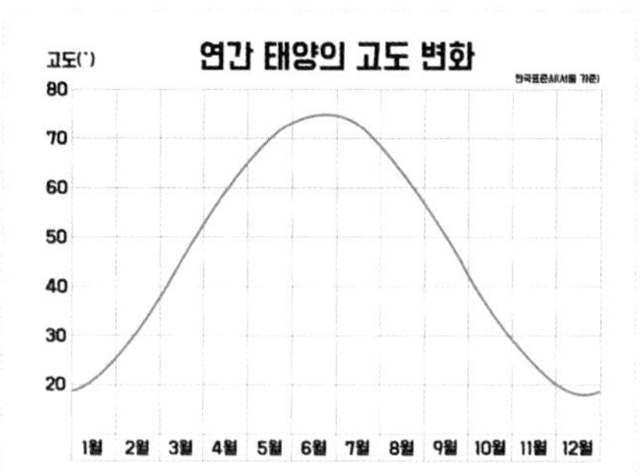

절기	날짜	낮의 길이
동지	12.22	9시간 35분
대한	1.20	9시간 58분
춘분	3.21	12시간 9분
입하	5.5	13시간 52분
하지	6.21	14시간 46분
추분	9.23	12시간 8분
대설	12.7	9시간 51분

보기
- 주영: 남중고도가 가장 높은 날은 6월 21일일 거야.
- 승협: 입하보다 대설에 해가 높이 떠 있을 거야.
- 휘경: 춘분과 추분은 남중고도가 비슷할 거야.

틀리게 말한 사람 : ____________________

옳게 고친 문장 : ____

STEP 01

문제 읽기

❶ 어떤 문제인지 읽어 볼까? 문제 속 자료들도 꼼꼼하게 살펴봐.
❷ 대화에 어떤 단어들이 나오는지 살펴봐.

문제 유형 파악하기

❶ 무엇을 보고 문제의 유형을 알 수 있을까?
❷ 문제에 그래프와 표가 나온 걸 보니 이 문제는 자료를 해석해서 답을 찾아야 하는 문제라는 것을 알 수 있어.

STEP 02

문제 풀이의 기술 떠올리기

❶ 그래프나 표가 나왔을 때 무엇을 확인해야 할까? 자료의 항목을 확인해야 해.
❷ 그래프와 표를 보고 어떤 특징을 발견할 수 있을까? 그래프와 표의 수치나 내용을 해석해 봐.
❸ 자료의 내용을 보고 어떤 과학 개념이 떠오르는지 천천히 생각해 보고, 서로 연결지어 보자.
❹ 보기를 살펴보고 그래프나 표 중 어떤 자료와 연결하여 해석하면 좋을지 생각해 봐.

STEP 02

문제 풀이 계획 세우기

❶ 먼저 왼쪽 그래프의 항목을 확인하자. 가로축과 세로축이 무엇을 의미하는지 읽어 봐. 가로는 월(시기)을 의미하고, 세로는 태양의 고도를 의미해.

❷ 오른쪽 표의 가로와 세로 항목도 살펴보자. 절기별로 날짜가 언제인지, 낮의 길이는 어떤지 확인해 봐.

❸ 자료의 내용을 해석할 때는 항목별로 값이 변화하는 정도, 가장 큰 값과 작은 값이 무엇인지 살펴보면 좋아.

❹ 그래프와 표의 내용을 보고 과학 개념을 떠올려 봐. 계절이 지나면서 태양의 고도가 어떻게 변화하는지, 표에서 절기(월)별 낮의 길이와 관련된 개념은 무엇인지 생각해 봐.

❺ 두 자료의 내용을 보기 와 연결 지어 과학적으로 설명해 보자. 낮의 길이와 태양의 고도가 어떤 연관이 있는지 생각하면 보기 를 해석하기가 쉬워.

STEP 03

문제 풀이의 기술 적용하기

❶ 그래프를 보면 월별 태양의 고도를 확인할 수 있어. 6월의 고도가 가장 높고, 겨울의 남중고도가 낮다는 것을 알 수 있지.

❷ 표를 보면 절기(월)별로 낮의 길이를 알 수 있어. 낮의 길이가 가장 긴 절기는 '하지', 가장 짧은 절기는 '동지'임을 읽어내야 해.

❸ 그래프는 겨울에서 여름으로 갈수록 태양의 고도가 높아지고, 여름에서 겨울로 갈 때 다시 태양의 고도가 낮아진다고 이야기하고 있어. 표에서도 겨울철 절기(동지, 대한)에서 여름철 절기(하지)로 갈수록 낮의 길이가 길어지고, 여름철 절기에서 겨울철 절기로 갈수록 낮의 길이가 짧아진다는 내용을 읽을 수 있어.

❹ 두 자료의 내용을 연결하면 태양의 고도가 높아지는 것과 낮의 길이가 길어진다는 과학적 원리를 발견할 수 있어.

❺ 보기 의 내용과 자료를 하나씩 짝지어서 해석해 봐.

문제 풀기

❶ 남중고도가 높다는 것은 낮의 길이가 길다는 것을 의미해. 따라서 남중고도가 가장 높은 날은 낮의 길이가 가장 긴 하지(6월 21일)야.

❷ 입하일 때는 낮의 길이가 13시간 52분이고, 대설일 때는 9시간 51분이므로 입하일 때 태양이 더 높게 뜬다는 것을 알 수 있어.

❸ 춘분과 추분의 낮의 길이는 각각 12시간 9분, 12시간 8분으로 큰 차이가 없지? 따라서 남중고도가 비슷하다고 할 수 있어. 그래프에서 춘분(3월 21일)과 추분(9월 23일)의 태양의 고도를 가늠해 봐도 비슷하다는 것을 알 수 있어.

정답 : 승철, 대설보다 입하에 해가 높이 떠 있을 거야.

과학
유형 파악의 기술 02

과학원리나 실험결과를 떠올리기

실험내용이 나오는 문제

5학년 2학기 5단원 산과 염기 ★★☆☆☆

문제 어떤 용액에 대리석 조각을 넣었더니 기포가 발생하면서 녹았습니다. 이 실험에 대한 설명으로 알맞은 것은 어느 것입니까? (　　　)

① 같은 용액에 삶은 달걀 흰자를 넣으면 뿌옇게 흐려진다.
② 같은 용액에 달걀 껍데기를 넣으면 아무 변화가 나타나지 않는다.
③ 같은 용액에 두부를 넣으면 흐물흐물해지고 뿌옇게 흐려진다.
④ 실험의 결과로 서울 원각사지 십층 석탑에 유리 보호 장치를 한 까닭을 알 수 있다.
⑤ 대리석에 염기성 용액이 닿으면 대리석이 녹아 작아진다는 결과를 알 수 있다.

문제 읽기

❶ 어떤 문제인지 읽어 볼까? 문제와 실험 장면을 살펴봐.
❷ 어떤 단원과 관련된 문제일지 떠올려 보자.

문제 유형 파악하기

❶ 무엇을 보고 문제의 유형을 알 수 있을까?
❷ 실험하는 장면이 나온 것을 보니 이 문제는 실험내용을 떠올려야 하는 문제임을 알 수 있어.

STEP 02

문제 풀이의 기술 떠올리기

❶ 먼저 문제에서 개념을 나타내는 키워드나 힌트를 찾아야 해. 어떤 것들이 힌트가 될지 표시해 보자.
❷ 실험 장면을 살펴보며 어떤 실험이었는지 떠올려 봐.
❸ 개념과 관련한 과학 원리를 떠올리고, 간단히 메모해야 해.

문제 풀이 계획 세우기

❶ 먼저 문제와 보기를 읽어보며 중요한 단어가 무엇인지 찾아보자. 또 그 단어가 무엇을 의미하는지도 생각해 봐야 해.
❷ 문제와 사진을 함께 보고 어떤 실험이었는지 떠올려 봐. 실험내용이 잘 기억나지 않을 때는 문제의 보기를 읽으면 힌트를 얻을 수 있어.
❸ 이 실험과 관련해 알고 있는 내용을 메모해 봐. 용액과 여러 가지 물질 사이의 관계를 떠올려 표로 메모해 두면 문제를 풀 때 헷갈리지 않을 수 있어.

STEP 03

문제 풀이의 기술 적용하기

❶ 문제의 '대리석 조각', '기포', '용액' '삶은 달걀 흰자', '달걀 껍데기' 등의 낱말과 실험 장면을 보고 용액에 여러 가지 물질을 넣어 보는 실험을 떠올릴 수 있어.
❷ 이 실험과 관련해 알고 있는 내용을 메모해 봐. 각 용액에 서로 다른 물질을 넣었을 때 어떤 변화가 있는지와 같이 다양한 실험결과를 정리할 때는 줄글보다는 표로 메모하는 것이 더 알아보기 편해.
❸ 실험결과와 실생활 장면을 떠올려 메모에 추가해 봐.

	대리석 조각	삶은 달걀 흰자	달걀 껍데기	두부
묽은 염산	기포가 발생하면서 녹음	변화 X	기포가 발생하면서 녹음	변화 X
묽은 수산화 나트륨 용액	변화 X	흐물흐물해지고 시간이 지나며 뿌옇게 흐려짐	변화 X	흐물흐물해지고 시간이 지나며 뿌옇게 흐려짐

⇒ 산성 용액: 대리석 조각과 달걀 껍데기 녹임, 삶은 달걀 흰자와 두부는 녹이지 X
(ex. 서울 원각사지 십층 석탑이 산성비에 녹지 않게 보호 장치)
⇒ 염기성 용액: 삶은 달걀 흰자와 두부 녹임, 달걀 껍데기와 대리석 조각 녹이지 X

문제 풀기

서울 원각사지 십층 석탑에 유리 보호 장치를 한 까닭은 산성을 띤 빗물이나 새의 배설물에 훼손되는 것을 막기 위해서야. 이는 산성 용액인 묽은 염산이 대리석 조각을 녹인 실험의 결과와 관련하여 알 수 있어.

정답 : ④번

과학원리를 활용하여 해결하는 문제

6학년 2학기 1. 전기의 이용 

문제 **그림과 같이 에나멜선을 감은 나사를 전지와 연결하고 스위치를 닫았더니 나침반 바늘이 회전하였습니다. 이 실험에 대한 설명으로 옳지 않은 것을 고르세요. (　　　)**

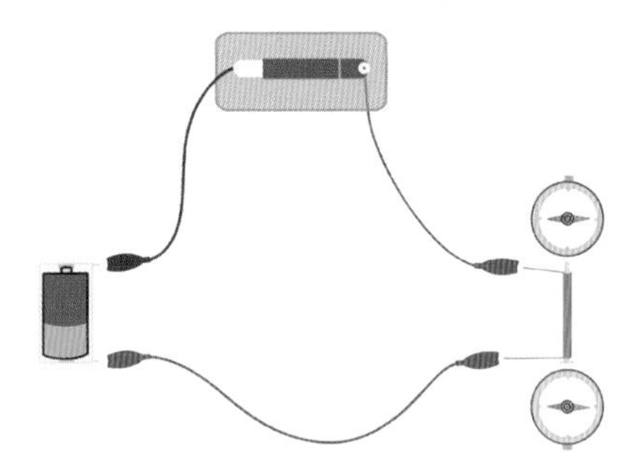

① 스위치를 닫지 않으면 아무 일도 일어나지 않는다.
② 스위치를 닫은 채 나사에 철을 가져다 대면 칠이 에나멜선에 붙지 않는다.
③ 2개의 전지를 직렬 연결하고 스위치를 닫으면 나침반 바늘이 회전하는 각도는 커진다.
④ 2개의 전지를 병렬 연결하고 스위치를 닫으면 나침반 바늘이 회전하는 각도는 달라지지 않는다.
⑤ 전지의 +, −를 방향을 반대로 바꾸어 연결하면 나침반 바늘이 가리키는 방향이 달라진다.

문제 읽기

❶ 어떤 문제인지 읽어 볼까? 문제와 그림, 선택지를 모두 살펴봐.
❷ 어떤 단원과 관련된 문제일지 떠올려 보자.

문제 유형 파악하기

❶ 무엇을 보고 문제의 유형을 알 수 있을까?
❷ 실험하는 장면이 나온 것을 보니 이 문제는 실험내용을 떠올려야 하는 문제임을 알 수 있어.

STEP 02

문제 풀이의 기술 떠올리기

❶ 복잡해 보이는 문제에서는 가장 먼저 기본 개념을 나타내는 키워드나 힌트를 찾아야 해.
❷ 실험을 나타내는 그림을 살펴보며 배운 내용 중 어떤 실험인지를 떠올려 봐.
❸ 개념과 관련된 과학 원리를 떠올리고 간단히 메모해야 해. 특히 반대되는 개념이 나왔을 때는 각각의 특징을 메모하는 것이 좋아.

문제 풀이 계획 세우기

❶ 먼저 문제와 선택지를 읽어 보며 중요한 키워드가 무엇인지 찾아보자. 또 그 단어가 무엇을 의미하는지도 생각해 봐야 해.
❷ 그림의 실험도구는 무엇이 있는지 확인해 봐. 나침반, 전지, 스위치, 에나멜선을 감은 나사가 각각 실험에서 어떤 역할을 하는지 떠올려 보자.
❸ 중요한 단어를 바탕으로 알고 있는 과학 원리를 메모해 봐. 직렬 연결과 병렬 연결의 특징이나, 나침반 바늘의 회전은 무엇 때문에 일어나는지 등을 메모하면 실수를 줄일 수 있어.

STEP 03

문제 풀이의 기술 적용하기

❶ '에나멜선을 감은 나사', '나침반 바늘이 회전'이 이 문제의 키워드야. 에나멜선을 감은 나사가 의미하는 것은 '전자석'이야. 또 선택지에 나와 있는 전기의 성질, 직렬 연결, 병렬 연결, +, - 방향이 문제 풀이의 힌트가 될 수 있어. 바늘의 특징을 생각해 봐. 나침반 바늘은 자석의 성질을 띠고 있어.
❸ 직렬로 전지를 두 개 연결하면 전지의 힘이 더해지고, 병렬로 전지를 두 개 연결하면 힘의 크기가 한 개 연결했을 때와 같다는 것을 메모해야 해.

· 직렬: 힘↑
· 병렬: 힘=
· 전자석 성질=자석같음

❹ 전자석의 성질도 함께 메모해.

문제 풀기

❶ 스위치를 닫지 않으면 연결이 끊긴 것과 마찬가지이므로 아무 일도 일어나지 않아.
❷ 나침반 바늘이 회전하는 까닭은 전자석(에나멜선을 감은 나사)때문이야. 전자석은 전류가 흐를 때 자석의 성질이 나타난다는 특징이 있어. 따라서 철을 가져다 대면 붙어.
❸ 전지의 연결방법에 따라 전류의 힘이 커지거나 그대로 유지가 돼. 전지를 직렬 연결하면 힘이 더해지기 때문에 회전 각도가 커지고, 병렬 연결하면 힘이 그대로이기 때문에 회전 각도는 달라지지 않아.
❹ 전류의 방향을 바꾸면 전자석의 극의 방향도 달라지니까 나침반 바늘이 가리키는 방향이 달라지게 돼.

정답 : ②번

과학
유형 파악의 기술 03

사례에서 과학 개념이나 원리 찾기

과학원리를 활용하여 해결하는 문제

5학년 2학기 3. 날씨와 우리 생활 

문제 주영이의 일기를 읽고 틀린 부분을 고르세요. (　　　)

제목: 가족과 함께한 바다 여행　　20××년 8월 ×일

바닷가에서 가족과 시간을 보냈다. 햇빛이 무척 강해서 모래가 너무 뜨거웠다. 모래가 바다보다 온도가 높은 것을 보니 모래 위는 ㉠고기압이었나 보다. 즐겁게 물놀이하고 ㉡해풍을 맞으며 먹는 컵라면은 정말 꿀맛이었다. 숙소에서 잠시 쉬고, 밤이 되어 바닷가를 걸을 때는 ㉢모래사장에서 바다 방향으로 부는 바람이 상쾌했다. 신발을 벗고 모래 위를 걸을 때는 ㉣낮과 달리 조금 차가운 느낌이 들었다. ㉤땅은 빠르게 데워지고 빠르게 식나 보다.

STEP 01

문제 읽기

❶ 어떤 문제인지 읽어 볼까? 문제에 글이 많으니 천천히 읽어 봐.
❷ 어떤 단원과 관련된 문제일지 떠올려 보자.

문제 유형 파악하기

❶ 이 문제의 특징은 무엇일지를 생각하며 문제의 유형을 추측해 봐.
❷ 생활 속 경험을 이야기하는 것을 보니 실생활에서 과학 개념이나 원리를 찾아야 하는 문제임을 알 수 있어.

STEP 02

문제 풀이의 기술 떠올리기

❶ 사례 속에 드러난 과학 개념이나 문제 해결에 도움이 될 만한 키워드를 찾아봐.
❷ 사례가 나타내는 과학 개념이나 실험내용을 떠올려 봐.
❸ 사례에서 눈여겨 볼 기호 앞뒤로, 숨겨진 조건이나 힌트가 있는지 꼼꼼하게 살펴봐.
❹ 과학 용어의 뜻을 풀어서 생각해 봐.

문제 풀이 계획 세우기

❶ 주영이의 일기를 읽으며 발견한 과학 개념을 표시해 봐. 문제를 푸는 데 눈여겨 볼 키워드도 함께 표시하는 것이 좋아. 어떤 과학 개념과 관련이 있는지 파악해야 문제를 쉽게 해결할 수 있어.

❷ 사례가 나타내는 과학 개념은 무엇일지 머릿속으로 정리해 봐. 관련된 실험내용을 떠올리면 사례에서 쉽게 과학 개념을 찾을 수 있어.
❸ 과학 개념이나 원리와 관련된 조건이 있다면 찾아 봐. 조건은 훑어 읽기보다는 차근차근 꼼꼼하게 읽어야 발견하기 쉬워.
❹ 문제에 과학 용어가 나왔다면 표시하고, 그 뜻이 무엇이었는지를 생각해. 용어의 의미나 관련된 개념을 생각해 보고, 사례에 적합하게 표현되었는지 확인해 봐야 해.

STEP 03

문제 풀이의 기술 적용하기

❶ 문제에 나타난 개념이나 키워드를 찾으면서 어떤 과학 개념과 연결되는지 생각해보는 것이 중요해. 바다, 모래, 온도, 고기압, 해풍 등이 눈여겨봐야 할 키워드야.
❷ 땅과 바다의 온도 변화에 대해 이야기하고 있지? 땅과 바다의 온도 변화 특징을 알고 있어야 해.
❸ 과학 용어가 나올 때는 의미를 생각해 봐. 해풍은 고기압인 바다에서 저기압인 땅 방향으로 부는 바람이라는 것을 알아야 문제를 해결할 수 있어. 또 기압 차로 공기가 고기압에서 저기압으로 이동하는 것이 곧 바람이라는 것을 생각할 수 있어야 해.

키워드(과학 용어)	→	떠올려야 하는 과학 개념
고기압		바람은 고기압에서 저기압으로 분다.
해풍		바다에서 땅으로 부는 바람을 해풍이라고 한다.
밤이 되어		밤에는 육풍이 분다.
모래가 바다보다 온도가 높은 걸 보니		공기의 온도가 높으면 공기가 위로 올라가므로 저기압이고 공기의 온도가 낮으면 고기압이다.

문제 풀기

❶ 따뜻한 공기는 차가운 공기보다 상대적으로 가벼워. 따라서 낮의 바닷가에서는 모래사장이 바다보다 더 뜨겁고, 뜨거운 공기는 상대적으로 가볍기 때문에 모래 위는 저기압이라고 할 수 있어.
❷ 해풍이란 바다에서 땅 방향으로 부는 바람으로 주로 낮에 많이 불지.
❸ 밤에는 땅의 온도가 빠르게 변하여 바다보다 모래사장의 온도가 낮아. ㉡과 마찬가지로 공기는 고기압(차가운 공기)에서 저기압(뜨거운 공기)으로 이동하기 때문에, 더 차가운 모래에서 덜 차가운 바다 방향으로 바람(육풍)이 분다고 할 수 있어.
❹ 땅이 바다보다 빠르게 데워지고 식기 때문에 밤에는 땅이 차가워져. 따라서 땅이 빠르게 데워지고 식는다는 표현은 적절해.

㉡ : 정답

실생활 사례가 나오는 문제

6학년 2학기 2. 계절의 변화 ★★★★☆

문제 다음 대화를 보고 알맞은 말을 고르세요.

주영 : 올해 여름이 무척 더웠잖아? 근데 여름 태양의 남중 고도가 겨울 태양의 남중고도보다 높은데 왜 더운 걸까? 태양이 가까이 있으면 온도가 더 올라야 하지 않아?

하영 : 내가 수업시간에 전등과 모래로 실험해 봤는데 전등과 모래가 이루는 각이 ㉠(클 때/작을 때)는 온도가 23℃에서 58℃로 35℃나 올랐어. 하지만, 전등과 모래가 이루는 각이 ㉡(클 때/작을 때)는 온도 변화가 그것보다 작았어.

주영 : 아하! 여름철에는 태양의 남중고도가 높아지면서 땅과의 각이 커지고, ㉢(좁은/넓은) 면적을 비추니까 일정한 면적에 도달하는 에너지가 ㉣(적어서/많아서) 더운 거구나!

STEP 01

문제 읽기

❶ 어떤 문제인지 읽어 볼까? 문제에 글이 많으니 천천히 읽어 봐.
❷ 어떤 단원과 관련된 문제일지 떠올려 보자.

문제 유형 파악하기

❶ 이 문제의 특징은 무엇일지를 생각하며 문제의 유형을 추측해 봐.
❷ 생활 속 실험 사례를 이야기하는 것을 보니 사례 속 실험과 관련한 과학 원리를 살펴봐야 하는 문제라는 것을 알 수 있어.

STEP 02

문제 풀이의 기술 떠올리기

❶ 과학 개념과 글이 동시에 나올 때는 어떻게 문제를 읽어야 할까? 글에 드러난 과학 개념이나 힌트가 될 만한 키워드를 찾아보는 것이 중요해.
❷ 글에 나타난 과학 개념이나 실험내용을 떠올려 봐.
❸ 글에 나타나 있지 않은 것도 살펴봐야 해. 글에서 숨겨진 조건을 찾아 봐.
❹ 과학 용어의 뜻을 풀어서 생각해 봐.

문제 풀이 계획 세우기

❶ 먼저 문제를 읽으며 문제 풀이의 단서가 되는 키워드를 찾아봐. 키워드를 보고 어떤 과학 원리와 관련이 있는지 파악해야 문제를 쉽게 해결할 수 있어.

❷ 글에 나타난 사례와 관련된 과학 개념은 무엇일지 머릿속으로 정리해 봐. 실험내용을 떠올리면 사례에서 쉽게 과학 원리를 정리할 수 있어.

❸ 과학 개념이나 원리와 관련된 조건이 있다면 찾아봐. 조건은 훑어 읽기보다는 차근차근 꼼꼼하게 읽어야 발견하기 쉬워.

❹ 문제에 과학 용어가 나왔다면 표시하고, 그 용어와 관련된 과학적 사실을 생각해 봐.

STEP 03

문제 풀이의 기술 적용하기

❶ 키워드를 표시하고 알고 있는 내용을 떠올려 봐.

주영 : 올해 여름이 무척 더웠잖아? 근데 여름 태양의 남중 고도가 겨울 태양의 남중고도보다 높은데 왜 더운 걸까? 태양이 가까이 있으면 온도가 더 올라야 하지 않아?

하영 : 내가 수업시간에 전등과 모래로 실험해봤는데 전등과 모래가 이루는 각이 ㉠(클 때/작을 때)는 온도가 23℃에서 58℃로 35℃나 올랐어.

❷ 계절별 태양의 남중고도와 관련한 '전등과 모래 실험'의 내용에 대해 이야기하고 있지? 전등과 모래가 이루는 각에 따라 모래의 온도가 어떻게 변화하는지를 떠올려야 해.

❸ 과학적 경험과 관련한 문제를 해결할 때는 앞 뒤 문장을 꼼꼼하게 읽는 것이 좋아. '남중고도가 높아지면서 땅과의 각이 커지고'라는 말이 힌트가 된다는 것을 알 수 있어야 해.

문제 풀기

❶ 모래의 온도 변화가 크려면 전등과 모래가 이루는 각이 커야 해. 각이 작으면 넓은 면적을 비춰야 하기 때문에 도달하는 에너지의 양이 적어. 반대로 온도 변화가 작으려면 전등과 모래가 이루는 각이 작아야겠지?

❷ 여름에는 태양의 남중고도가 높아지면서(태양이 머리 위로 높게 뜬다는 말이야) 좁은 면적을 비추게 되고, 좁은 면적에 태양이 비추니까 도달하는 에너지가 많아서 기온이 올라가는 거야.

전등과 모래가 이루는 각이 클 때

전등과 모래가 이루는 각이 작을 때

정답 : ㉠클 때, ㉡작을 때, ㉢좁은, ㉣많아서

과학
유형 파악의 기술 04

단서를 찾아 일어날 일 예상하기

앞으로 일어날 일을 묻는 문제

5학년 2학기 4. 물체의 운동 ★★★☆☆

문제 그래프에 대한 설명으로 옳지 않은 것은? (　　　)

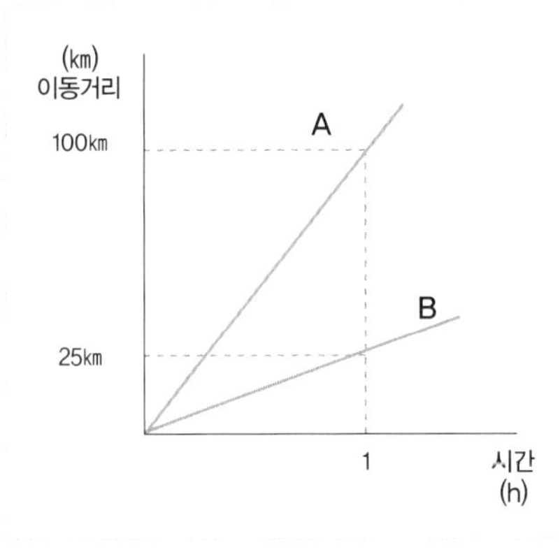

① A가 B보다 빠르다.
② A의 속력은 100km/h이다.
③ 2시간 동안 이동한 거리는 A가 B의 2배일 것이다.
④ A와 B가 출발한 지 2시간이 되었을 때 서로 다른 곳에 있을 것이다.
⑤ A와 B가 10시간 동안 이동한다면 A가 더 멀리 갈 것이다.

문제 읽기

❶ 어떤 문제인지 읽어 볼까? 문제의 그래프와 문제를 살펴봐.

문제 유형 파악하기

❶ 무엇을 알아야 문제를 해결할 수 있을지 생각해 보자.
❷ 시간이 지난 후에 A와 B가 얼마큼, 어떤 빠르기로 이동하는지 묻고 있으므로 앞으로 일어날 일을 예상하는 문제임을 알 수 있어. 또, 그래프가 등장하는 것을 보니 개념과 자료를 연결해야 하는 기술1 유형에도 속한다고 할 수 있어.

STEP 02

문제 풀이의 기술 떠올리기

❶ 그래프와 선택지를 읽고 답을 해결하기 위한 단서가 무엇일지 찾아보자.
❷ 일어날 일을 예상하고 과학적인 계산을 통해 왜 그렇게 되는지 확인해 봐.
❸ 과학 원리를 표현하는 용어(속력의 단위)에 관해 배운 내용을 떠올리는 것도 도움이 돼.

문제 풀이 계획 세우기

❶ 그래프와 선택지를 보고 내용을 해석해 봐. 그래프의 내용을 읽으면서 문제 해결을 위한 단서를 찾을 수 있어.
❷ 실험 결과(일어날 일)을 과학 원리를 바탕으로 생각해 보고, 그렇게 생각한 까닭을 이야기할 수 있어야 해.
❸ 그래프나 선택지를 보고 알게 된 점을 표현하기 위한 과학 용어를 떠올려 봐.

STEP 03

문제 풀이의 기술 적용하기

❶ 앞으로 일어날 일을 예상하기 위해서는 주어진 조건을 자세하게 분석하는 것이 중요해. 그래프를 보고 알 수 있는 사실을 정리해 봐.

그래프를 보고 알 수 있는 사실	
	1. A는 1시간 동안 100 ㎞를 간다.
	2. B는 1시간 동안 25 ㎞를 간다.
	3. 같은 시간동안 A가 B보다 더 많이 이동한다.

❷ 그래프를 보면 1시간 동안에 A가 이동한 거리와 B가 이동한 거리를 알 수 있지? 시간과 거리를 확인하면 속력을 구할 수 있어. 속력을 구하는 방법이 무엇이었는지 떠올려보자.
속력 = (이동한 거리) ÷ (걸린 시간)이라는 원리를 활용해야 해.

예) 160 km ÷ 4h = 40 km/h 280 km ÷ 2h = 140 km/h

문제 풀기

❶ A의 속력은 100 ㎞ ÷ 1 h = 100 ㎞/h이고, B의 속력은 25 ㎞ ÷ 1 h = 25 ㎞/h야.
❷ 2시간 동안 이동한 거리는 A = 200 ㎞, B = 50 ㎞이므로 4배만큼 차이가 나.
❸ 출발한 지 2시간이 되면 A는 200 ㎞를 B는 50 ㎞ 갔기 때문에 서로 다른 곳에 있어.
❹ A의 속력이 더 빠르므로 10시간 동안 A가 더 멀리 이동할 것이라고 예상할 수 있어.

정답: ③번

앞으로 일어날 일을 묻는 문제

6학년 1학기 3. 여러 가지 기체 ★★☆☆☆

문제 **따뜻한 손으로 둥근 플라스크와 스포이드를 잡았습니다. 시간이 흐른 후 잉크 방울이 어디로 움직일지 예상되는 방향에 ✓표시하고, 잉크 방울이 이동하는 이유를 적으세요.**

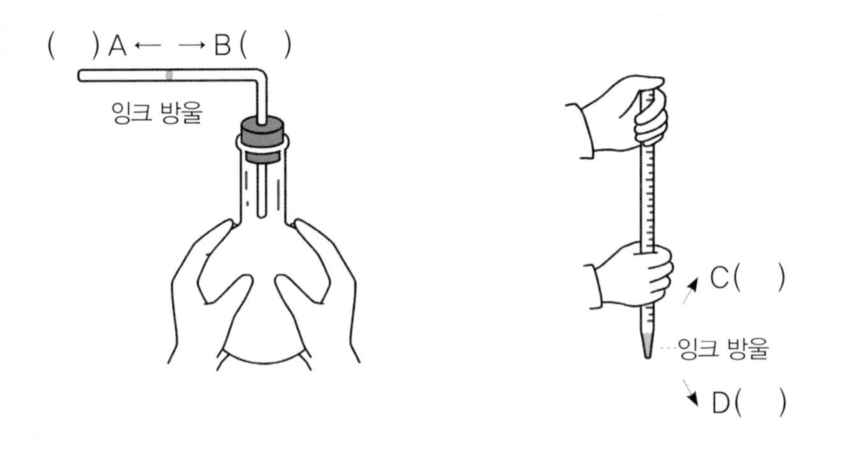

잉크 방울이 이동하는 이유: ____________________

____

STEP 01

문제 읽기

❶ 어떤 문제인지 읽어 볼까? 문제의 글과 그림을 모두 살펴봐.

문제 유형 파악하기

❶ 이 문제에서 무엇을 구해야 할지 살펴봐.
❷ 잉크 방울의 움직임을 물어보는 것을 보니 과학 원리를 바탕으로 앞으로 일어날 일을 예상하는 문제임을 알 수 있어.

STEP 02

문제 풀이의 기술 떠올리기

❶ 문제와 실험을 나타낸 그림에서 답을 해결하기 위한 단서를 찾아야 해.
❷ 일어날 일을 예상했다면 왜 그렇게 예상하는지 정리해 봐.
❸ 어떤 과학 용어로 표현하면 좋을지 단어를 떠올려 봐.

STEP 03

문제 풀이 계획 세우기

❶ 문제와 실험을 나타낸 그림을 보고 답을 해결하기 위한 단서를 찾아봐. 겉으로 드러나 있는 것만 보지 말고 문제나 그림이 과학적으로 무엇을 의미하는지를 생각하면 조건을 구체적으로 찾을 수 있어. 예를 들어 따뜻한 손은 곧 높은 온도를 의미한다고 해석해야 해.

❷ 실험 결과(일어날 일)를 예상하고 그 까닭을 과학적으로 설명해 봐. 근거를 생각하는 과정에서 과학 개념과 나의 예상을 연결 지을 수 있어.

❸ 예상한 결과를 표현하기 위한 과학 용어를 떠올려 봐. ❶에서 떠올린 문제나 그림이 의미하는 것과 연결 지어 생각하면 좋아.

문제 풀이의 기술 적용하기

❶ 문제와 그림이 동시에 등장할 때는 두 가지 모두 꼼꼼히 읽어야 해. 문제를 읽으며 어떤 단어를 눈여겨 봐야 하는지 찾아야 해. ‘이동’에 대해 묻고 있으니 잉크 방울을 이동시키는 조건이 무엇인지 추측할 수 있어야 해.

❷ 문제와 그림에서 얻을 수 있는 단서를 찾아볼까? 따뜻한 손, 잉크 방울이 문제 해결의 단서가 될 수 있어.

❸ 단서가 의미하는 것이 무엇인지 과학적으로 생각해 봐. 이때 실험도구를 잘 살피는 것이 도움이 돼. 잉크 방울은 액체를 의미하고, 따뜻한 손은 열(온도), 손으로 감싸 쥔 실험도구 안에 공기(기체)가 있다는 것을 생각할 수 있어야 해.

❹ 잉크 방울의 이동 방향을 예상했다면 ‘왜?’라고 스스로에게 물어봐. 잉크 방울이 움직이게 되는 이유의 출발점(손)을 찾아보는 것도 문제 해결에 도움이 돼.

❺ 어떤 과학 용어가 떠오르니? ❷, ❸에서 생각한 단서가 의미하는 것을 활용해도 좋고, 그림을 보고 떠올려도 좋아. 기체의 부피에 따라 잉크 방울이 움직이게 되는 것이므로 ‘부피’라는 단어를 생각해볼 수 있어.

문제 풀기

❶ 둥근 플라스크와 스포이드를 손으로 쥐면 손의 온도에 의해 실험도구 안의 기체의 온도가 변해.

❷ 기체의 온도가 높아지면 부피는 늘어나기 때문에 잉크 방울은 바깥 방향으로 밀려나게 될 것이라고 예상할 수 있어.

정답 : A, D, 기체의 온도가 높아지면 부피가 커지기 때문입니다.

과학
유형 파악의 기술 05

개념 간 공통점과 차이점 파악하기

여러 개념이 나오는 문제

5학년 1학기 5. 다양한 생물과 우리 생활 ★★★☆☆

문제 자료를 보고 세균과 바이러스에 대해 비교한 내용으로 옳지 않은 것을 고르세요. ( )

바이러스는 세균보다 크기가 작습니다.
바이러스는 크기가 매우 작아 광학현미경으로 볼 수 없고 전자현미경으로 관찰해야 합니다. 또 바이러스는 숙주가 있어야만 증식할 수 있습니다.
바이러스는 세균보다 사람들에게 늦게 발견되었습니다.
또한 바이러스는 세균처럼 사람 사이에 전염될 수 있습니다.

① 세균에 대한 연구가 바이러스보다 먼저 시작되었을 것 같아.
② 바이러스는 살기 좋은 조건이 되면 스스로 많은 수로 늘어나겠네.
③ 바이러스와 세균에 감염되지 않도록 예방하는 것이 중요해.
④ 바이러스를 관찰하려면 세균을 관찰할 때보다 배율이 높은 현미경이 필요해.
⑤ 바이러스와 세균은 둘 다 크기가 작아서 맨눈으로 보기 어렵다는 공통점이 있어.

STEP 01

문제 읽기

❶ 어떤 문제인지 읽어 볼까? 문제의 글을 천천히 읽어 봐.
❷ 문제의 특징을 생각해 봐. 개념을 비교한 내용을 보고 '옳지 않은 내용'을 찾는 문제네.

문제 유형 파악하기

❶ 이 문제에서 중요한 개념은 무엇인지 확인해 봐.
❷ '세균'과 '바이러스'라는 개념이 등장해. 여러 개념이 동시에 나오는 문제 유형임을 알 수 있어.

STEP 02

문제 풀이의 기술 떠올리기

❶ 어떤 개념을 비교하고 있는지 찾아봐. 비교란 개념 간의 공통점과 차이점을 찾아 설명하는 것을 말해.
❷ 먼저 각각의 개념이 가진 고유의 특징이나 과학적 사실을 생각해 봐.
❸ 문제에 어떤 비교 기준들이 등장했는지 살펴봐.

문제 풀이 계획 세우기

❶ 개념들의 공통점과 차이점을 묻는 문제에서는 먼저 어떤 개념을 비교하는지 찾아야 해.
문제에 드러난 개념은 2개 이상일 수 있어.

❷ 개념들을 찾았다면 개념이 갖고 있는 특징을 떠올려 봐. 간단히 메모하면 헷갈리지 않고 정확하게 문제를 풀 수 있어.
❸ ❷에서 찾은 개념의 특징과 선택지의 맥락을 연결 지어 개념의 특징이 잘 설명되어 있는지 확인해야 해.
❹ 특징을 떠올릴 때는 문제에 제시된 기준으로 비교해 보고 각각의 개념이 갖고 있는 특징을 떠올리는 것이 좋아. 예를 들어 크기는 어떤지, 색은 어떤지 비교해 본 후에 각각의 개념이 갖는 고유한 특징을 생각해 보는 거야.

STEP 03

문제 풀이의 기술 적용하기

❶ 개념을 비교하는 글에서는 공통점과 차이점을 찾는 것이 중요해. 문제에 제시된 자료를 보고 세균과 바이러스를 각각 표시하자.
바이러스는 바이러스, 세균은 세균, 이렇게 표시해 볼까?

> 바이러스는 세균보다 크기가 작습니다. 바이러스는 크기가 매우 작아 광학현미경으로 볼 수 없고 전자현미경으로 관찰해야 합니다. 또 바이러스는 숙주가 있어야만 증식할 수 있습니다. 바이러스는 세균보다 사람들에게 늦게 발견되었습니다. 또한 바이러스는 세균처럼 사람 사이에 전염될 수 있습니다.

❷ 여러 가지 내용이 나오는 보기를 읽을 때는 한 가지 개념을 기준으로 나머지 개념의 특징을 생각해 보면 문제를 이해하기 쉬워. 이 문제에서는 세균이라는 개념을 떠올리며 바이러스에 대한 설명을 읽어야 해.
❸ ❷의 세균을 기준으로 바이러스의 특징을 정리해 보자.

	세균	기준	바이러스
차이점	바이러스보다 큼	크기	세균보다 작음
	환경이 맞으면 스스로 증식	증식	숙주가 있어야 증식
	바이러스보다 일찍 발견	발견 시기	세균보다 늦게 발견
공통점	사람 사이에 전염 가능		

문제 풀기

❶ 바이러스는 세균보다 더 작다는 특징이 있어. 따라서 세균을 관찰할 때보다 더 배율이 높은 현미경이 필요할 거야.
❷ 선택지 ②번을 보면 바이러스는 살기 좋은 조건이 되면 스스로 많은 수로 늘어난다고 하고 있어. 하지만 이는 바이러스가 아니라 세균의 특징이야.
❸ 세균은 매우 작아서 맨눈으로 보기 어려워. 바이러스는 세균보다 작기 때문에 둘 다 맨눈으로 보기 어렵다는 것을 추측할 수 있어.
❹ 자료에 따르면 세균과 바이러스는 사람 사이에 전염될 수 있다는 공통점이 있어.
❺ 세균이 바이러스보다 먼저 발견되었기 때문에 그에 대한 연구도 먼저 시작했을 것이라고 유추할 수 있어.

정답 : ②번

여러 개념이 나오는 문제

6학년 1학기 3. 여러 가지 기체 ★★☆☆☆

문제 **사진 ㉠과 ㉡을 보고 잘못 말한 사람을 고르세요. (　　　)**

㉠

㉡

① 윤희: ㉠에서 잠수부가 멘 통 속에는 산소가 들어 있어.
② 남형: ㉠의 기체와 ㉡의 기체 모두 색깔과 냄새가 없어.
③ 정빈: 아이스크림 포장에 필요한 드라이아이스는 ㉠의 기체로 만들어.
④ 나래: ㉡의 소화기는 물질이 타는 것을 막는 성질을 가지고 있어.
⑤ 홍구: ㉡의 기체가 석회수가 만나면 뿌옇게 돼.

STEP 01

문제 읽기

❶ 어떤 문제인지 읽어 볼까? 문제와 자료를 살펴봐.
❷ 개념 간 공통점과 차이점을 파악하여 ㉠과 ㉡에 대한 틀린 설명을 찾는 문제네.

문제 유형 파악하기

❶ 이 문제에서 중요한 개념은 무엇일까?
❷ 자료에 ㉠과 ㉡이라는 개념이 등장해. 여러 개념이 동시에 나오는 문제 유형임을 알 수 있어. 그럼 ㉠과 ㉡이 무엇을 뜻하는지 파악해야 해.

STEP 02

문제 풀이의 기술 떠올리기

❶ 문제에 개념의 이름이 나와 있지 않다면 주어진 자료를 통해 그 개념의 이름을 찾아야 해.
❷ 그다음 각 개념의 특징을 정리해.
❸ 두 가지 개념을 비교할 때는 간단한 표를 그리는 것이 도움이 돼.
❹ 표를 그리며 비교하는 데 익숙해지면 문제에 직접 표를 그리지 않아도 머릿속에 개념들을 정리한 내용들이 떠오를 거야.

문제 풀이 계획 세우기

❶ ㉠과 ㉡이 어떤 개념을 말하는지 찾아보자.

❷ ㉠과 ㉡의 특징을 공통점과 차이점으로 나누어 표로 정리하고, 선택지의 설명이 그 표와 맞는지 비교하면서 답을 찾아봐.

문제 풀이의 기술 적용하기

❶ ㉠을 보면 잠수부가 멘 통에는 숨 쉬는 데 필요한 산소가 들어 있다는 걸 알 수 있어. ㉡은 불을 끄기 위한 소화기이기 때문에 이산화 탄소에 대한 사진이야.

❷ 산소와 이산화 탄소의 특징을 배운 내용을 떠올려 정리해 보자. 표로 정리할 때는 공통점과 차이점을 구분하여 정리해.

산소	이산화 탄소
색깔과 냄새가 없음	
다른 물질이 타는 것을 도움	물질이 타는 것을 막음
철이나 구리와 같은 금속을 녹슬게 함	석회수를 뿌옇게 만듦
압축 공기통, 산소 호흡 장치, 산소 캔 등에 쓰임	소화기, 드라이아이스, 탄산음료, 자동 팽창식 구명조끼 등에 쓰임

문제 풀기

❶ ③번을 보면 음식을 차갑게 보관할 때 사용하는 드라이아이스는 ㉠의 기체라고 설명하고 있어. 하지만 ㉠의 기체는 산소이기 때문에 틀린 설명이야.

❷ 나머지 선택지는 정리한 표를 활용하면 모두 바른 설명임을 알 수 있어.

정답 : ③번

5

주요 표현을 이해하고 표현하는 능력이 중요한

영어 영역

초등학교 영어 과목은 일상생활에서 사용하는 기초적인 영어를 이해하고 표현하는 능력을 기르는 것을 목표로 합니다. 새로운 언어를 이해하고 배워야 하는 과목이기 때문에 영어 과목을 유난히 어려워하고 부담스럽게 생각하는 학생이 많습니다.

우리나라는 일상생활에서 영어를 사용하지 않기 때문에 매일 꾸준히 영어공부를 하는 것이 중요합니다. 처음부터 의욕이 앞서 자신의 수준보다 어렵거나 많은 양의 공부를 한다면 오히려 영어와 거리가 멀어지는 지름길이 될 수 있습니다. 예를 들어 이제 막 알파벳을 읽고 쓰는 수준인데 복잡한 문법을 배우기 시작한다면 오히려 영어공부에 대한 거부감이 생기기 마련입니다.

알파벳부터 시작하여 파닉스, 짧은 단어 외우기 등 자신의 수준에 맞춰 꾸준히 공부해야 합니다. 특히, 교과서에 나오는 주요 표현(Key expression)은 반드시 알고 넘어가야 합니다. 매 단원의 단원명은 그 단원에서 배우고자 하는 주요 표현이므로 단원명을 눈여겨보는 것도 중요합니다. 영어 그림책을 읽고 좋아하는 만화영화나 노래 가사를 살펴보는 등 영어에 흥미를 느낄 수 있는 다양한 활동을 하는 것도 좋습니다.

영어 과목은 통합적인 언어 능력을 신장시키기 위해 듣기, 말하기, 읽기, 쓰기를 함께 평가하는 경우가 많습니다. 문제를 풀며 평가와 관련된 주요 표현(Key expression)을 떠올릴 수 있어야 합니다. 또, 듣기 평가의 경우 음성이 나오기 전 문제를 먼저 보고 어떤 내용을 듣게 될 것인지를 미리 살피는 것이 좋습니다.

영어 유형 파악의 기술

주요 표현(Key expression)을 떠올리며 문제에 적용하기

모든 영역의 영어 문제 풀이에서 가장 기본이 되는 것은 바로 주요 표현(Key expression)을 적용하는 것입니다. 초등학교 영어 과목은 단원별로 하나의 주제를 가지고 있으며 차시별로 듣기, 말하기, 읽기, 역할 놀이하기, 만들기, 협동 놀이하기 등의 다양한 활동을 반복하며 목표를 달성할 수 있도록 안내합니다. 이때 차시마다 반복해서 등장하는 것이 바로 단원의 주요 표현(Key expression)입니다.

주요 표현(Key expression)을 문제에 적용하기 위해서는 먼저 문제를 살펴야 합니다. 문제에 함께 제시된 그림, 선택지의 단어, 예시 문장 등을 보며 구하고자 하는 내용이 무엇인지 살펴야 합니다. 또, 문제와 관련된 주요 표현을 떠올릴 수 있어야 합니다.

아래의 듣기 영역 문제를 살펴봅시다.

 잘 듣고 여자아이가 좋아하는 과목과 활동이 바르게 짝지어진 것을 고르세요.

① 미술, 그림 그리기
② 체육, 줄넘기하기
③ 수학, 수학 문제 풀기
④ 음악, 노래하기

문제와 선택지를 보며 각 과목을 나타내는 단어와 활동을 나타내는 어구를 떠올릴 수 있습니다. 나아가 'My favorite subject is (　　)'의 주요 표현(Key expression)이 등장할 것임을 알고 듣기 평가 시 해당 부분을 좀 더 주의 깊게 들어야 합니다.

영어
유형 파악의 기술 01

주요 표현(Key expression)을 떠올리기

주요 표현을 떠올려 쓰는 문제

5학년 1학기 1. Where Are You From?(천재(함)) 

문제 그림을 보고 보기 에서 빈칸에 들어갈 알맞은 표현을 찾아 쓰세요.

보기

Australia, from, are

A: Where (   ) you (   )?

B: I'm from (   ).

STEP 01

문제 읽기

❶ 어떤 문제인지 살펴볼까? 전체적인 내용과 그림을 살펴봐.

문제 유형 파악하기

❶ 문제에서 대화의 내용과 보기 를 함께 살펴봐.
❷ 이 문제는 영어 과목에서 배운 주요 표현을 떠올려 빈칸에 알맞은 낱말을 쓰는 문제야.

STEP 02

문제 풀이의 기술 떠올리기

❶ 문제와 관련된 주요 표현을 떠올려.
❷ 보기 의 낱말을 보고 뜻을 파악한 후 알맞은 곳에 써.

문제 풀이 계획 세우기

❶ 문제와 보기, 그림 등을 전체적으로 살피며 문제와 관련해서 배운 주요 표현을 떠올려. 국기를 들고 있는 학생, 보기의 from이라는 낱말을 보면 어떤 주요 표현에 대한 문제인지 알 수 있어.

❷ 보기의 단어를 살피며 무슨 뜻인지 파악하고, 주요 표현의 어느 부분에 넣으면 될지 생각해 봐.

STEP 03

문제 풀이의 기술 적용하기

❶ 보기에 등장한 Australia와 from, 문제의 Where를 보고 바로 출신지를 묻는 표현을 떠올려야 해.

❷ 출신지에 관해 묻고 답하는 주요 표현을 떠올리고 뜻을 생각해 봐.

출신지에 관해 묻고 답하는 표현

A: Where are you from?　　너는 어디에서 왔니?

B: I'm from (나라이름).　　나는 (나라이름)에서 왔어.

❸ 보기의 낱말 Australia, from, are이 어디에 들어갈지 생각하며 알맞은 곳에 넣어.

A: Where are you from?

B: I'm from Australia.

TIP

초등학교에서 쓰기 영역의 문제는 교과서에 나오는 문장을 익히면 풀 수 있는 수준으로 출제 돼. 따라서 교과서의 주요 표현을 잘 알아두어야 해. 특히 문제의 답을 쓸 때 정확한 철자를 써야 하므로 여러 표현과 낱말을 여러 번 쓰며 공부하는 것이 도움이 돼.

정답 : A: Where (are) you (from)?
B: I'm from (Australia).

주요 표현을 읽고 알맞은 그림을 고르는 문제

6학년 2학기 6. Your Car Is Faster Than Mine(YBM(김)) 

문제 **다음을 읽고 알맞은 그림을 고르세요. (   )**

My tree is taller than yours.

① 

② 

③  

④ 

⑤ 

STEP 01

문제 읽기

❶ 어떤 문제인지 살펴볼까? 전체적인 내용과 그림을 살펴봐.

문제 유형 파악하기

❶ 문제에 나온 표현과 그림을 살펴봐.
❷ 이 문제는 주요 표현을 읽고 알맞은 그림을 고르는 유형이야.

STEP 02

문제 풀이의 기술 떠올리기

❶ 문제와 관련된 주요 표현을 읽어 봐.
❷ 주요 표현을 의미 단위로 끊어 읽고 뜻을 파악해.

문제 풀이 계획 세우기

❶ 문제와 관련된 주요 표현을 읽고 무슨 뜻인지 생각해 봐.
❷ 제시된 주요 표현의 뜻을 생각하며 의미 단위로 끊어 읽어. 주요 표현의 어떤 부분을 보고 알맞은 그림을 찾을 수 있는지 파악해.
❸ 제시된 그림을 보며 주요 표현과 관련된 낱말을 떠올려. 예를 들어 ①번 그림에서는 '상자'와 '크다'의 영어 낱말을 떠올릴 수 있어.

STEP 03

문제 풀이의 기술 적용하기

❶ 주요 표현의 than과 그림을 보고 바로 비교하는 표현을 떠올려야 해.
❷ 선택지의 주요 표현을 끊어 읽으며 어떤 부분을 보고 알맞은 그림을 찾을 수 있는지 파악해.

My tree / is / taller / than yours.
→ (   ) is (   ) than yours.

❸ 선택지의 그림을 살펴보며 주요 표현과 관련된 낱말을 떠올려봐. 비교하는 물건과 비교하는 표현에 해당하는 낱말을 찾아야겠지?

❹ 선택지의 주요 표현과 그림을 통해 찾은 낱말을 비교하며 알맞은 그림을 찾아.

TIP

영어 문장을 잘 이해하기 위해서는 주어진 문장을 의미 단위로 끊어 읽는 연습을 하는 것이 좋아. 단어나 주요 표현, 어구를 기준으로 문장을 나누어 읽어봐. 문장을 나눌 때는 / 기호를 사용하여 표시해. 문장을 나누어 읽으면 내용을 이해하기도 좋고, 주요 표현의 낱말을 바꾸어 다양한 문장으로 표현하기 쉬워.

정답 : ④번

PART 3
과목별
문제 만점의 기술

글의 정보나 중심 내용에 표시하며 내용 파악하기

사실을 실제 사례에 적용하는 문제

5학년 1학기 3. 글을 요약해요 ★★★★☆

문제 다음의 예시가 어떤 유형에 해당하는지 보기에서 기호를 골라 쓰세요.

메타버스는 '가상', '초월'을 의미하는 메타(Meta)와 '세계'를 의미하는 유니버스(Universe)를 합하여 만든 신조어입니다. 가상의 자아*인 아바타를 통해 경제, 사회, 문화, 정치 활동 등 소통을 이어가는 가상의 시공간인 메타버스에는 네 가지 유형이 있습니다.

첫째, 증강현실(AR)입니다. 증강현실이란 현실 세계 모습 위에 가상의 물체를 겹쳐 보여주는 기술입니다. 실제 현실 세계 모습을 활용하는 기술이기 때문에 어색하지 않고 금방 몰입할 수 있습니다.

둘째, 라이프로깅입니다. 사람이나 사물이 일상에서 겪는 경험이나 정보를 기록하여 저장하고, 정리해서 다른 사람에게 보여주는 기술입니다. 한마디로 일상을 온라인으로 공유하는 것입니다.

셋째, 거울세계입니다. 거울세계란 실제 현실 세계의 모습이나 갖고 있는 정보 등을 복사한 것처럼 똑같이 만든 것입니다. 전 세계 위성사진을 수집하고 정리하여 가상의 지구를 온라인에 만들어 놓은 '구글어스'와 같은 지도 서비스가 이에 해당합니다.

마지막으로 가상세계입니다. 가상세계는 현실에는 존재하지 않는 세계를 가상으로 구현하는 기술입니다. 사용하는 사람의 아바타끼리 만나 상호작용하는 것이 특징이며 게임 분야에서 많이 활용되고 있습니다.

*자아: 생각, 감정 등을 통해 행동하는 '나 자신'

보기 ㉠증강현실 ㉡라이프로깅 ㉢거울세계 ㉣가상세계

(1) 현실의 지도와 음식점의 위치를 애플리케이션으로 옮겨놓고 음식 주문을 받는 '배달의 민족' (　　)

(2) 현실 세계에 없는 장소를 마음대로 만들고 3D 아바타로 의사소통하는 '제페토' (　　)

(3) 스마트폰 앱으로 학교 안에서 발견되는 포켓몬을 잡는 '포켓몬 GO 게임' (　　)

(4) 달리기한 시간과 위치, 심박수를 기록하여 친구와 운동내용을 공유하는 '스마트 워치' (　　)

나만의 준비 공간

문제를 풀 때 필요한 내용, 생각할 것, 중요한 개념 등을 써 보세요.

❶ 각 문단의 중심내용이 무엇인지 표시해 봐.

❷ 각 문단에서 메타버스 유형에 대해 구체적으로 설명하는 부분을 찾아봐.

❸ 유형별 특징과 보기의 설명을 연결 지어 봐.

이 문제 유형은 글에 나온 정보를 확인하고 중심 내용이 무엇인지 파악하는 것이 중요해. 이러한 유형은 보기를 먼저 살피면 어느 부분에 집중해서 읽어야 할지 알 수 있어.

어떻게 풀까요?

문제 다음의 예시가 어떤 유형에 해당하는지 **보기** 에서 기호를 골라 쓰세요.

메타버스는 '가상', '초월'을 의미하는 메타(Meta)와 '세계'를 의미하는 유니버스(Universe)를 합하여 만든 신조어입니다. 가상의 자아*인 아바타를 통해 경제, 사회, 문화, 정치 활동 등 소통을 이어가는 가상의 시공간인 메타버스에는 네 가지 유형이 있습니다.

첫째, 증강현실(AR)입니다. 증강현실이란 현실 세계 모습 위에 가상의 물체를 겹쳐 보여주는 기술입니다. 실제 현실 세계 모습을 활용하는 기술이기 때문에 어색하지 않고 금방 몰입할 수 있습니다.

둘째, 라이프로깅입니다. 사람이나 사물이 일상에서 겪는 경험이나 정보를 기록하여 저장하고, 정리해서 다른 사람에게 보여주는 기술입니다. 한마디로 일상을 온라인으로 공유하는 것입니다.

셋째, 거울세계입니다. 거울세계란 실제 현실 세계의 모습이나 갖고 있는 정보 등을 복사한 것처럼 똑같이 만든 것입니다. 전 세계 위성사진을 수집하고 정리하여 가상의 지구를 온라인에 만들어 놓은 '구글어스'와 같은 지도 서비스가 이에 해당합니다.

마지막으로 가상세계입니다. 가상세계는 현실에는 존재하지 않는 세계를 가상으로 구현하는 기술입니다. 사용하는 사람의 아바타끼리 만나 상호작용하는 것이 특징이며 게임 분야에서 많이 활용되고 있습니다.

*자아: 생각, 감정 등을 통해 행동하는 '나 자신'

보기 와 관련지어 중심 내용을 표시하며 읽어야 해.

보기 ㉠증강현실 ㉡라이프로깅 ㉢거울세계 ㉣가상세계

(1) 현실의 지도와 음식점의 위치를 애플리케이션으로 옮겨놓고 음식 주문을 받는 '배달의 민족' (㉢)

(2) 현실 세계에 없는 장소를 마음대로 만들고 3D 아바타로 의사소통하는 '제페토' (㉣)

(3) 스마트폰 앱으로 학교 안에서 발견되는 포켓몬을 잡는 '포켓몬 GO 게임' (㉠)

(4) 달리기한 시간과 위치, 심박수를 기록하여 친구와 운동내용을 공유하는 '스마트 워치' (㉡)

문제 풀이 기술 적용하기

❶ 각 문단의 중심 내용은 문단에서 핵심어를 찾거나, 중심 문장을 살펴보면 쉽게 파악할 수 있어.

❷ 글에서 메타버스 네 가지 유형이 무엇인지 동그라미 쳐 봐.

❸ '배달의 민족' 애플리케이션은 현실 세계의 모습이나 정보를 복사한 것처럼 만든 것이기 때문에 ㉢거울세계 유형이야.
'제페토'는 현실에 없는 세계를 가상으로 구현하는 기술이 적용되었으므로 ㉣가상세계에 해당 돼.
현실 세계 위에 가상의 물체(포켓몬)을 보여주기 때문에 '포켓몬 GO'게임은 ㉠증강현실이야.
나의 신체적 정보를 기록하고 저장, 공유하는 것이므로 '스마트 워치'는 ㉡라이프로깅 유형이야.

문제 '열화상 카메라'에 대해 알맞게 설명한 것을 고르세요. (   )

적외선 에너지란 전자기파의 한 종류로 모든 물체에서 방사*되지만 사람의 눈으로 확인할 수 없습니다. 적외선 에너지는 투명유리나 아크릴을 통과할 수 없고 온도가 높을수록 밝은 붉은색 혹은 흰색에 가깝고, 낮을수록 검은색이나 보라색으로 표시된다는 특징이 있습니다.

열화상 카메라는 물체에서 나오는 적외선 에너지를 측정해 그 값을 기반으로 온도를 계산해 에너지의 값에 따라 여러 가지 색깔로 나타내 주는 카메라입니다. 정확한 온도를 측정하는 것은 힘들지만 열화상 카메라를 활용하면 화면의 색을 보고 물체의 온도를 예상할 수 있습니다.

열화상 카메라로 물체를 촬영하면 물체의 온도를 빨간색, 노란색, 파란색, 초록색 등으로 확인할 수 있습니다. 따라서 열화상 카메라를 사용하여 건물을 찍으면 단열*이 잘되지 않는 곳과 잘되는 곳을 쉽게 구분할 수 있습니다.

열화상 카메라를 사용하면 실시간으로 변하는 온도를 확인할 수 있습니다. 예를 들어 검역*을 위해 카메라를 설치하고 그 앞으로 사람들이 지나갈 때마다 측정되는 온도를 화면으로 확인할 수 있습니다.

*방사: 에너지가 퍼져 나오는 것
*단열: 열의 이동을 막는 것
*검역: 검역은 국외 감염병이 국내로 유입되는 것을 예방하기 위해 공항, 항구 등에서 검사하는 것

① 건물을 열화상 카메라로 촬영하면 단열이 잘되지 않는 곳은 노란색이나 주황색, 빨간색으로 나타날 것이다.
② 열화상 카메라를 이용하면 물체의 절대적인 온도값을 확인할 수 있다.
③ 유리 온실에 있는 동물의 온도는 온실 밖에서 열화상 카메라로 측정할 수 있다.
④ 어두운 밤 도로를 달릴 때 열화상 카메라를 활용하면 도로를 지나가는 동물을 감지할 수 있다.
⑤ 열화상 카메라를 켜면 적외선 에너지를 직접 관찰할 수 있다.

나만의 준비 공간

문제를 풀 때 필요한 내용, 생각할 것, 중요한 개념 등을 써 보세요.

❶ 각 문단의 중심내용이 무엇인지 살펴보고, 열화상 카메라의 특징에 밑줄을 그어 봐.

❷ 선택지 ①~⑤의 내용과 관련된 문장 근처에 선택지의 번호를 표시해 봐.

문제 '열화상 카메라'에 대해 알맞게 설명한 것을 고르세요. (④)

적외선 에너지란 전자기파의 한 종류로 모든 물체에서 방사*되지만 ⑤사람의 눈으로 확인할 수 없습니다. ③적외선 에너지는 투명유리나 아크릴을 투과할 수 없고 ①온도가 높을수록 밝은 붉은색 혹은 흰색에 가깝고, 낮을수록 검은색이나 보라색으로 표시된다는 특징이 있습니다.

열화상 카메라는 물체에서 나오는 적외선 에너지를 측정해 그 값을 기반으로 온도를 계산해 에너지의 값에 따라 여러 가지 색깔로 나타내 주는 카메라입니다. ②정확한 온도를 측정하는 것은 힘들지만 열화상 카메라를 활용하면 화면의 색을 보고 물체의 온도를 예상할 수 있습니다.

열화상 카메라로 물체를 촬영하면 물체의 온도를 빨간색, 노란색, 파란색, 초록색 등으로 확인할 수 있습니다. 따라서 열화상 카메라를 사용하여 건물을 찍으면 단열*이 잘되지 않는 곳과 잘되는 곳을 쉽게 구분할 수 있습니다.

열화상 카메라를 사용하면 ④실시간으로 변하는 온도를 확인할 수 있습니다. 예를 들어 검역*을 위해 카메라를 설치하고 그 앞으로 사람들이 지나갈 때마다 측정되는 온도를 화면으로 확인할 수 있습니다.

*방사: 에너지가 퍼져 나오는 것
*단열: 열의 이동을 막는 것
*검역: 검역은 국외 감염병이 국내로 유입되는 것을 예방하기 위해 공항, 항구 등에서 검사하는 것

① 건물을 열화상 카메라로 촬영하면 단열이 잘되지 않는 곳은 노란색이나 주황색, 빨간색으로 나타날 것이다. X
② 열화상 카메라를 이용하면 물체의 절대적인 온도값을 확인할 수 있다. X
③ 유리 온실에 있는 동물의 온도는 온실 밖에서 열화상 카메라로 측정할 수 있다. X
④ 어두운 밤 도로를 달릴 때 열화상 카메라를 활용하면 도로를 지나가는 동물을 감지할 수 있다. O
⑤ 열화상 카메라를 켜면 적외선 에너지를 직접 관찰할 수 있다. X

문제 풀이 기술 적용하기

❶ 각 문단의 중심 내용은 문단에서 핵심어를 찾거나, 중심 문장을 살펴보면 쉽게 파악할 수 있어.
열화상 카메라에 대해서 설명하는 문단을 찾으면 열화상 카메라의 특징을 알 수 있어.
❷ 글의 정보를 확인하는 문제는 선택지 내용을 글에서 찾고 그 주위에 번호를 써 놓으면 문제를 풀 때 도움이 돼.
① 단열이 잘되지 않는다는 것은 온도가 낮다는 뜻이야. (가)에 따르면 온도가 낮을수록 검은색, 보라색으로 표시됨을 알 수 있어.
② 열화상 카메라는 에너지를 값으로 계산해 색을 나타내는 것이므로 정확한 온도를 측정하기 어려워.
③ 열화상 카메라는 적외선 에너지를 측정하는 데 적외선 에너지는 유리를 통과할 수 없기 때문에 유리 온실 밖에서 온실 안에 있는 동물의 체온을 열화상 카메라로 측정하기 어려워.
④ 열화상 카메라는 실시간으로 변하는 온도를 확인할 수 있어서 도로를 지나가는 동물을 감지할 수 있어.
열화상 카메라를 활용하더라도 적외선 에너지는 눈에 보이지 않기 때문에 직접 관찰할 수 없어.

국어
문제 만점의 기술 02

문맥을 파악하여 낱말의 뜻 짐작하기

낱말의 뜻을 추론하는 문제

5학년 1학기 5. 글쓴이의 주장 ★★★☆☆

어린이 보행 중 교통사고를 줄이는 방법은 무엇일까? 운전자는 어린이 보행 안전 교육을 일정 시간 받아야 한다. 전체 교통사고 가운데에서 보행 중에 발생한 사고의 나이대별 분포를 살펴보면, 초등학생이 다른 나이대와 비교하여 높게 나타난다. 초등학생들의 경우 바깥 활동이 잦고, 위험 상황을 판단하는 능력이 아직 ㉠미숙하기 때문이다. 그러므로 운전자에게 어린이 보행자를 보호할 수 있는 안전 교육을 실시해 어린이 보행 중 교통사고가 ㉡일어나지 않도록 할 필요가 있다.

문제1 ㉠과 바꾸어 쓸 수 있는 말은 무엇인가요? (　　　)

① 노련하다　② 서투르다　③ 능숙하다　④ 익숙하다　⑤ 어색하다

문제2 아래는 휘경이가 사전을 활용해 ㉡을 조사한 내용입니다. 이 글의 ㉡에 알맞은 뜻을 사전에서 찾아 적으세요.

쓰인 낱말	일어나다
사전에서 찾은 뜻	「동사」 [1]【…에서】 누웠다가 앉거나 앉았다가 서다. [2]「1」잠에서 깨어나다. 「2」어떤 일이 생기다.

답 : ____________________

나만의 준비 공간

문제를 풀 때 필요한 내용, 생각할 것, 중요한 개념 등을 써 보세요.

❶ 글을 읽기 전에 주어진 문제를 먼저 읽고 어떻게 문제를 해결하면 좋을지 생각해 봐.

❷ ㉠과 ㉡의 앞뒤 문장을 읽고 ㉠과 ㉡이 어떤 뜻일지 적어 봐.
㉠미숙하다 ⇨
㉡일어나다 ⇨

❸ 모르는 낱말의 뜻을 파악할 때 사용할 수 있는 방법을 적어 봐.

어린이 보행 중 교통사고를 줄이는 방법은 무엇일까? 운전자는 어린이 보행 안전 교육을 일정 시간 받아야 한다. 전체 교통사고 가운데에서 보행 중에 발생한 사고의 나이대별 분포를 살펴보면, 초등학생이 다른 나이대와 비교하여 높게 나타난다. 초등학생들의 경우 바깥 활동이 잦고, 위험 상황을 판단하는 능력이 아직 ㉠미숙하기 때문이다. 그러므로 운전자에게 어린이 보행자를 보호할 수 있는 안전 교육을 실시해 어린이 보행 중 교통사고가 ㉡일어나지 않도록 할 필요가 있다.

❶ 선택지에 나온 ①~⑤ 단어를 ㉠에 하나씩 넣어보고 문장을 읽어 봐. 또 '아직'을 활용해서 미숙하다의 뜻을 판단할 수 있어.

문제1 ㉠과 바꾸어 쓸 수 있는 말은 무엇인가요? (②)

① 노련하다 ② 서투르다 ③ 능숙하다 ④ 익숙하다 ⑤ 어색하다

문제2 아래는 휘경이가 사전을 활용해 ㉡을 조사한 내용입니다. 이 글의 ㉡에 알맞은 뜻을 사전에서 찾아 적으세요.

쓰인 낱말	일어나다
사전에서 찾은 뜻	「동사」 [1]【…에서】 누웠다가 앉거나 앉았다가 서다. [2]「1」 잠에서 깨어나다. 「2」 어떤 일이 생기다.

❷ 사전에서 찾은 뜻 세 개를 ㉡에 하나씩 넣어서 읽어봐.

답 : 어떤 일이 생기다.

문제 풀이 기술 적용하기

❶ 1번 문제는 ㉠의 앞뒤 문맥을 살펴봐. 또는 비슷한 낱말로 바꿔 본 후 읽어 보면 좋아. 평상시 독서를 통해서 어휘력을 기르면 좋아.

❷ ㉠미숙하다: 일 따위에 익숙하지 못하여 서투르다
㉡일어나다: 어떤 일이 생기다
사전을 볼 때는 낱말이 사용되는 예시도 꼼꼼히 봐야 해.

❸ 사전 찾아보기, 앞뒤 문맥 살펴보기, 비슷한 낱말로 바꿔 보기, 어른에게 뜻 물어보기, 인터넷에 뜻 검색해보기 등

문제 글에 대해 바르게 설명한 학생을 고르세요. (　　　　)

명량대첩해전사 기념전시관은 전라남도 해남에 있습니다. 이곳은 명량대첩이 벌어졌던 당시 상황에 대한 자료를 기념하고 있는 곳입니다. 이곳에 오면 이순신 장군이 명량대첩을 승리로 이끌 수 있었던 이유 중 하나인 울돌목 바다의 빠른 물살을 ㉠감상할 수 있습니다.

실내에서는 거북선에 대해서 자세히 알 수 있습니다. 거북선은 이순신 장군이 바다에서 싸우며 왜적을 격퇴하기 위해 만든 거북 모양의 ㉡배입니다.

윤희: '전학 간 친구에 대한 감상의 눈물이 흘렀다.'의 '감상'은 ㉠과 같은 의미로 사용했어.
휘경: ㉠은 의미가 다른 낱말이 같은 글자로 쓰인 동형어라고 볼 수 있어.
승협: '밥을 많이 먹었더니 배가 나왔다.'의 '배'는 ㉡과 같은 의미로 사용했어.
주영: ㉡은 하나의 낱말이 두 가지 이상의 뜻을 가지는 다의어라고 볼 수 있어.

나만의 준비 공간

문제를 풀 때 필요한 내용, 생각할 것, 중요한 개념 등을 써 보세요.

❶ 앞뒤 문장을 살피며 ㉠과 윤희의 '감상'이 어떤 뜻으로 쓰였는지 생각해 봐.
㉠:

❷ 앞뒤 문장을 살피며 ㉡과 주영이의 '배'가 어떤 뜻으로 쓰였는지 생각해 봐.
㉡:

❸ 다의어와 동형어의 개념이 잘 떠오르지 않는다면 앞뒤 문맥을 파악해 힌트를 얻을 수 있어. ㉠, ㉡이 어디에 해당하는지 선택해 봐.

- ㉠과 '전학 간 친구에 대한 감상의 눈물이 흘렀다.'의 '감상'은
  (의미가 다른 낱말이 같은 글자로 쓰입니다. / 하나의 낱말이 두 가지 이상의 뜻을 가집니다.)
- ㉡과 '밥을 많이 먹었더니 배가 나왔다.'의 '배'는
  (의미가 다른 낱말이 같은 글자로 쓰입니다. / 하나의 낱말이 두 가지 이상의 뜻을 가집니다.)

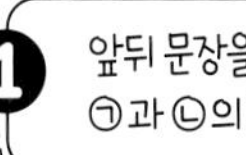

어떻게 풀까요?

문제 글에 대해 바르게 설명한 학생을 고르세요. (휘경)

❶ 앞뒤 문장을 살피면 ㉠과 ㉡의 뜻을 짐작할 수 있어.

명량대첩해전사 기념전시관은 전라남도 해남에 있습니다. 이곳은 명량대첩이 벌어졌던 당시 상황에 대한 자료를 기념하고 있는 곳입니다. 이곳에 오면 이순신 장군이 명량대첩을 승리로 이끌 수 있었던 이유 중 하나인 울돌목 바다의 빠른 물살을 ㉠감상할 수 있습니다.

실내에서는 거북선에 대해서 자세히 알 수 있습니다. 거북선은 이순신 장군이 바다에서 싸우며 왜적을 격퇴하기 위해 만든 거북 모양의 ㉡배입니다.

윤희: '전학 간 친구에 대한 감상의 눈물이 흘렀다.'의 '감상'은 ㉠과 같은 의미로 사용했어.
휘경: ㉠은 의미가 다른 낱말이 같은 글자로 쓰인 동형어라고 볼 수 있어.
승협: '밥을 많이 먹었더니 배가 나왔다.'의 '배'는 ㉡과 같은 의미로 사용했어.
주영: ㉡은 하나의 낱말이 두 가지 이상의 뜻을 가지는 다의어라고 볼 수 있어.

❷ 짐작한 내용을 비슷한 낱말로 바꾸어 읽어 봐. ㉠과 윤희의 '감상'을 모두 '보았다.'라고 바꿔 봐. 어색하지?

문제 풀이 기술 적용하기

❶ '㉠ 감상'은 주로 예술 작품을 이해하여 즐기고 평가하는 것, 윤희가 말한 '감상'은 하찮은 일에도 쓸쓸하고 슬퍼져서 마음이 상한 것을 뜻해.

❷ '㉡ 배'는 사람이나 짐 따위를 싣고 물 위를 떠다니도록 나무나 쇠 따위로 만든 물건을, 주영이가 말한 '배'는 사람이나 동물의 몸에서 위장, 창자, 콩팥 따위의 내장이 들어 있는 곳으로 가슴과 엉덩이 사이의 부위를 말해.

❸ ㉠과 '전학 간 친구에 대한 감상의 눈물이 흘렀다.'의 '감상'은 의미가 다른 낱말이 같은 글자로 쓰여. ㉡과 '밥을 많이 먹었더니 배가 나왔다.'의 '배'도 의미가 다른 낱말이 같은 글자로 쓰여. 따라서 ㉠과 ㉡ 모두 동형어라고 할 수 있어.

출처: 국립국어원 표준국어대사전

글의 앞뒤 내용을 살펴 내용 추론하기

글에 드러나지 않은 내용을 파악해야 하는 문제

5학년 1학기 8. 아는 것과 새롭게 안 것 ★★★★☆

최근 한국은행은 '동전 없는 사회'를 만들기 위한 준비를 시작했다. 한국은행은 "동전 없는 사회는 상점이나 대중교통 이용 시 동전 사용에 따른 불필요한 비용을 줄이고 국민 불편을 해소하는 것을 목적으로 한다."고 설명했다. 시범 사업으로 고객이 편의점에서 물건을 사기 위해 낸 현금의 거스름돈을 교통 카드에 충전해 주는 서비스를 실시한다고 밝히면서 '전자 화폐'가 다시 주목받고 있다.

전자 화폐란 현금이 컴퓨터에 정보 형태로 남아 실물 없이 온라인으로만 거래되는 화폐다. 전자 화폐는 가상 화폐로도 불리는데 이 중 교통 카드가 학생들이 이용하는 대표적인 전자 화폐의 예이다.

최근 많은 사람이 사용하는 스마트폰을 이용해서 결제를 하는 서비스도 전자 화폐의 일종이다. 이 방법은 스마트폰의 작은 칩 안에 디지털화한 금액 정보를 저장하는 원리를 사용한다. 스마트폰을 사용해 결제한 금액은 사용자의 계좌를 통해 사용 금액이 빠져나가거나 신용 카드 결제 금액에 합산되는 방식이다.

문제1 **'전자 화폐'에 대한 내용을 잘못 이해하고 있는 학생의 이름을 쓰고 틀린 이유를 쓰세요.**

> **휘경:** 스마트폰을 이용하면 현금이 없어도 물건을 살 수 있어.
> **윤희:** 전자 화폐는 컴퓨터에 저장되어 있지만 실물이 있어서 친구와 교환할 수 있어.
> **주영:** 전자 화폐가 편하지만 사용자의 은행 계좌나 신용 카드 정보를 저장했기 때문에 보안에 신경 써야 해.

답 : ______________________

틀린 이유 : ______________________

문제2 **이 글을 바탕으로 승협이의 질문에 대한 답을 쓰세요.**

> **승협:** 이번 달 우리 아빠가 스마트폰의 전자 화폐 기능을 이용해 30만 원을 결제했는데 신용 카드 결제 금액에는 25만 원이 청구됐어. 5만 원이 적게 *청구됐는데 그 이유가 뭘까?
>
> *청구: 남에게 돈이나 물건 따위를 달라고 요구함

답 : ______________________

____

나만의 준비 공간

문제를 풀 때 필요한 내용, 생각할 것, 중요한 개념 등을 써 보세요.

❶ 문제 1~2를 읽고 글을 읽을 때 무엇을 알아야 하는지 생각해 봐.
❷ 글에서 문제1 의 세 학생의 생각을 확인할 수 있는 곳에 밑줄을 쳐 봐.
❸ 문제2 를 풀기 위해 알아야 하는 정보를 글에서 찾아 밑줄을 쳐 봐.

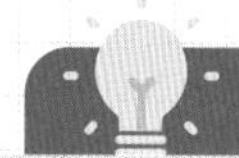

최근 한국은행은 '동전 없는 사회'를 만들기 위한 준비를 시작했다. 한국은행은 "동전 없는 사회는 상점이나 대중교통 이용 시 동전 사용에 따른 불필요한 비용을 줄이고 국민 불편을 해소하는 것을 목적으로 한다."고 설명했다. 시범 사업으로 고객이 편의점에서 물건을 사기 위해 낸 현금의 거스름돈을 교통 카드에 충전해 주는 서비스를 실시한다고 밝히면서 '전자 화폐'가 다시 주목받고 있다.

전자 화폐란 현금이 컴퓨터에 정보 형태로 남아 실물 없이 온라인으로만 거래되는 화폐다. 전자 화폐는 가상 화폐로도 불리는데 이 중 교통 카드가 학생들이 이용하는 대표적인 전자 화폐의 예이다.

최근 많은 사람이 사용하는 스마트폰을 이용해서 결제를 하는 서비스도 전자 화폐의 일종이다. 이 방법은 스마트폰의 작은 칩 안에 디지털화한 금액 정보를 저장하는 원리를 사용한다. 스마트폰을 사용해 결제한 금액은 사용자의 계좌를 통해 사용 금액이 빠져나가거나 신용 카드 결제 금액에 합산되는 방식이다.

문제1 **'전자 화폐'에 대한 내용을 잘못 이해하고 있는 학생의 이름을 쓰고 틀린 이유를 쓰세요.**

휘경: 스마트폰을 이용하면 현금이 없어도 물건을 살 수 있어.
윤희: 전자 화폐는 컴퓨터에 저장되어 있지만 실물이 있어서 친구와 교환할 수 있어.
주영: 전자 화폐가 편하지만 사용자의 은행 계좌나 신용 카드 정보를 저장했기 때문에 보안에 신경 써야 해.

답 : 윤희

틀린 이유 : 전자 화폐는 실물이 없다.

❶ 휘경, 윤희, 주영이가 생각한 내용을 글과 비교하는 것이 중요해. 휘경, 윤희, 주영이의 생각 중 중요한 단어를 표시해. 예) 전자 화폐, 스마트폰, 현금, 실물, 보안

문제2 **이 글을 바탕으로 승협이의 질문에 대한 답을 쓰세요.**

승협: 이번 달 우리 아빠가 스마트폰의 전자 화폐 기능을 이용해 30만 원을 결제했는데 신용 카드 결제 금액에는 25만 원이 청구됐어. 5만 원이 적게 *청구됐는데 그 이유가 뭘까?

*청구: 남에게 돈이나 물건 따위를 달라고 요구함

답 : 스마트폰으로 결제를 하면 계좌에서도 돈이 빠져나간다. 그러므로 30만 원 중 5만 원은 계좌에서 빠져나간 금액이고, 25만 원은 신용 카드 결제 금액이다.

❷ 승협이의 질문에 답할 수 있는 내용을 글에서 찾아야 해. 결제, 청구, 신용 카드 단어를 글에서 찾아봐.

문제 풀이 기술 적용하기

❶ 문제를 먼저 읽고, 글을 읽으면 내가 글을 읽고 무엇을 알아야 하고 추론해야 하는지를 파악할 수 있어.

❷ 휘경, 윤희, 주영의 말 중 핵심이 되는 내용을 글의 내용과 비교하는 게 중요해. 핵심이 되는 내용을 밑줄 등으로 표시한 후 글의 내용과 하나씩 비교하면서 답을 찾아야 해.
글에서 '전자 화폐란 현금이 컴퓨터에 정보 형태로 남아 실물 없이 온라인으로만 거래되는 화폐다.'라고 나와 있기 때문에 실물이 있다는 윤희의 말은 틀렸어.

❸ 승협이의 질문에서 핵심이 되는 내용을 표시한 후 승협이의 질문에 대한 답을 추론해야 해.
글의 마지막 문단을 읽어 보면 스마트폰을 사용해 결제한 경우 계좌를 통해 사용 금액이 빠지는 경우와 신용 카드 결제 금액에 합산되는 방식이 있어. 즉 두 가지 방식으로 결제가 이루어진다는 걸 알 수 있어야 해.

(가) "내 거여! 이 동네에서 폐지 줍는 노인네들은 다 아는구먼."

하지만 눈에 혹이 난 할머니는 아무 대꾸도 없이 상자를 실은 유모차를 끌고 가려고 했어.

울뚝, 화가 치밀어 오른 종이 할머니는 눈에 혹이 난 할머니의 팔을 잡고는 힘껏 밀어 버렸어. 벌러덩, 눈에 혹이 난 할머니는 힘없이 넘어졌어. 그러고는 앞이 잘 안 보이는지 땅을 허둥허둥 짚어 대다가 유모차를 간신히 잡고 일어났어.

(나) '그래, 아이의 말이 맞을지도 모르겠군. 하늘도 저렇게 넓은데 저 하늘 밖의 우주는 얼마나 넓을까?'

종이 할머니의 눈에는 우주 호텔이 보이는 것 같았어. 바람개비처럼 돌고 있는 별들 사이에 우뚝 솟아 있는 우주 호텔.

종이 할머니는 그곳으로 비둘기처럼 날아가고 싶었단다.

종이 할머니는 작은 마당으로 나갔어. 그리고 힘겹게 허리를 펴고 천천히 고개를 들었단다. 그러고는 하늘을 올려다보았지. 하늘엔 먹구름이 물러가고 환한 빛이 눈부시게 쏟아지고 있었어.

(다) 여러 계절이 왔다가 가고, 다시 왔다가 갔단다. 종이 할머니는 여전히 폐지를 모았어. 그렇지만 이제는 혼자가 아니야. 눈에 혹이 난 할머니와 같이 주웠어. 그리고 저녁이 되면 따뜻한 밥도 같이 먹고 생강차도 나누어 마셨지.

종이 할머니는 벽에 붙여 놓은 우주 그림을 보며 잠깐잠깐 이런 생각에 빠졌단다.

'여기가 우주 호텔이 아닌가? 여행을 하다가 잠시 이렇게 쉬어 가는 곳이니……, 여기가 바로 우주의 한가운데지.'

출처: 《우주호텔》, 유순희 지음, 해와나무, 2012

문제 ㉠, ㉡에 해당하는 내용으로 적절한 것은? (　　　)

승협: 이야기 구조에는 사건이 시작되는 부분인 발단, 사건이 본격적으로 발생하고 갈등이 일어나는 전개, 사건 속의 갈등이 커지면서 긴장감이 가장 높아지는 ㉠절정, 사건이 해결되는 결말이 있어.

지혜: 종이 할머니가 자신이 사는 곳을 우주 호텔이라고 생각한 까닭은 [㉡]이기 때문이야.

	㉠	㉡
①	(가)	눈에 혹이 난 할머니와 여행을 다니며 호텔에 머물게 되어서
②	(나)	인생이라는 여행을 하다 잠시 쉬어 가는 곳이라고 생각했기 때문
③	(나)	눈에 혹이 난 할머니와 여행을 다니며 호텔에 머물게 되어서
④	(다)	인생이라는 여행을 하다 잠시 쉬어 가는 곳이라고 생각했기 때문
⑤	(다)	눈에 혹이 난 할머니와 여행을 다니며 호텔에 머물게 되어서

나만의 준비 공간

문제를 풀 때 필요한 내용, 생각할 것, 중요한 개념 등을 써 보세요.

❶ 글을 읽으며 종이 할머니의 중요한 말이나 행동에 표시해 봐.

❷ 글 (가)~(다) 중 인물의 생각이 변화하는 데 가장 큰 영향을 준 사건은 무엇일지 생각해 봐.

• 인물의 생각이 변화하는 데 가장 큰 영향을 준 사건은 글 ________ 입니다.
왜냐하면 ____________________

(가) "내 거여! 이 동네에서 폐지 줍는 노인네들은 다 아는구먼."

하지만 눈에 혹이 난 할머니는 아무 대꾸도 없이 상자를 실은 유모차를 끌고 가려고 했어.

울뚝, 화가 치밀어 오른 종이 할머니는 눈에 혹이 난 할머니의 팔을 잡고는 힘껏 밀어 버렸어. 벌러덩, 눈에 혹이 난 할머니는 힘없이 넘어졌어. 그러고는 앞이 잘 안 보이는지 땅을 허둥허둥 짚어 대다가 유모차를 간신히 잡고 일어났어.

(나) '그래, 아이의 말이 맞을지도 모르겠군. 하늘도 저렇게 넓은데 저 하늘 밖의 우주는 얼마나 넓을까?'

종이 할머니의 눈에는 우주 호텔이 보이는 것 같았어. 바람개비처럼 돌고 있는 별들 사이에 우뚝 솟아 있는 우주 호텔.

종이 할머니는 그곳으로 비둘기처럼 날아가고 싶었단다.

종이 할머니는 작은 마당으로 나갔어. 그리고 힘겹게 허리를 펴고 천천히 고개를 들었단다. 그러고는 하늘을 올려다보았지. 하늘엔 먹구름이 물러가고 환한 빛이 눈부시게 쏟아지고 있었어.

(다) 여러 계절이 왔다가 가고, 다시 왔다가 갔단다. 종이 할머니는 여전히 폐지를 모았어. 그렇지만 이제는 혼자가 아니야. 눈에 혹이 난 할머니와 같이 주웠어. 그리고 저녁이 되면 따뜻한 밥도 같이 먹고 생강차도 나누어 마셨지.

종이 할머니는 벽에 붙여 놓은 우주 그림을 보며 잠깐잠깐 이런 생각에 빠졌단다.

'여기가 우주 호텔이 아닌가? 여행을 하다가 잠시 이렇게 쉬어 가는 곳이니……, 여기가 바로 우주의 한가운데지.'

❶ 종이 할머니는 우주여행을 하다가 쉬어가는 우주 호텔이 그려진 그림을 보며 자신이 사는 곳을 인생이라는 여행을 하다 잠시 쉬어 가는 곳인 우주 호텔이라고 생각했어.

문제 ㉠, ㉡에 해당하는 내용으로 적절한 것은? (④)

승협: 이야기 구조에는 사건이 시작되는 부분인 발단, 사건이 본격적으로 발생하고 갈등이 일어나는 전개, 사건 속의 갈등이 커지면서 긴장감이 가장 높아지는 ㉠절정, 사건이 해결되는 결말이 있어.

지혜: 종이 할머니가 자신이 사는 곳을 우주 호텔이라고 생각한 까닭은 [㉡]이기 때문이야.

	㉠	㉡
①	(가)	눈에 혹이 난 할머니와 여행을 다니며 호텔에 머물게 되어서
②	(나)	인생이라는 여행을 하다 잠시 쉬어 가는 곳이라고 생각했기 때문
③	(나)	눈에 혹이 난 할머니와 여행을 다니며 호텔에 머물게 되어서
④	(다)	인생이라는 여행을 하다 잠시 쉬어 가는 곳이라고 생각했기 때문
⑤	(다)	눈에 혹이 난 할머니와 여행을 다니며 호텔에 머물게 되어서

문제 풀이 기술 적용하기

❶ 종이 할머니의 중요한 말이나 행동에 표시하면 위와 같아. 중요한 말이나 행동에 표시하며 인물의 생각 변화를 파악하면 ㉡의 의미를 추론할 수 있어.

❷ 절정은 갈등이 커지고 긴장감이 높아지며 사건 해결의 실마리가 생기기도 해. 인물의 생각이 변화하는 데 가장 큰 영향을 준 사건은 글 (나)야. 종이 할머니가 우주 호텔 그림을 보고 난 후 이웃과 나눌 줄 아는 삶을 살게 되었기 때문이야. 따라서 글에서 절정은 (나)라고 할 수 있어.

비유와 상징을 생각하며 의미 해석하기

시의 표현상 특징을 파악해야 하는 문제

5학년 1학기 1. 비유하는 표현 ★★☆☆☆

봄비

심후섭

해님만큼이나
큰 은혜로
내리는 교향악

이 세상
모든 것이 다
악기가 된다.

달빛 내리던 지붕은
두둑 두드둑
큰북이 되고
아기 손 씻던
세숫대야 바닥은

도당도당 도당당
작은북이 된다.

앞마을 냇가에선
퐁퐁 포옹 퐁
뒷마을 연못에선
풍풍 푸웅 풍

외양간 엄마 소도 함께
댕그랑댕그랑

엄마 치마 주름처럼
산들 나부끼며
왈츠
봄의 왈츠
하루 종일 연주한다.

문제 시의 내용을 바르게 파악하여 ㉠~㉣에 들어갈 알맞은 말을 쓰세요.

대상	비유하는 표현	공통점
㉠	교향악	여러 가지 소리가 섞여 있는 것이 비슷함
지붕	큰북	㉡
봄비 내리는 모습	㉢	경쾌하고 가볍게 움직이는 것이 비슷함

이 시의 주제
㉣

나만의 준비 공간

문제를 풀 때 필요한 내용, 생각할 것, 중요한 개념 등을 써 보세요.

❶ 제목과 시를 읽고 떠오르는 이미지를 생각해 봐.

❷ 시를 읽으며 비유적인 표현이 드러난 부분을 찾아 표시해 봐. 표시한 부분을 보고 ㉠~㉢에 들어갈 말을 생각해 봐.

대상	비유하는 표현	공통점
㉠	교향악	여러 가지 소리가 섞여 있는 것이 비슷함
지붕	큰북	㉡
봄비 내리는 모습	㉢	경쾌하고 가볍게 움직이는 것이 비슷함

❸ 시를 읽고 떠올린 이미지를 생각하며 주제를 짐작해 봐.

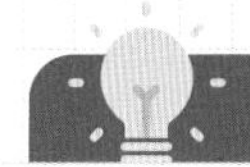

제목을 보면 시가 봄비가 내리는 모습과 관련이 있다는 것을 알 수 있어.

봄비

심후섭

해님만큼이나
큰 은혜로
내리는 교향악

이 세상
모든 것이 다
악기가 된다.

달빛 내리던 지붕은
두둑 두드둑
큰북이 되고
아기 손 씻던
세숫대야 바닥은

도당도당 도당당
작은북이 된다.

앞마을 냇가에선
퐁퐁 포옹 퐁
뒷마을 연못에선
퐁퐁 푸웅 퐁

외양간 엄마 소도 함께
댕그랑댕그랑

엄마 치마 주름처럼
산들 나부끼며
왈츠
봄의 왈츠
하루 종일 연주한다.

문제에 제시된 ㉠~㉣을 먼저 살펴봐. 표현하고자 하는 대상과 비유하는 표현, 공통점을 파악하며 시를 살펴야 함을 알 수 있어.

문제 시의 내용을 바르게 파악하여 ㉠~㉣에 들어갈 알맞은 말을 쓰세요.

대상	비유하는 표현	공통점
㉠ 봄비 내리는 소리	교향악	여러 가지 소리가 섞여 있는 것이 비슷함
지붕	큰북	㉡ 큰 소리가 남
봄비 내리는 모습	㉢ 왈츠	경쾌하고 가볍게 움직이는 것이 비슷함

이 시의 주제
㉣ 저마다의 소리로 경쾌하게 내리는 봄비의 모습

비유는 구체적이고 생생한 느낌을 주고, 작품의 주제를 효과적으로 드러내. 이 시에서 떠올릴 수 있는 이미지를 생각하며 주제를 짐작해 봐.

문제 풀이 기술 적용하기

❶ 제목과 시를 함께 살피면 봄비가 내리는 다양한 모습을 떠올릴 수 있어.
❷ 시를 읽으며 비유적인 표현이 드러난 부분을 찾으면 아래와 같아.

대상	비유하는 표현	공통점
㉠ 봄비 내리는 소리	교향악	여러 가지 소리가 섞여 있는 것이 비슷함
지붕	큰북	㉡ 큰 소리가 남
봄비 내리는 모습	㉢ 왈츠	경쾌하고 가볍게 움직이는 것이 비슷함

❸ 시를 읽으면 저마다의 소리로 경쾌하게 내리는 봄비의 모습이 떠올라.

문제 시의 내용을 바르게 파악한 학생을 모두 고르세요. (   )

풀잎과 바람

정완영

나는 ㉠풀잎이 좋아, ㉮풀잎 같은 친구 좋아
바람하고 엉켰다가 풀 줄 아는 풀잎처럼
헤질 때 또 만나자고 손 흔드는 친구 좋아.

나는 ㉡바람이 좋아, 바람 같은 친구 좋아
풀잎하고 헤졌다가 되찾아 온 바람처럼
만나면 얼싸안는 바람, 바람 같은 친구 좋아.

윤희: ㉠풀잎과 친구는 엉켜 싸우더라도 다시 풀 줄 안다는 공통점이 있어.
주영: 반갑게 만나 서로 얼싸안는 친구의 모습을 ㉡바람에 비유하여 표현하고 있어.
승협: 이 시는 바람 부는 풀밭에서 뛰어노는 아이들의 즐거움을 주제로 하고 있어.
휘경: '내 마음은 호수요.'는 ㉮와 같이 비유하는 표현을 사용했어.

나만의 준비 공간

문제를 풀 때 필요한 내용, 생각할 것, 중요한 개념 등을 써 보세요.

❶ '풀잎'과 '바람'이 각각 무엇을 빗대어 표현하고 있는지 생각하며 비유하는 표현과 대상을 찾아 표시해 봐.

❷ 비유하는 표현을 읽고 시에서 떠오르는 이미지를 자유롭게 적어 봐.

❸ '직유법'과 '은유법'을 떠올리며 ㉮와 '내 마음은 호수요.'가 각각 무엇에 해당하는지 생각해 봐.
- ㉮: (직유법 / 은유법)
- 내 마음은 호수요: (직유법 / 은유법)

문제 시의 내용을 바르게 파악한 학생을 모두 고르세요. (윤희, 주영)

풀잎과 바람

정완영

나는 ㉠풀잎이 좋아, ㉮풀잎 같은 친구 좋아
바람하고 엉켰다가 풀 줄 아는 풀잎처럼
헤질 때 또 만나자고 손 흔드는 친구 좋아.

나는 ㉡바람이 좋아, 바람 같은 친구 좋아
풀잎하고 헤졌다가 되찾아 온 바람처럼
만나면 얼싸안는 바람, 바람 같은 친구 좋아.

❶ '~같은'이라는 말로 비유하는 표현과 대상을 직접 연결한 것을 '직유법'이라고 해.

윤희: ㉠풀잎과 친구는 엉켜 싸우더라도 다시 풀 줄 안다는 공통점이 있어.
주영: 반갑게 만나 서로 얼싸안는 친구의 모습을 ㉡바람에 비유하여 표현하고 있어.
승협: 이 시는 바람 부는 풀밭에서 뛰어노는 아이들의 즐거움을 주제로 하고 있어.
휘경: '내 마음은 호수요.'는 ㉮와 같은 비유하는 표현을 사용했어.

문제 풀이 기술 적용하기

❶ 비유하는 표현과 대상을 찾아 표시하면 위와 같아. 비유하는 표현과 대상 사이의 공통점을 생각하며 윤희와 주영이의 말을 읽어 봐.

❷ 시를 읽으면 엉켰다가도 풀고 다시 만나자고 손을 흔드는 친구의 모습, 헤어질 때 또 만나자고 손 흔드는 친구의 모습, 다시 만나 얼싸안는 친구의 모습 등 친구 사이 우정을 나누는 모습이 떠올라.

❸ '~같이/~듯이'와 같은 말을 써서 두 대상을 직접 견주어 표현하는 방법을 직유법, '~은/는 ~이다.'로 빗대어 표현하는 방법을 은유법이라고 해. 따라서 ㉮는 직유법, '내 마음은 호수요'는 은유법이라고 할 수 있어.

국어
문제 만점의 기술 05

배운 개념을 떠올리며 문제에 적용하기

문법적 개념을 떠올려 적용하는 문제

5학년 2학기 4. 겪은 일을 써요 ★★★★☆

윤희와 남형이는 국어 시간에 쓴 글을 서로 바꾸어 읽고 어색한 부분을 고쳐 주기로 했습니다. 윤희와 남형이가 나눈 SNS 대화를 보고 아래의 물음에 답하세요.

남형아, 네가 지난 주말에 봉사활동을 갔던 일에 대한 글을 읽어 보았어. 나도 다음에 같이 봉사활동을 가고 싶다는 생각이 들었어. 그런데 글의 첫 문장이 어색한 것 같아. 과거를 나타내는 말에 어울리게 서술어를 써야 하는데, 미래를 나타내는 말에 어울리는 서술어를 적었더라. 그래서 ㉠'나는 지난 주말에 유기동물 쉼터로 봉사활동을 갔다.'라고 고쳤어.

윤희야, 내 글을 꼼꼼하게 읽어주어서 고마워. 네가 쓴 글에서는 ㉡'나는 평소에 영화를 별로 보는 편이다. 그런데 이번 영화는 무척 재미있어 보여서 가족과 함께 보았다.'라는 부분을 고쳐야 할 것 같아.

문제1 윤희가 고치기 전의 ㉠을 쓰세요.

답 : ______________________

문제2 ㉡에서 어색한 부분을 바르게 고치고, 그렇게 고친 까닭을 쓰세요.

답 : ______________________

나만의 준비 공간

문제를 풀 때 필요한 내용, 생각할 것, 중요한 개념 등을 써 보세요.

❶ 문제에서 무엇을 물어보고 있는지 찾아서 표시해 봐.

❷ 문제를 해결하기 위해 떠올려야 하는 개념은 무엇일까?

❸ 시간을 나타내는 말이 있는지 표시해 봐.

❹ 문장의 호응이 어색한 부분이 있는지 찾아서 적어 봐.

어떻게 풀까요?

윤희와 남형이는 국어 시간에 쓴 글을 서로 바꾸어 읽고 어색한 부분을 고쳐 주기로 했습니다. 윤희와 남형이가 나눈 SNS 대화를 보고 아래의 물음에 답하세요.

남형아, 네가 지난 주말에 봉사활동을 갔던 일에 대한 글을 읽어 보았어. 나도 다음에 같이 봉사활동을 가고 싶다는 생각이 들었어. 그런데 글의 첫 문장이 어색한 것 같아. 과거를 나타내는 말에 어울리게 서술어를 써야 하는데, 미래를 나타내는 말에 어울리는 서술어를 적었더라. 그래서 ㉠'나는 지난 주말에 유기동물 쉼터로 봉사활동을 갔다.'라고 고쳤어.

윤희야, 내 글을 꼼꼼하게 읽어주어서 고마워. 네가 쓴 글에서는 ㉡'나는 평소에 영화를 별로 보는 편이다. 그런데 이번 영화는 무척 재미있어 보여서 가족과 함께 보았다.'라는 부분을 고쳐야 할 것 같아.

문제1 **윤희가 고치기 전의 ㉠을 쓰세요.**

답 : 나는 지난 주말에 유기동물 쉼터로 봉사활동을 갈 것이다.

문제2 **㉡에서 어색한 부분을 바르게 고치고, 그렇게 고친 까닭을 쓰세요.**

답 : '나는 평소에 영화를 별로 보지 않는 편이다.' 별로라는 말과 서술어가 호응이 되지 않기 때문입니다.

문제 풀이 기술 적용하기

❶ 이 문제에서는 윤희와 남형이가 쓴 글의 어떤 부분이 어색한지, 또 어떻게 고쳤는지 찾아야 해.

❷ 5학년 1학기 때 배운 '서술어'라는 개념을 떠올려 보자. 서술어는 '무엇이다', '어찌하다', '어떠하다'에 해당하는 부분으로 주어의 움직이나 상태, 성질 따위를 의미해. 예를 들어 '먹다', '달리다' 등이 있어.

❸ 서술어가 시간을 나타내는 말과 있을 경우 그에 어울리도록 적어야 해. 윤희가 고쳐준 문장 '나는 지난 주말에 유기동물 쉼터로 봉사활동을 갔다.'에서 서술어는 '갔다.'야. 그런데 과거와 어울리는 서술어를 적어야 하는 부분에 미래를 나타내는 말로 썼다고 했으므로 남형이는 '갈 것이다.'라고 썼다는 것을 알 수 있어.

❹ '별로'는 '별로 ~지 않다'와 호응이 되어야 바른 문장이 돼. 결코, 전혀, 별로와 같이 호응하는 서술어가 따로 있는 낱말을 주의해.

문제 상희의 연설문을 읽고, 표현이 어색한 부분을 찾으세요. (   )

요즘 신문이나 뉴스를 보면 환경 오염과 관련된 기사를 어렵지 않게 찾아볼 수 있습니다. 어린이 여러분, 환경 오염은 우리와 상관없는 먼 일이 아닙니다. 우리 모두의 현재와 미래가 달린 문제입니다. 이제 환경 보호에 우리 어린이들도 ①발 벗고 나서야 합니다. ②백지장도 맞들면 낫다는 말처럼 작은 일이라도 우리가 힘을 보태야 합니다. ③ 소 잃고 외양간 고치듯 환경이 오염된 후 후회하는 것은 소용이 없습니다. 그렇다면 우리가 할 수 있는 일은 무엇일까요? 플라스틱 빨대를 사용하지 않는 것이 환경 보호에 도움이 된다고 많은 사람들이 ④손을 모아 말합니다. 플라스틱 빨대 줄이기! 우리도 할 수 있는 일입니다. ⑤세 살 적 버릇이 여든까지 간다는 말처럼 어려서부터 환경 보호를 꾸준히 실천하는 어린이가 됩시다.

나만의 준비 공간

문제를 풀 때 필요한 내용, 생각할 것, 중요한 개념 등을 써 보세요.

❶ 상희는 연설문에서 여러 '관용 표현'을 사용했어. 관용 표현의 뜻을 적어 봐.

❷ 각 관용 표현의 의미를 적어 봐.
① 발 벗고 나서다:
② 백지장도 맞들면 낫다:
③ 소 잃고 외양간 고친다:
④ 손을 모아 말하다:
⑤ 세 살 적 버릇이 여든까지 간다:

❸ 어색한 관용 표현을 찾아 바르게 고쳐 봐.

문제 상희의 연설문을 읽고, 표현이 어색한 부분을 찾으세요. (④)

요즘 신문이나 뉴스를 보면 환경 오염과 관련된 기사를 어렵지 않게 찾아볼 수 있습니다. 어린이 여러분, 환경 오염은 우리와 상관없는 먼 일이 아닙니다. 우리 모두의 현재와 미래가 달린 문제입니다. 이제 환경 보호에 우리 어린이들도 ①발 벗고 나서야 합니다. ②백지장도 맞들면 낫다는 말처럼 작은 일이라도 우리가 힘을 보태야 합니다. ③ 소 잃고 외양간 고치듯 환경이 오염된 후 후회하는 것은 소용이 없습니다. 그렇다면 우리가 할 수 있는 일은 무엇일까요? 플라스틱 빨대를 사용하지 않는 것이 환경 보호에 도움이 된다고 많은 사람들이 ④손을 모아 말합니다. 플라스틱 빨대 줄이기! 우리도 할 수 있는 일입니다. ⑤세 살 적 버릇이 여든까지 간다는 말처럼 어려서부터 환경 보호를 꾸준히 실천하는 어린이가 됩시다.

❶ 관용 표현이 글 안에서 어떤 이야기를 위해 쓰였는지 살펴봐.

❷ 어색한 부분이 있다면 문제에 직접 표시해.

문제 풀이 기술 적용하기

❶ '관용 표현'이라는 개념의 정의를 알고 있어야 문제를 해결할 수 있어. 관용 표현이란 둘 이상의 낱말이 합쳐져 그 낱말의 원래 뜻과는 다른 새로운 뜻으로 굳어져 쓰이는 표현이야. 관용어와 속담이 그 예야.

❷ 각 관용 표현의 의미와 그 관용 표현이 어떤 상황에서 쓰이는지 알고 있어야 문제를 해결할 수 있어.

① 발 벗고 나서다: 적극적으로 나선다.
② 백지장도 맞들면 낫다: 아무리 쉬운 일이라도 힘을 합치면 훨씬 쉽다.
③ 소 잃고 외양간 고친다: 이미 잘못된 뒤에는 소용이 없다.
④ 손을 모아 말하다: 옳지 않은 관용 표현이야.
⑤ 세 살 적 버릇이 여든까지 간다: 어릴 때의 버릇은 늙어서도 고치기 어렵다.

❸ ④손을 모아 말합니다. 이 문장에서 말하려고 하는 것은 많은 사람들이 빨대를 사용하지 말자고 말한다는 거야. 따라서 여러 사람이 같은 의견을 말한다는 의미를 가진 '입을 모으다'라는 관용 표현을 사용해야 해.

수학
문제 만점의 기술 01

문제의 조건을 문장과 키워드로 나누어 분석하기

조건을 나누어 식을 완성하는 문장제 문제

5학년 2학기 4. 소수의 곱셈 ★★★★☆

문제 승협이는 1분에 12.2 ㎏의 쌀을 쌀가마니에 옮겨 담을 수 있습니다. 그런데 쌀가마니에 구멍이 나서 1분에 1.4 ㎏의 쌀이 샌다고 합니다. 처음 쌀가마니에 쌀이 20 ㎏ 있었다면 5분 30초 후 쌀가마니에 담긴 쌀은 모두 몇 ㎏인가요?

답 : ________ kg

나만의 준비 공간

문제를 풀 때 필요한 내용, 생각할 것, 중요한 개념 등을 써 보세요.

❶ 주어진 수나 키워드를 기준으로 문장의 조건을 나누어 표시해 봐. ①, ②, ③번 등으로 번호를 붙여 표시하면 알아보기 좋아.

❷ 각 조건과 식을 아래의 표에 써 봐.

조건	식

❸ 조건에서 찾은 식을 연결해 문제를 풀어 봐.

나만의 풀이 공간

아래에 스스로 문제를 해결하여 풀이를 써 보세요.

어떻게 풀까요?

문제 ①승협이는 1분에 12.2 ㎏의 쌀을 쌀가마니에 옮겨 담을 수 있습니다. **그런데 쌀가마니에 구멍이 나서** ②1분에 1.4 ㎏의 쌀이 샌다고 합니다. **처음 쌀가마니에 쌀이 20 ㎏ 있었다면** ③5분 30초 후 **쌀가마니에 담긴 쌀은 모두 몇 ㎏인가요?**

답: 79.4 kg

문제 풀이 기술 적용하기

❶ 주어진 수나 키워드를 기준으로 문장의 조건을 나누어 표시하면 총 세 개의 조건으로 나눌 수 있어.

❷ 각 조건을 어떻게 풀어야 할지 식으로 나타내면 아래와 같아.

조건	식
① 1분 동안 쌀가마니에 12.2 kg의 쌀을 옮겨 담으면 쌀가마니의 쌀이 늘어나므로 덧셈으로 계산해.	처음 쌀의 양 + 12.2 kg
② 1분에 1.4 kg의 쌀이 샌다고 합니다. 쌀가마니의 쌀이 줄어드는 것이므로 뺄셈으로 계산해.	처음 쌀의 양 + 12.2 kg - 1.4kg
승협이가 1분에 12.2 kg의 쌀을 옮길 수 있고, 1분에 1.4 kg의 쌀이 새고 있어. 1분 동안 늘어나는 쌀의 양은 어떻게 계산할 수 있을까?	처음 쌀의 양 + 12.2 kg - 1.4kg에서 12.2 kg - 1.4 kg은 1분 동안 늘어나는 쌀의 양
③ 5분 30초 후 '5분 30초'라는 시간 개념을 수식으로 표현하려면 1분이 60초라는 것을 이용해야 해. 문제에 제시된 숫자가 모두 소수로 표현되어 있으니 분수를 소수로 나타내 봐.	$5\frac{30}{60} = 5\frac{5}{10} = 5.5$

❸ 조건에서 찾은 각 수식을 연결하면 아래처럼 나타낼 수 있어.

(처음 쌀의 양) + (1분 동안 늘어나는 쌀의 양) × (옮겨 담은 시간)

$= 20 + (12.2 - 1.4) \times 5.5$

$= 20 + 10.8 \times 5.5$

$= 20 + 59.4$

$= 79.4$

비의 성질을 활용하는 문장제 문제

문제 휘경, 윤희, 주영이는 구슬놀이를 하기 위해 구슬을 나눠 가졌습니다. 휘경이는 구슬을 84개, 윤희는 구슬을 28개 가지고 있습니다. 휘경이가 윤희에게 구슬을 몇 개 주어서 휘경이와 윤희가 가진 구슬 수의 비가 11 : 5가 됐습니다. 휘경이로부터 구슬을 받은 후 윤희가 가지고 있는 구슬 수에 대한 주영이가 가지고 있는 구슬 수의 비는 7 : 6입니다. 주영이가 가지고 있는 구슬은 모두 몇 개인가요?

답: ________ 개

나만의 준비 공간

문제를 풀 때 필요한 내용, 생각할 것, 중요한 개념 등을 써 보세요.

❶ 주어진 수나 키워드를 기준으로 문장의 조건을 나누어 표시해 봐.

❷ 각 조건과 식을 아래의 표에 써 봐.

조건	식 또는 이해한 내용

❸ 조건에서 찾은 식을 연결해 문제를 풀어 봐.

나만의 풀이 공간

아래에 스스로 문제를 해결하여 풀이를 써 보세요.

어떻게 풀까요?

문제 휘경, 윤희, 주영이는 구슬놀이를 하기 위해 구슬을 나눠 가졌습니다. ①휘경이는 구슬을 84개, 윤희는 구슬을 28개 가지고 있습니다. ②휘경이가 윤희에게 구슬을 몇 개 주어서 휘경이와 윤희가 가진 구슬 수의 비가 11 : 5가 됐습니다. ③휘경이로부터 구슬을 받은 후 윤희가 가지고 있는 구슬 수에 대한 주영이가 가지고 있는 구슬 수의 비는 7 : 6입니다. **주영이가 가지고 있는 구슬은 모두 몇 개인가요?**

답: 30개

문제 풀이 기술 적용하기

❶ 주어진 수나 키워드를 기준으로 문장의 조건을 나누어 표시하면 총 세 개의 조건으로 나눌 수 있어.

❷ 각 조건을 어떻게 풀어야 할지 식으로 나타내면 아래와 같아. 조건에서 찾은 수식을 차근차근 풀어나가면 문제를 해결할 수 있어.

조건	식 또는 이해한 내용
① 휘경이는 구슬을 84개, 윤희는 구슬을 28개 가지고 있습니다. 휘경이와 윤희가 가지고 있던 처음 구슬의 수를 파악해.	1) 처음 휘경이가 가지고 있던 구슬의 개수 = 84개 2) 처음 윤희가 가지고 있던 구슬의 개수 = 28개
② 휘경이가 윤희에게 구슬을 몇 개 주어서 휘경이와 윤희가 가진 구슬 수의 비가 11 : 5가 됐습니다. 1) 휘경이와 윤희가 갖고 있는 구슬의 총합은 변하지 않는다는 것을 기억해. 2) 위의 문장을 읽고 비례식을 세운 후 그 성질을 이용해서 문제를 해결해야 해. ※ ○ = 휘경이가 윤희에게 준 구슬의 수	1) (84 − ○) + (28 + ○) = 112 2) 휘경 : 윤희 = 11 : 5 휘경이가 가진 구슬의 개수 = $112 \times \frac{11}{16}$ = 77(개) (분모의 16은 11 : 5를 더한 값) 휘경이가 윤희에게 준 구슬의 개수 = 84 − 77 = 7 윤희가 가진 구슬의 개수 = 28 + 7 = 35
③ 휘경이로부터 구슬을 받은 후 윤희가 가지고 있는 구슬 수에 대한 주영이가 가지고 있는 구슬 수의 비는 7 : 6입니다. 비례식의 성질을 활용해 문제를 해결해. ※ □ = 주영이가 가지고 있는 구슬의 수	□ : 35 = 6 : 7 □ = 30(개)

이전에 배운 개념과 연결하기

두 가지 이상의 개념 활용하는 문제

5학년 1학기 4. 약분과 통분 ★★★★★

문제 $\frac{㉯}{㉮ \times ㉮ \times ㉮} = \frac{1}{180}$ 인 자연수 ㉮, ㉯가 있습니다. ㉮와 ㉯에 각각 알맞은 가장 작은 자연수의 합을 구하세요.

답 : ________

나만의 준비 공간

문제를 풀 때 필요한 내용, 생각할 것, 중요한 개념 등을 써 보세요.

❶ $\frac{㉯}{㉮ \times ㉮ \times ㉮} = \frac{1}{180}$을 보면 $\frac{1}{180}$의 분모 180을 여러 수의 곱으로 나타내야 한다는 것을 알아야 해.

❷ 이 문제에서 우리가 알아야 하는 조건과 이용해야 하는 개념은 무엇이 있는지 생각해 봐.

❸ $30 = 2 \times 3 \times 5$로 나타낼 수 있듯, 180을 세 수의 곱으로 한번 나타내 봐.

❹ $\frac{㉯}{㉮ \times ㉮ \times ㉮} = \frac{1}{180}$의 ㉮ × ㉮ × ㉮는 같은 수를 몇 번 곱했다는 뜻일까?

❺ 분수 $\frac{1}{4} = \frac{2}{8} = \frac{4}{16}$ 은 분수의 어떤 개념을 활용한 것일까?

나만의 풀이 공간

아래에 스스로 문제를 해결하여 풀이를 써 보세요.

문제 $\frac{㉯}{㉮\times㉮\times㉮}=\frac{1}{180}$인 자연수 ㉮, ㉯가 있습니다. ㉮와 ㉯에 각각 알맞은 가장 작은 자연수의 합을 구하세요.

답: 180

❶ '가장 작은 자연수'라는 표현을 문제 푸는 동안 잊지 말아야 해.

문제 풀이 기술 적용하기

❶~❸ 180이란 수는 하나의 수로 나와 있기 때문에 ㉮ × ㉮ × ㉮와 연결하려면 180 = 4 × 5 × 9로 분리해서 보려는 생각이 무엇보다 중요해. 하나의 수로 나와 있으면 여러 수로 나눠 생각하고 여러 수로 나와 있으면 하나의 수로 합쳐 생각해.

예) 하나의 수를 여러 수로 나눠 생각하기 -> 180 = 4 × 5 × 9

여러 수를 하나의 수로 합쳐 생각하기 -> 4 × 5 × 9 = 180

❹ ㉮ × ㉮ × ㉮는 같은 수를 3번 곱했다는 뜻이야. 그런데 180 = 4 × 5 × 9 = 2 × 2 × 5 × 3 × 3 = 2 × 2 × 3 × 3 × 5이므로 같은 수를 세 번 곱한 식으로 바꿀 수 없어. 그러므로 ㉯의 값을 이용해서 세 번 곱한 식으로 바꿔야 해.

❺ 분수는 분모와 분자에 같은 수를 곱하면 분수의 크기가 변하지 않아.

❻ $\frac{㉯}{㉮\times㉮\times㉮}=\frac{1\times㉯}{2\times2\times3\times3\times5\times㉯}$ 왼쪽과 오른쪽의 분수 값이 같지? 이 문제에서는 분모를 통일하기가 쉽지 않기 때문에 분자를 통일해야 해. 두 분수의 분자에 있는 ㉯가 약분된 후 1이 남으면 분자가 1로 같아져.

❼ $\frac{㉯}{㉮\times㉮\times㉮}=\frac{1\times㉯}{2\times2\times3\times3\times5\times㉯}$ 분수의 분모와 분자에 같은 수(㉯)를 곱해도 분수의 크기는 변하지 않는 개념을 이용해야 해.

양쪽 분자의 값이 같기 때문에 분모의 크기만 같으면 돼.

왼쪽 분수의 분모에 ㉮가 3개 있으므로 같은 수가 세 번 곱해져야 해. 오른쪽 분수의 분모 값을 보면 2가 2개, 3이 2개, 5가 1개 있지? 가장 작은 수가 되어야 한다는 조건 때문에 2가 1개, 3이 1개, 5가 2개 더 필요하다는 걸 알 수 있어.

그러므로 ㉯ = 2 × 3 × 5 × 5 = 150

❽ ㉮ = 2 × 3 × 5 = 30 / ㉮ + ㉯ = 30 + 150 = 180

문제 남형이는 원으로 다음과 같은 무늬를 만들었습니다. 그리고 색칠한 부분의 넓이의 합과 같은 직사각형을 그렸더니 직사각형의 가로가 12.5 cm였습니다. 이 직사각형의 세로 길이를 구하세요. (원주율: 3)

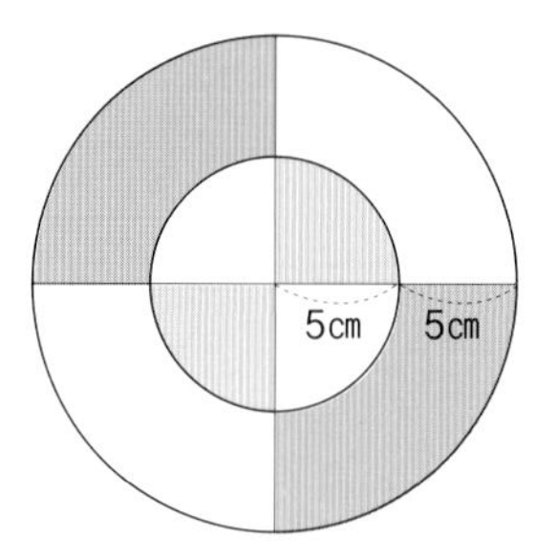

답 : ________ cm

나만의 준비 공간

문제를 풀 때 필요한 내용, 생각할 것, 중요한 개념 등을 써 보세요.

❶ 문제를 해결하기 위해 알아야 하는 개념이 무엇인지 적어 봐.

❷ 원의 넓이를 구하는 방법을 적어 봐.
- 원의 넓이 =

❸ 직사각형의 넓이를 구하는 방법을 적어 봐.
- 직사각형의 넓이 =

❹ 같은 크기의 도형이 있으면 이동할 수 있어. 도형을 이동시켜서 우리가 쉽게 넓이를 구할 수 있는 모양으로 바꿔야 해. 어떻게 옮기면 좋을지 문제에 직접 표시해 봐.

나만의 풀이 공간

아래에 스스로 문제를 해결하여 풀이를 써 보세요.

문제 남형이는 원으로 다음과 같은 무늬를 만들었습니다. 그리고 색칠한 부분의 넓이의 합과 같은 직사각형을 그렸더니 직사각형의 가로가 12.5 cm였습니다. 이 직사각형의 세로 길이를 구하세요. (원주율: 3)

❶ 문제의 조건을 빠트리지 말고 살펴봐.

❷ 소수 계산에 유의해.

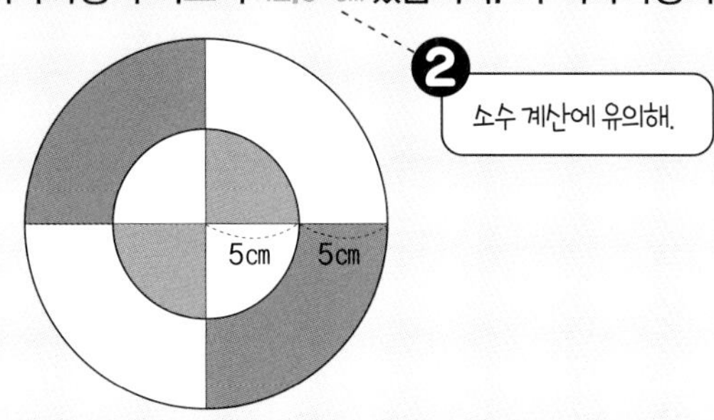

답 : 12 cm

문제 풀이 기술 적용하기

❶ 원의 넓이를 구하는 방법, 직사각형 넓이를 구하는 방법을 알고 있어야 해. 또 직사각형의 가로 길이가 소수이므로 소수의 곱셈과 나눗셈에 대해 알고 있어야 해. 배운 개념을 떠올려 봐.

❷ 원의 넓이를 구하는 공식을 떠올려 봐.
원의 넓이 = 반지름 × 반지름 × 원주율

❸ 직사각형의 넓이를 구하는 공식을 떠올려 봐.
직사각형의 넓이 = 가로의 길이 × 세로의 길이

❹ ①, ②번을 원의 왼쪽으로 이동시켜 봐. 결국 색칠한 부분의 넓이의 합은 반원의 넓이와 같아.

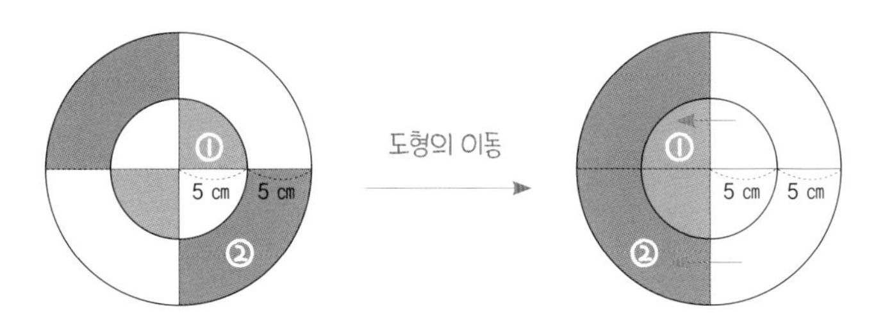

❺ 식을 세워 해결해 보자. 먼저 반원의 넓이를 구해.
반원의 넓이 = 10 × 10 × 3 ÷ 2 = 150 cm^2
반원의 넓이를 이용해 직사각형의 넓이를 구하는 식을 세워. 구하려고 하는 직사각형의 세로 길이는 □로 표현해.
직사각형의 넓이 = 150 = 12.5 × □
□ = 150 ÷ 12.5 = 1500 ÷ 125
□ = 12

수학
문제 만점의 기술 03

그림, 표, 수직선을 활용해 문제 해결하기

수직선을 활용하는 문제

5학년 2학기 4. 소수의 곱셈 ★★★☆☆

문제 구슬이 몇 개 있습니다. 전체의 $\frac{1}{3}$이 파란 구슬이고 나머지의 $\frac{1}{2}$이 빨간 구슬이며, 그 나머지의 0.4가 노란 구슬입니다. 남은 구슬은 초록 구슬로 12개일 때, 전체 구슬은 몇 개일까요?

답: ________ 개

나만의 준비 공간

문제를 풀 때 필요한 내용, 생각할 것, 중요한 개념 등을 써 보세요.

❶ 문제를 읽고 무엇을 구해야 하는지 생각해 봐.

❷ 문제를 읽고 문제 내용을 수직선에 그려서 표현해 봐.

❸ 전체 = 1로 생각하면 '전체의 $\frac{1}{3}$이 파란 구슬'을 수직선에 쉽게 표현할 수 있어.

❹ '나머지의 $\frac{1}{2}$이 빨간 구슬' 파란 구슬의 나머지는 분수로 얼마일까?
수직선에 표시하고 나머지의 $\frac{1}{2}$을 표시해 봐.

❺ '나머지의 0.4가 노란 구슬'의 소수 0.4를 분수로 바꾸면 얼마일까?

❻ 0.4를 수직선에 나타내고 초록 구슬 12개를 표시해 봐.

나만의 풀이 공간

아래에 스스로 문제를 해결하여 풀이를 써 보세요.

문제 **구슬이 몇 개 있습니다.** ①전체의 $\frac{1}{3}$이 파란 구슬이고 ②나머지의 $\frac{1}{2}$이 빨간 구슬

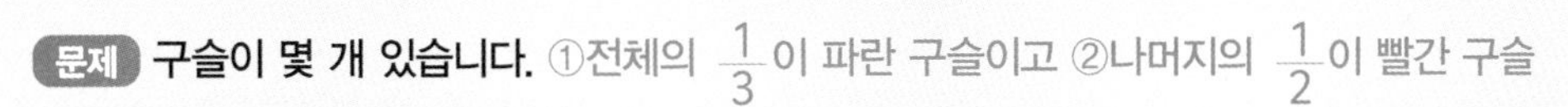

이며, ③그 나머지의 0.4가 노란 구슬**입니다.** ④남은 구슬은 초록 구슬로 12개**일 때, 전체 구슬은 몇 개일까요?**

답 : 60개

문제 풀이 기술 적용하기

❶ 전체 구슬의 수를 구하는 문제야.

❷ 수직선은 문제를 풀 때 내가 구해야 할 것과 주어진 조건을 한눈에 보여주기 때문에 매우 효과적인 문제 풀이 도구야.

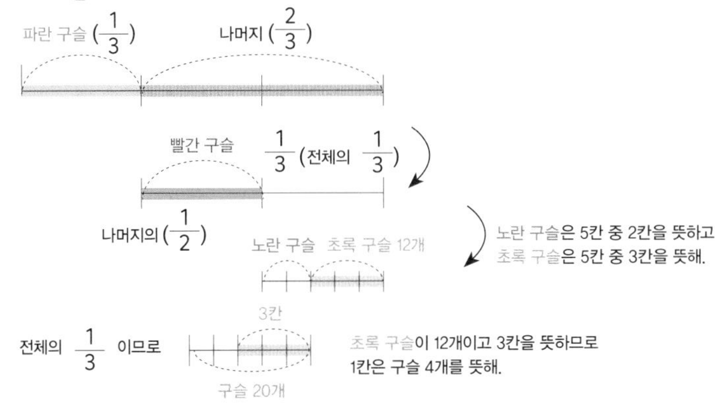

❸ '전체의 $\frac{1}{3}$이 파란 구슬이고' 전체를 1로 보고 수직선을 그린 후 3등분 해야 해.

❹ '나머지의 $\frac{1}{2}$이 빨간 구슬'의 나머지 = 전체 수직선의 $\frac{2}{3}$이므로 전체 수직선의 길이에 맞춰서 그려. 두 번째 수직선에 보면 $\frac{1}{3}$이 있지. 즉 두 번째 수직선의 절반은 전체 수직선의 $\frac{1}{3}$과 같다는 걸 알 수 있어.

❺~❻ 나머지의 0.4를 찾기 위해서 소수를 분수로 바꾼 후 약분하면 $\frac{2}{5}$가 나와. 즉 5등분 한 것 중 2칸을 뜻해. 5등분 한 것 중 2칸을 노란 구슬이 차지하고 남은 3칸을 초록 구슬이 차지하면 되겠지?
즉 12개가 3칸에 있으므로 12 ÷ 3 = 4를 하면 1칸에 구슬이 4개 있어.

❼ 마지막 수직선이 전체의 $\frac{1}{3}$이고 구슬이 20이므로 구슬 20개에 3을 곱하면 전체 구슬의 수가 나와. 전체 구슬의 수 = 20 × 3 = 60

문제 윤희는 가로 2 cm, 세로 1 cm, 높이 1 cm인 직육면체를 겉넓이가 최대가 되도록 1층에 3개, 2층에 2개 쌓았습니다. 윤희가 쌓은 도형의 겉넓이를 구하세요.

조건1 모든 직육면체는 가로로 길게 놓았으며 세우지 않았습니다.

조건2 모든 직육면체는 길이가 같은 모서리끼리 만나도록 쌓았습니다.

답 : ________ cm^2

나만의 준비 공간

문제를 풀 때 필요한 내용, 생각할 것, 중요한 개념 등을 써 보세요.

❶ 문제를 해결하기 위해 쌓을 수 있는 도형이 몇 가지인지 그림을 그려 봐.

❷ 어떻게 쌓아야 겉넓이가 최대가 되는지 내가 그린 도형에 표시해.

❸ 직사각형 넓이를 구하는 방법을 떠올려 봐.
- 직사각형의 넓이 =

❹ 그림을 활용해 보이는 방향별 겉넓이를 표로 정리해 봐.

나만의 풀이 공간

아래에 스스로 문제를 해결하여 풀이를 써 보세요.

어떻게 풀까요?

문제 윤희는 가로 2 ㎝, 세로 1 ㎝, 높이 1 ㎝인 직육면체를 겉넓이가 최대가 되도록 1층에 3개, 2층에 2개 쌓았습니다. 윤희가 쌓은 도형의 겉넓이를 구하세요.

조건1 모든 직육면체는 가로로 길게 놓았으며 세우지 않았습니다.

조건2 모든 직육면체는 길이가 같은 모서리끼리 만나도록 쌓았습니다.

답 : 38 ㎠

문제 풀이 기술 적용하기

❶ 쌓을 수 있는 모든 도형을 앞에서 보았을 때의 모습으로 그려보자.

①	②	③

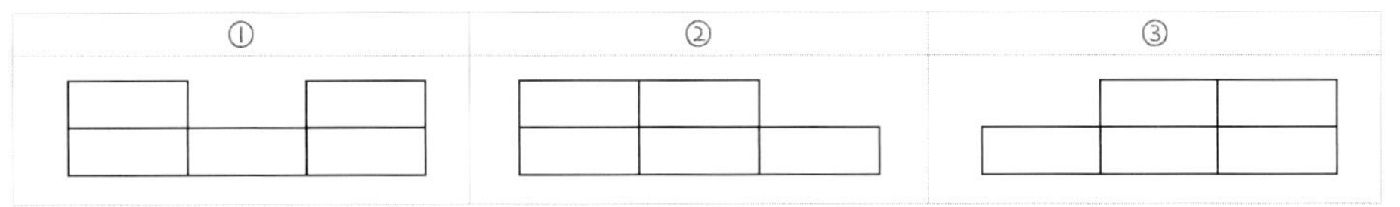

❷ ②, ③번은 겉넓이가 같아. ①번은 ②, ③번보다 2층에서 보이는 겉넓이가 더 넓어. 아래 그림에서 빨간색으로 표시된 부분의 개수를 세어 봐.

❸ 직사각형의 넓이를 구하는 공식을 떠올려 봐.
직사각형의 넓이= 가로 × 세로

❹ ❶번 도형의 보이는 방향별 겉넓이를 표로 정리해 보자.

앞	10 ㎠
뒤	10 ㎠
위	6 ㎠
아래	6 ㎠
왼쪽	2 ㎠
오른쪽	2 ㎠

아직 구하지 않은 겉넓이는 어디일까? 빨간색으로 색칠된 안쪽도 빠지지 않도록 해.

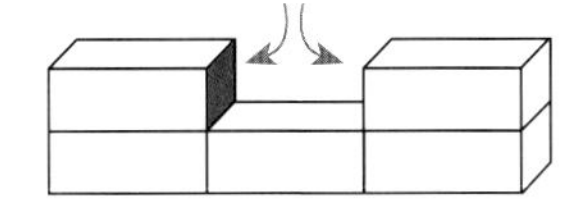

빨간색으로 색칠된 부분 총 2개	2 ㎠

구한 넓이를 모두 더하면 10 + 10 + 6 + 6 + 2 + 2 + 2 = 38 ㎠야.

수학
문제 만점의 기술 04

문제를 단순화해 알고 있는 개념으로 해결하기

도형을 이동시켜 문제를 단순화하는 문제

5학년 1학기 6. 다각형의 둘레와 넓이 ★★★☆☆

문제 정사각형에서 색칠된 부분의 넓이는 몇 ㎠일까요?

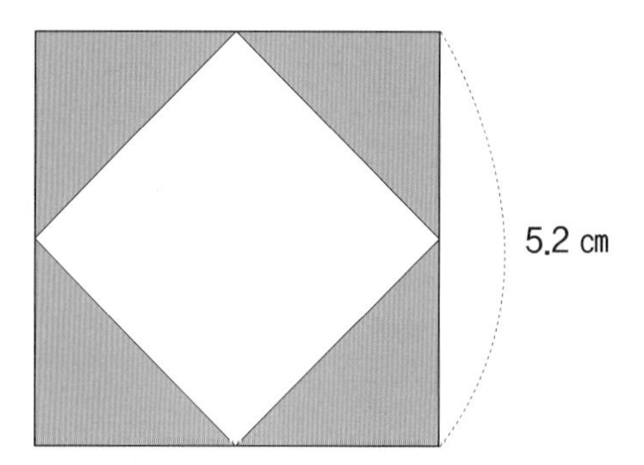

답 : ________ ㎠

나만의 준비 공간

문제를 풀 때 필요한 내용, 생각할 것, 중요한 개념 등을 써 보세요.

❶ 그림 속에 보이는 도형은 무엇인지 생각해 봐.

❷ 정사각형의 정의를 생각해 봐.

❸ 색칠된 부분의 넓이를 구하기 위해서 도형을 단순화 시킬 수 있는 방법은 없는지 생각해 봐.

나만의 풀이 공간

아래에 스스로 문제를 해결하여 풀이를 써 보세요.

문제 정사각형에서 색칠된 부분의 넓이는 몇 ㎠일까요?

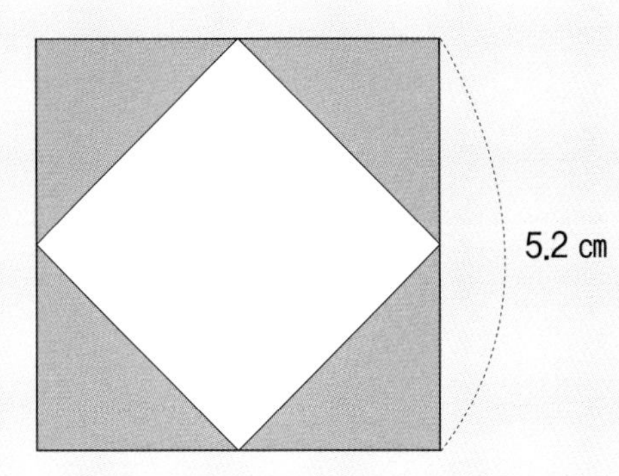

답 : 13.52 ㎠

문제 풀이 기술 적용하기

❶ 그림 속에 보이는 도형은 정사각형, 삼각형

❷ 정사각형은 네 변의 길이가 같은 사각형을 뜻해. 그러므로 네 변의 길이가 같다는 조건을 이용해서 풀어야 해.

❸ 색칠된 네 개의 도형은 모두 직각이등변삼각형이야. 같은 도형이기 때문에 도형을 이동시켜서 우리가 알고 있는 쉬운 도형으로 바꾼 후 넓이를 구하면 돼.

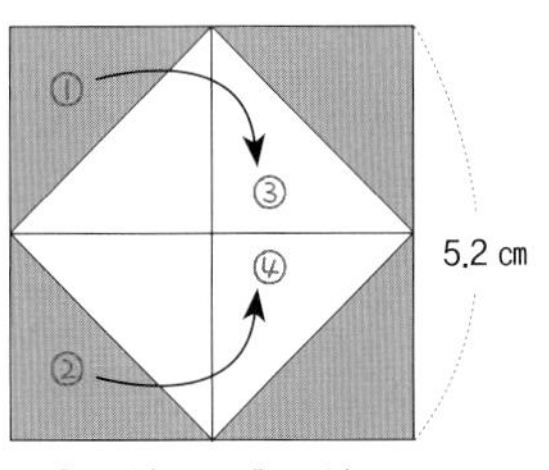

①의 넓이 = ③의 넓이
②의 넓이 = ④의 넓이

도형과 도형이 만나는 점을 이으면 가로선, 세로선이 각각 하나씩 생겨. ①번, ②번 직각삼각형을 ③번과 ④번 위치로 이동시켜 봐. 이동시키는 이유는 직사각형 형태로 단순화 시켜서 넓이를 구할 수 있기 때문이야. 직사각형의 넓이 공식이 가장 단순하기 때문에 도형을 직사각형으로 바꾸면 좋아.

참고로 ①~④도형의 넓이는 모두 같아.

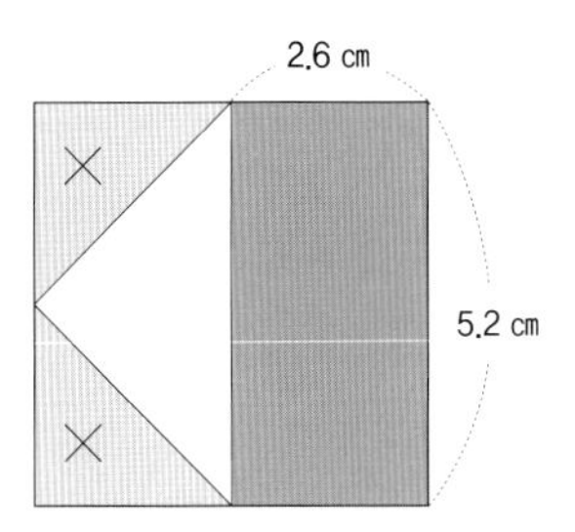

도형을 이동시키면 세로가 5.2 ㎝, 가로가 2.6 ㎝인 직사각형이 새롭게 만들어져. 이제 직사각형의 넓이 공식을 활용해서 넓이를 구하면 돼.

직사각형의 넓이 = (가로) × (세로)
= 2.6 ㎝ × 5.2 ㎝
= 13.52 ㎠

문제 가로, 세로의 길이의 비가 5 : 4인 직사각형이 있습니다.
이 직사각형의 가로의 길이를 $\frac{1}{5}$만큼 늘리고, 세로의 길이를 $\frac{1}{4}$만큼 늘렸더니 넓이가 90 ㎠ 늘어났습니다. 처음 직사각형의 넓이는 몇 ㎠일까요?

답 : ________ ㎠

나만의 준비 공간

문제를 풀 때 필요한 내용, 생각할 것, 중요한 개념 등을 써 보세요.

❶ 문제에서 알 수 있는 정보나 단서는 무엇인지 정리해 봐.

❷ 어떤 도형으로 그리면 좋을지 생각해 봐.

나만의 풀이 공간

아래에 스스로 문제를 해결하여 풀이를 써 보세요.

문제 ㉠가로, 세로의 길이의 비가 5 : 4인 직사각형이 있습니다.
이 직사각형의 가로의 길이를 $\frac{1}{5}$ 만큼 늘리고, 세로의 길이를 $\frac{1}{4}$ 만큼 늘렸더니 넓이가 90 ㎠ 늘어났습니다. 처음 직사각형의 넓이는 몇 ㎠일까요?

답 : 180 ㎠

문제 풀이 기술 적용하기

❶ 가로, 세로의 길이의 비가 5 : 4, 직사각형, 직사각형의 넓이 등이 문제를 해결하는 데 필요한 정보야.

❷ ㉠을 살펴볼까? 가로와 세로의 길이 비를 활용해서 직사각형 그림을 그려야 함을 알 수 있어.

먼저 가로와 세로 비에 맞게 그림을 그려 보자. 가로, 세로의 길이를 단순화해서 나타낸 후 그림을 그리면 다음과 같이 그릴 수 있어. 가로에는 단위넓이가 1 ㎠가 5개씩, 세로에는 4개씩 있지?

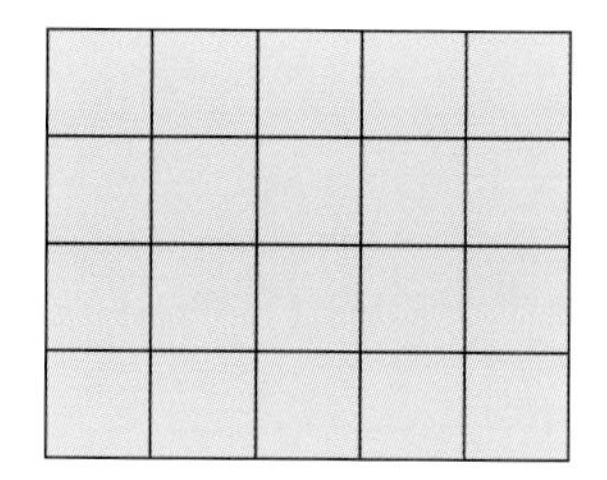

이제 가로의 길이를 $\frac{1}{5}$, 세로의 길이를 $\frac{1}{4}$씩 늘린 후 그림 다시 그리면 다음과 같아.

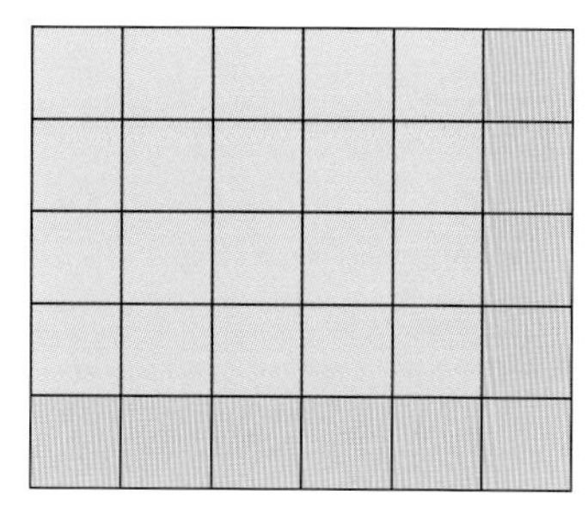

주황색 사각형은 10개이고, 늘어난 넓이가 90 ㎠이므로 90 ㎠ ÷ 10 = 9 ㎠가 돼.
즉, 단순화하기 이전의 단위넓이는 9 ㎠라고 할 수 있어.
처음 넓이는 9 ㎠의 정사각형 20개의 넓이와 같으므로 9 ㎠ × 20 = 180 ㎠이지.

수학
문제 만점의 기술 05

문제에 숨어 있는 조건과 개념을 찾아 해결하기

문제의 숨어 있는 조건을 찾아 해결하는 문제

5학년 1학기 6. 다각형의 둘레와 넓이 ★★★☆☆

문제 사각형ㄱㄴㄷㄹ의 넓이가 231 ㎠이고, 삼각형ㄱㅁㄷ과 삼각형ㄱㄷㄹ은 서로 합동입니다. 점ㅁ이 선분ㄴㄷ을 이등분하는 점일 때, 삼각형ㄱㄷㄹ의 넓이는 얼마인지 구하세요.

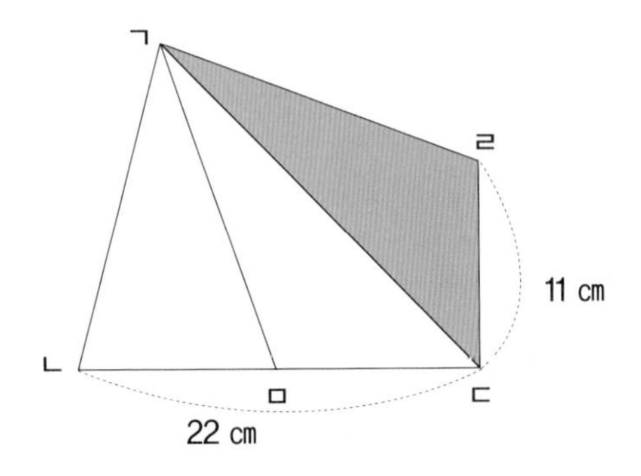

답 : ________ ㎠

나만의 준비 공간

문제를 풀 때 필요한 내용, 생각할 것, 중요한 개념 등을 써 보세요.

❶ 문제에서 알 수 있는 정보나 단서는 무엇인지 정리해 봐.

❷ 삼각형ㄱㄷㄹ의 넓이는 무엇과 관련이 있는지 문제에서 찾아봐.

나만의 풀이 공간

스스로 문제를 해결하여 풀이를 써 보세요.

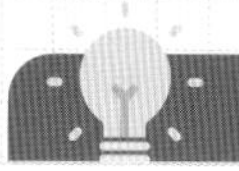

어떻게 풀까요?

문제 사각형ㄱㄴㄷㄹ의 넓이가 231 ㎠이고, 삼각형ㄱㅁㄷ과 삼각형ㄱㄷㄹ은 서로 합동입니다. 점ㅁ이 선분ㄴㄷ을 이등분하는 점일 때, 삼각형ㄱㄷㄹ의 넓이는 얼마인지 구하세요.

❶ 여러 가지 정보가 나올 때는 문제를 문장별로 나누어 읽으며 조건을 확인하는 것이 중요해.

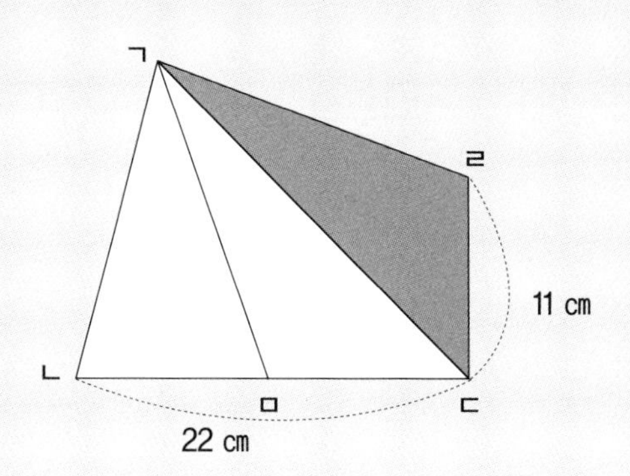

❷ 문제가 복잡해 보일 때는 알고 있는 개념을 먼저 떠올려 봐. 삼각형과 넓이에 대한 문제이니 삼각형의 넓이를 구하는 개념을 떠올려 보면 좋겠지?

답 : 77 ㎠

문제 풀이 기술 적용하기

❶ 점 ㅁ이 선분ㄴㄷ를 이등분하므로 선분ㄴㅁ과 선분ㅁㄷ는 모두 11 ㎝임을 알 수 있어.
삼각형ㄱㄴㅁ과 삼각형ㄱㅁㄷ은 모두 밑변이 11 ㎝이고, 높이가 같으므로 넓이가 같다고 할 수 있어.

❷ 삼각형ㄱㅁㄷ과 삼각형ㄱㄷㄹ은 서로 합동이므로 삼각형ㄱㄴㅁ과 삼각형ㄱㅁㄷ, 삼각형ㄱㄷㄹ은 모두 같은 넓이라고 할 수 있지.
따라서 사각형ㄱㄴㄷㄹ를 3으로 나눈 231 ㎠ ÷ 3 = 77 ㎠가 삼각형ㄱㄷㄹ의 넓이가 돼.

문제 쌓기나무는 정육면체이며 한 모서리의 길이는 3 ㎝입니다. 쌓기나무의 개수가 최소일 때 완성되는 쌓기나무의 부피는 얼마인지 구하세요.

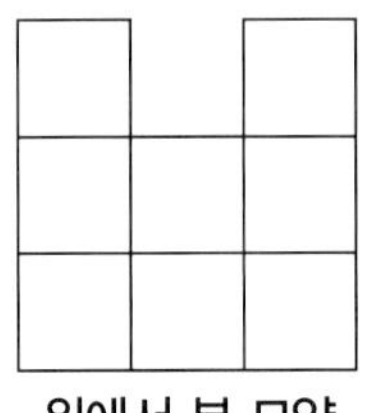

위에서 본 모양

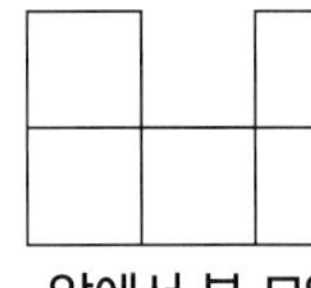

앞에서 본 모양

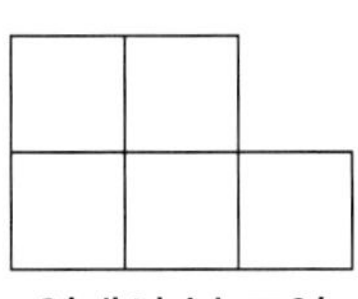

옆에서 본 모양

답 : ________ ㎤

나만의 준비 공간

문제를 풀 때 필요한 내용, 생각할 것, 중요한 개념 등을 써 보세요.

❶ 쌓기나무와 관련된 정보를 정리해 봐.

❷ 어떤 그림을 그려 쌓기나무의 개수를 예상해 볼지 생각해 봐.

❸ 정육면체의 부피를 구하는 방법을 적어 봐.

나만의 풀이 공간

스스로 문제를 해결하여 풀이를 써 보세요.

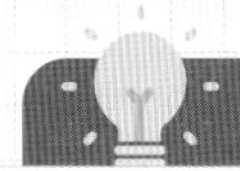

문제 쌓기나무는 정육면체이며 한 모서리의 길이는 3 ㎝입니다. 쌓기나무의 개수가 최소일 때 완성되는 쌓기나무의 부피는 얼마인지 구하세요.

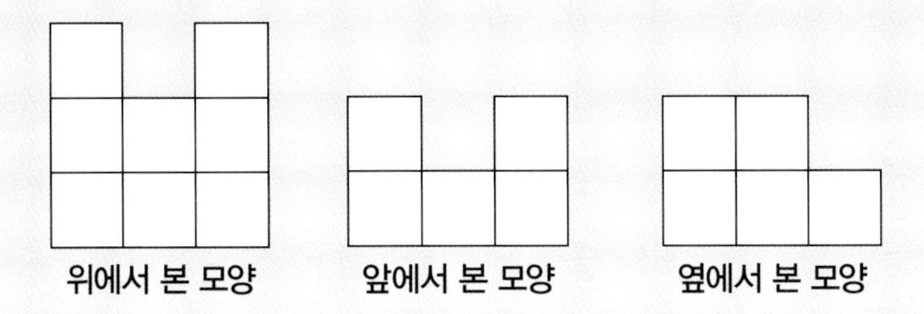

답: 270 ㎤

문제 풀이 기술 적용하기

❶ 쌓기나무는 정육면체이고 한 모서리의 길이가 3 ㎝임을 알 수 있어. 또 쌓기나무의 개수를 제일 적게 사용해서 모양을 만들어야 해.

❷ 위에서 본 모양, 앞에서 본 모양, 옆에서 본 모양을 보고 쌓기나무의 개수를 생각해 보자. 위에서 본 모양의 그림을 활용하면 쉽게 개수를 생각해 볼 수 있어. 먼저 개수가 정확한 칸부터 채우는 거야.

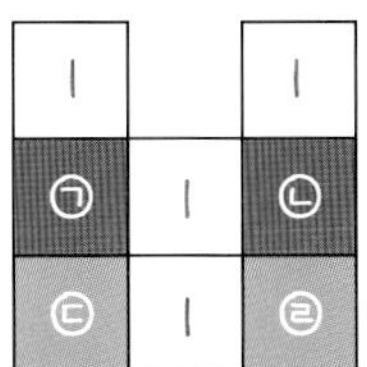

옆에서 본 모양이나 앞에서 본 모양을 다시 한번 확인하며 ㉠, ㉡, ㉢, ㉣에 들어갈 개수를 생각해 봐. 가장 적은 개수를 사용해야 하니까 ㉠이 2개이면 ㉡은 1개만 있어도 되겠지? 만약 ㉢이 1개면 ㉠이나 ㉣은 무조건 2개여야 해. 이러한 관계는 표로 정리하면 개수를 쉽게 확인할 수 있어.

㉠이 ( )개일 때
2
1

→

㉡	㉢	㉣	총
1개	1개	2개	10개
2개	2개	1개	10개

❸ 정육면체 부피를 구하는 방법은 (한 모서리의 길이) × (한 모서리의 길이) × (한 모서리의 길이)이지? 한 모서리는 3 ㎝이니까 쌓기나무 하나의 부피는 27 ㎤야.
따라서 총 10개의 쌓기나무로 만들어진 모양의 부피는 10 × 27 ㎤ = 270 ㎤라고 할 수 있어.

사회
문제 만점의 기술 01

개념을 사회 현상 속에 적용하기

글을 읽고 관련 개념을 찾는 문제

5학년 1학기 2. 인권 존중과 정의로운 사회 ★★★☆☆

(가) 대법 "정면 못 보는 버스 휠체어 공간, ㉠ 위반"

지체장애인 A씨가 B운수회사가 운행하는 광역버스에 탑승했습니다. 장애인 전용 공간에 휠체어를 세워 보지만, 앞뒤 간격이 좁아서 앞쪽이 아닌 옆쪽을 바라볼 수밖에 없습니다.

이에 ㉡휠체어를 탄 장애인이 버스 안에서 옆쪽을 바라보게 한 좌석 구조는 차별 행위라는 대법원 판단이 나왔습니다.

문제1 위 신문 기사에서 ㉠에 들어갈 알맞은 법을 보기에서 찾아 쓰세요.

보기
· 「도로 교통법」
· 「어린이 놀이 시설 안전 관리법」
· 「서작권법」
· 「장애인 차별 금지법」

답 :

문제2 위 신문 기사에 나온 대법원의 판단 ㉡을 읽고, 대법원의 판단이 국민의 기본권 중 무엇과 관계가 있는지 쓰세요.

답 :

나만의 준비 공간

문제를 풀 때 필요한 내용, 생각할 것, 중요한 개념 등을 써 보세요.

❶ 주어진 기사의 사회 문제가 문제인지 파악한 후, 사회 문제와 관련된 법이 무엇인지 생각해야 해.
•기사에 나온 사회 문제:
•사회 문제와 관련된 법은 무엇일까?:

❷ 국민의 기본권에는 무엇이 있는지 떠올려 봐.

❸ 국민의 기본권 중 대법원의 판단 ㉡과 가장 관련이 깊은 기본권은 무엇인지 생각해 봐.

(가) 대법 "정면 못 보는 버스 휠체어 공간, ㉠ 위반"

지체장애인 A씨가 B운수회사가 운행하는 광역버스에 탑승했습니다. 장애인 전용 공간에 휠체어를 세워 보지만, 앞뒤 간격이 좁아서 앞쪽이 아닌 옆쪽을 바라볼 수밖에 없습니다.

이에 ㉡휠체어를 탄 장애인이 버스 안에서 옆쪽을 바라보게 한 좌석 구조는 차별 행위라는 대법원 판단이 나왔습니다.

문제1 위 신문 기사에서 ㉠에 들어갈 알맞은 법을 보기 에서 찾아 쓰세요.

보기
- 「도로 교통법」
- 「어린이 놀이 시설 안전 관리법」
- 「저작권법」
- 「장애인 차별 금지법」

답 : 장애인 차별 금지법

문제2 위 신문 기사에 나온 대법원의 판단 ㉡을 읽고, 대법원의 판단이 국민의 기본권 중 무엇과 관계가 있는지 쓰세요.

답 : 평등권

문제 풀이 기술 적용하기

❶ 보기 에 나온 네 개의 법을 보고 각 법이 어떤 법인지 추론해야 해. '버스'라는 단어를 보면 도로 교통법이라 생각할 수 있지만 이 기사의 핵심은 '장애인 차별 행위'와 관련이 있어.
- 기사에 나온 사회 문제 : 정면 못 보는 버스 휠체어 공간이 문제이다.
- 사회 문제와 관련된 법은 무엇일까? : 장애인은 앞쪽이 아닌 옆쪽을 바라볼 수밖에 없게 하는 것은 장애인 차별 행위이므로 '장애인 차별 금지법'이다.

❷ 헌법에서 보장하는 기본권 다섯 가지는 반드시 암기하고 각 기본권의 예시와 내용을 알고 있어야 해.
→ 평등권, 자유권, 참정권, 청구권, 사회권

❸ ㉡의 핵심은 장애인 차별 행위야. 장애인을 차별하는 것은 기본권 중 평등권에 어긋나겠지? 평등권은 법을 공평하게 적용받아 차별받지 않을 권리를 뜻해.

문제 **다음은 민주 선거의 기본 원칙에 대한 학생들의 발표 내용입니다. 발표 내용에서 찾아볼 수 없는 선거 원칙을 고르세요. (　　　)**

성태: 이번에 우리 형이 만 18세가 되어 국회의원 선거에 투표할 수 있었어.
주영: 부모님이 어떤 후보에게 투표하셨는지 궁금했지만 여쭤보지 않았어.
승협: 사는 지역과 상관없이 모두 한 표씩 투표할 수 있어.
남형: 초등학교 6학년인 우리는 아직 대통령 선거에 투표할 수 없어.

① 보통 선거
② 평등 선거
③ 직접 선거
④ 비밀 선거
⑤ 모두 언급되었다.

나만의 준비 공간

문제를 풀 때 필요한 내용, 생각할 것, 중요한 개념 등을 써 보세요.

❶ 문제를 풀기 위해서 알고 있어야 하는 개념이 무엇인지 적어 봐.

❷ 민주 선거의 기본 원칙 4가지의 정의를 적어 봐.
- 보통 선거:
- 평등 선거:
- 직접 선거:
- 비밀 선거:

❸ 발표 내용과 5개 선택지 ①~⑤를 연결하면서 하나씩 지워 봐.

문제 다음은 민주 선거의 기본 원칙에 대한 학생들의 발표 내용입니다. 발표 내용에서 찾아볼 수 없는 선거 원칙을 고르세요. (③)

성태: 이번에 우리 형이 만 18세가 되어 국회의원 선거에 투표할 수 있었어.
주영: 부모님이 어떤 후보에게 투표하셨는지 궁금했지만 여쭤보지 않았어.
승협: 사는 지역과 상관없이 모두 한 표씩 투표할 수 있어.
남형: 초등학교 6학년인 우리는 아직 대통령 선거에 투표할 수 없어.

❶ 발표 내용이 각각 어떤 선거 원칙과 관련이 있는지 알아야 해.

① 보통 선거
② 평등 선거
③ 직접 선거
④ 비밀 선거
⑤ 모두 언급되었다.

발표 내용에 있는 선거 원칙을 선택지에서 하나씩 지워.

문제 풀이 기술 적용하기

❶ 민주 선거의 기본 원칙 네 가지의 정의를 알고 있어야 해.

❷ 각 보기의 정의는 다음과 같아.
- 보통 선거: 선거일 기준으로 만 18세 이상의 국민이면 누구나 투표할 수 있다.
- 평등 선거: 누구나 한 사람이 한 표씩만 행사할 수 있다.
- 직접 선거: 투표는 자신이 직접 해야 한다.
- 비밀 선거: 누구에게 투표했는지 다른 사람이 알 수 없다.

❸ 보통 선거, 비밀 선거, 평등 선거에 대한 발표 내용은 있지만 직접 선거에 대한 내용은 등장하지 않아.

발표 내용		선거 원칙
성태: 이번에 우리 형이 만 18세가 되어 국회의원 선거에 투표할 수 있었어. 남형: 초등학교 6학년인 우리는 아직 대통령 선거에 투표할 수 없어.	➡	보통 선거
주영: 부모님이 어떤 후보에게 투표하셨는지 궁금했지만 여쭤보지 않았어.	➡	비밀 선거
승협: 사는 지역과 상관없이 모두 한 표씩 투표할 수 있어.	➡	평등 선거

사회
문제 만점의 기술 02

지도가 표현하려는 내용 확인하기

지도에 실린 정보와 배운 내용을 함께 생각하는 문제

5학년 1학기 1. 국토와 우리 생활 ★★☆☆☆

문제 다음은 위의 지도와 관련한 노트 필기입니다. ㉠~㉤ 중 바르지 않은 부분을 찾아 바르게 고치세요.

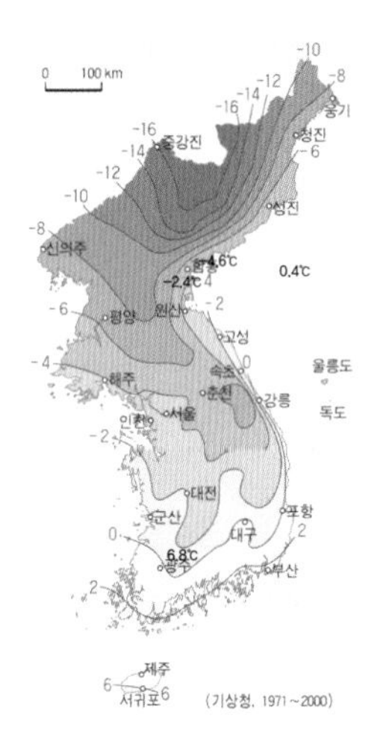

사회 노트	○월 ○일
〈우리나라 기온의 특징〉	
지도의 특징	㉠ 등온선으로 기온이 같은 곳을 연결한 기후도
	㉡ 우리나라 1월 평균 기온 나타냄
지도를 보고 알 수 있는 것	㉢ 남쪽과 북쪽 지방의 기온 차이 작음
	㉣ (이유: 우리나라가 남북으로 길게 뻗어 있기 때문)
	㉤ 서해안보다 동해안의 평균 기온 ↑
	(이유: 북서풍을 막아 주는 태백산맥, 수심 깊은 동해 때문)

바르지 않은 부분 : ____________________

바르게 고친 부분 : ____________________

나만의 준비 공간

문제를 풀 때 필요한 내용, 생각할 것, 중요한 개념 등을 써 보세요.

❶ 노트 필기의 제목을 살펴보며 지도에 어떤 정보가 나타나 있는지 파악해.

❷ 지도에 표시된 선과 색은 무엇을 의미할까?
- 지도에 표시된 선의 의미:
- 지도에 표시된 색의 의미:

❸ 지도에서 읽은 내용과 수업 시간에 배운 내용을 함께 생각하며 선택지를 살펴야 해. 틀린 내용을 표시하고 바르게 고쳐 봐.

문제 다음은 위의 지도와 관련한 노트 필기입니다. ㉠~㉤ 중 바르지 않은 부분을 찾아 바르게 고치세요.

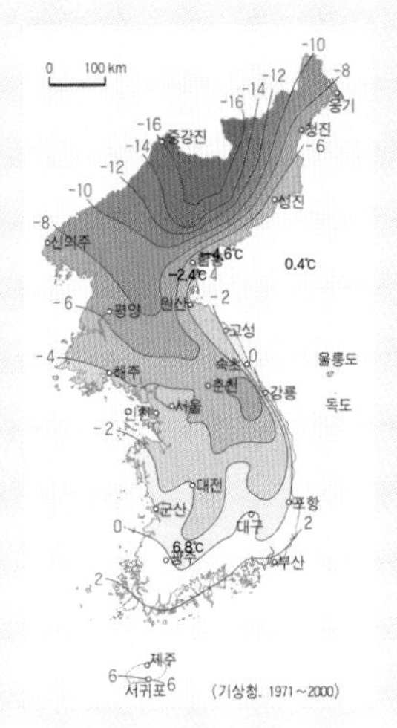

사회 노트	○월 ○일
〈우리나라 기온의 특징〉	
지도의 특징	㉠ 등온선으로 기온이 같은 곳을 연결한 기후도
	㉡ 우리나라 1월 평균 기온 나타냄
지도를 보고 알 수 있는 것	㉢ 남쪽과 북쪽 지방의 기온 차이 작음
	㉣ (이유: 우리나라가 남북으로 길게 뻗어 있기 때문)
	㉤ 서해안보다 동해안의 평균 기온 ↑
	(이유: 북서풍을 막아 주는 태백산맥, 수심 깊은 동해 때문)

바르지 않은 부분 : ㉢

바르게 고친 부분 : 남쪽과 북쪽 지방의 기온 차이 큼

문제 풀이 기술 적용하기

❶ 노트 필기의 제목을 살펴봐. '우리나라 기온의 특징'을 정리했으므로 지도에는 우리나라의 기온에 대한 정보가 나타나 있음을 파악해야 해.

❷ 우리나라 기온의 특징을 파악하기 위해 지도에서 어떤 정보를 읽어야 할지 생각해 봐.
지도에 표시된 선은 같은 기온을 연결한 선인 등온선이야. 지도에 표시된 색은 등온선으로 나뉜 지역 기온을 색으로 표시하고, 푸른색일수록 기온이 낮다는 것을 의미해.

❸ 전체적인 기온이 낮은 것을 보니 우리나라의 겨울 평균 기온을 나타내고 있다는 것을 파악할 수 있어.
남쪽과 북쪽의 색깔 차이가 크다는 것은 기온 차이가 크다는 뜻이야. 이는 우리나라가 남북으로 길게 뻗어 있기 때문이라는 내용을 함께 생각할 수 있어야 해.
인천과 강릉 기온을 찾아봐. 같은 위도라도 서해안보다 동해안의 기온이 더 높다는 것을 알 수 있어. 차가운 북서풍을 막아 주는 태백산맥과 수심이 깊은 동해의 영향으로 동해안의 겨울 기온은 서해안보다 높은 편이야.

문제 **다음 지도를 보고 대화를 완성하세요.**

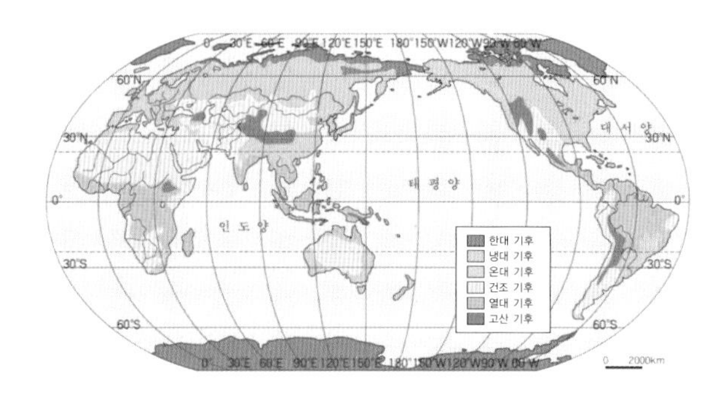

주영: 적도에서 극지방으로 갈수록 기온이 점차 ㉠**(낮아/높아)**져.

윤희: ㉡**(온대/건조)**기후는 위도 20°일대와 바다에서 멀리 떨어진 곳에 나타나.

승협: 남극대륙에서는 주로 ㉢**(한대/냉대)** 기후가 나타나는 것을 알 수 있어.

휘경: 위도가 아닌 해발 고도에 영향을 받는 ㉣**(고산/열대)** 기후도 나타나 있네!

나만의 준비 공간

문제를 풀 때 필요한 내용, 생각할 것, 중요한 개념 등을 써 보세요.

❶ 지도와 연관된 기초적인 개념은 무엇이 있었는지 떠올려 봐.

❷ 지도의 범례를 보고 어떤 것에 대한 지도인지 생각해 봐.

❸ 지도를 보고 알 수 있는 정보를 정리해 봐.

문제 다음 지도를 보고 대화를 완성하세요.

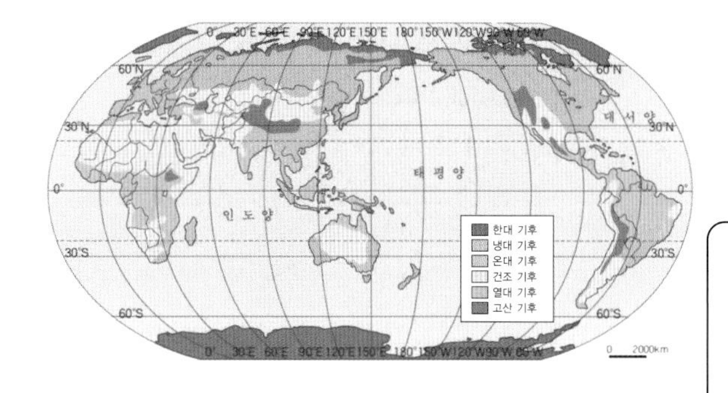

❶
위도 표시, 범례 등은 지도에 담긴 내용을 확인하는 길잡이야. 범례를 살펴보면 힌트를 얻을 수 있어.

주영: 적도에서 극지방으로 갈수록 기온이 점차 ㉠(**낮아**/**높아**)져.

윤희: ㉡(**온대**/**건조**)기후는 위도 20°일대와 바다에서 멀리 떨어진 곳에 나타나.

승협: 남극대륙에서는 주로 ㉢(**한대**/**냉대**) 기후가 나타나는 것을 알 수 있어.

휘경: 위도가 아닌 해발 고도에 영향을 받는 ㉣(**고산**/**열대**) 기후도 나타나 있네!

문제 풀이 기술 적용하기

❶ 위도, 적도, 경도
위도란 적도를 기준으로 북쪽 또는 남쪽으로 얼마나 떨어져 있는지 나타내는 위치야.
적도는 위도 0°인 곳을 말해.
경도는 영국의 옛 그리니치 천문대를 기준으로 동쪽과 서쪽을 표시하는 선이야.

❷ 지도의 범례는 지도에 쓰인 기호와 그 뜻을 나타내는 것을 말해. 위 지도에서는 지도 위에 네모 박스 속 색과 낱말이 범례가 돼. 지도의 범례를 보면 한대 기후, 냉대 기후, 온대 기후, 건조 기후, 열대 기후, 고산 기후를 나타내는 지도임을 알 수 있어.

❸ 적도에서 극지방으로 갈수록 열대 기후보다 한대 기후가 많아진다: 기온이 점차 낮아지는 것을 추측할 수 있어.
위도 20° 일대는 노란색이 많다. 바다와 멀리 떨어진 내륙지역도 노란색이다: 범례를 보면 노란색이 건조 기후라는 것을 알 수 있어.
남극대륙은 남쪽으로 가장 아래에 있는 대륙이고, 파란색으로 칠해져 있다: 남극대륙에서는 주로 한대 기후가 나타남을 알 수 있어.
고산 기후는 위도와 상관없이 나타난다: 지도에서 색칠된 부분 중 위도의 영향을 많이 받지 않는 부분과 문제의 '해발 고도'라는 단어를 살펴보면 고산 기후임을 알 수 있어.

원인과 결과를 연결하기

시간 순으로 배열하여 사실을 파악하는 문제

5학년 2학기 2. 사회의 새로운 변화와 오늘날의 우리 

문제 조선의 건국 과정과 관련한 설명으로 옳지 않은 것을 고르세요. (   )

① 토지 제도를 개혁하여 농민 생활을 안정시키고자 했다.
② 고려 말 권문세족의 횡포로 나라 안팎이 혼란스러웠다.
③ 명이 고려에 북쪽 땅의 일부를 내어 놓으라는 요구를 했다.
④ 신진 사대부와 신흥 무인 세력이 모두 힘을 합쳐 조선을 건국했다.
⑤ 이성계가 요동으로 가는 도중 위화도에서 군대를 되돌려 권력을 잡았다.

나만의 준비 공간

아래에 문제를 풀 때 필요한 내용, 생각할 것, 중요한 개념 등을 써 보세요.

❶ 조선의 건국이라는 결과와 관련된 시대적 배경과 사건을 떠올려 봐.

❷ 고려 말의 상황을 빈칸을 채우며 원인과 결과로 정리해 봐.

원인:

결과: 신진 사대부와 신흥 무인 세력이 생겨남.

원인: 신진 사대부와 신흥 무인 세력이 생겨남.

결과: 신진 사대부와 신흥 무인 세력의 일부가 손을 잡음.

원인: 신진 사대부와 신흥 무인 세력의 일부가 손을 잡음.

결과:

❸ 이성계가 권력을 잡게 된 과정을 원인과 결과로 정리해봐.

원인: 명이 북쪽 땅의 일부를 요구함.

결과: 왕이 이성계에게 요동 지역을 공격하게 하였으나 이성계는 이를 반대함.

원인:

결과:

원인:

결과: 권력을 잡은 후 토지 제도 개혁 등 사회를 개혁하고자 하였으나 신진 사대부의 의견이 서로 다름.

➡

➡

원인: 권력을 잡은 후 토지 제도 개혁 등 사회를 개혁하고자 하였으나 신진 사대부의 의견이 서로 다름.

결과:

원인:

결과: 조선을 건국함.

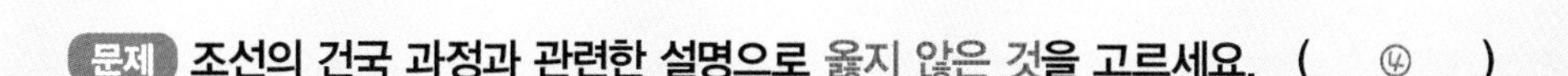

문제 조선의 건국 과정과 관련한 설명으로 옳지 않은 것을 고르세요. (④)

① 토지 제도를 개혁하여 농민 생활을 안정시키고자 했다.
② 고려 말 권문세족의 횡포로 나라 안팎이 혼란스러웠다.
③ 명이 고려에 북쪽 땅의 일부를 내어 놓으라는 요구를 했다.
④ 신진 사대부와 신흥 무인 세력이 모두 힘을 합쳐 조선을 건국했다.
⑤ 이성계가 요동으로 가는 도중 위화도에서 군대를 되돌려 권력을 잡았다.

문제 풀이 기술 적용하기

❶ 조선의 건국이라는 결과와 관련된 시대적 배경과 사건을 떠올려 봐. '조선의 건국'이라는 하나의 결과에 여러 가지 상황과 사건이 있음을 파악할 수 있어야 해.

❷ 고려 말의 상황을 떠올리며 원인과 결과를 정리해.

원인: 외적의 침입, 권문세족의 횡포로 나라 안팎이 혼란함.		
결과: 신진 사대부와 신흥 무인 세력이 생겨남.	원인: 신진 사대부와 신흥 무인 세력이 생겨남.	
	결과: 신진 사대부와 신흥 무인 세력의 일부가 손을 잡음.	원인: 신진 사대부와 신흥 무인 세력의 일부가 손을 잡음.
		결과: 함께 고려 사회의 문제를 해결하고자 함.

❸ 이성계가 권력을 잡게 된 과정을 원인과 결과로 정리해 봐. ❷에서 살펴본 신진 사대부와 신흥 무인 세력의 관계를 생각하며 사건의 흐름을 살펴.

원인: 명이 북쪽 땅의 일부를 요구함.		
결과: 왕이 이성계에게 요동 지역을 공격하게 하였으나 이성계는 이를 반대함.	원인: 왕이 이성계에게 요동 지역을 공격하게 하였으나 이성계는 이를 반대함.	
	결과: 위화도에서 군대를 돌려 돌아와 반대파를 물리침.	원인: 위화도에서 군대를 돌려 돌아와 반대파를 물리침.
		결과: 권력을 잡은 후 토지 제도 개혁 등 사회를 개혁하고자 하였으나 신진 사대부의 의견이 서로 다름.

원인: 권력을 잡은 후 토지 제도 개혁 등 사회를 개혁하고자 하였으나 신진 사대부의 의견이 서로 다름.	
결과: 이성계의 아들인 이방원이 정몽주를 죽이고 이성계를 중심으로 한 세력이 권력을 잡음.	원인: 이성계의 아들인 이방원이 정몽주를 죽이고 이성계를 중심으로 한 세력이 권력을 잡음.
	결과: 조선을 건국함.

문제 다음 중 4·19 혁명의 원인을 고르세요. (   )

① 이승만이 대통령 자리에서 물러났다.
② 이승만 정부가 3·15 부정 선거를 통해 선거에서 이겼다.
③ 광복 3주년에 대한민국 정부가 수립되었다.
④ 이승만이 초대 대통령으로 선출되었다.
⑤ 모스크바 3국 외상 회의에서 신탁 통치가 결정되었다.

나만의 준비 공간

문제를 풀 때 필요한 내용, 생각할 것, 중요한 개념 등을 써 보세요.

❶ 4·19 혁명이 원인인지, 결과인지 살펴봐.

❷ 사건이 일어난 순서대로 선택지를 정리해 봐.

❸ 원인과 결과가 연결되도록 아래의 표에 정리해 봐.

원인:	
결과:	원인:
	결과:

문제 다음 중 4·19 혁명의 원인을 고르세요. (②)

① 이승만이 대통령 자리에서 물러났다.
② 이승만 정부가 3·15 부정 선거를 통해 선거에서 이겼다.
③ 광복 3주년에 대한민국 정부가 수립되었다.
④ 이승만이 초대 대통령으로 선출되었다.
⑤ 모스크바 3국 외상 회의에서 신탁 통치가 결정되었다.

❶ 원인을 찾는 문제인지, 결과를 찾는 문제인지 살펴봐.

문제 풀이 기술 적용하기

❶ 4·19 혁명은 결과이기 때문에 문제의 선택지에서 그 원인을 찾아야 해.

❷ 원인이나 결과를 찾는 문제는 시간 순으로 배열하면 문제 풀이에 도움이 돼. 위의 ③, ④, ⑤번은 ①, ②번보다 먼저 일어났어. 제2차 세계 대전의 결과 광복을 맞이하고 이후 모스크바 3국 외상 회의에서 신탁 통치가 결정되자 사람들 사이에 갈등이 일어났어. 남북한 총선거를 실시하려 하였으나 남한에서만 총선거가 실시되었고 이승만이 초대 대통령이 돼. 그리고 광복 3주년을 맞는 1948년 8월 15일에 대한민국 정부가 수립되었어. ③, ④, ⑤번은 4·19 혁명보다 시간 순으로 앞서지만 4·19 혁명의 직접적인 원인이라고 보기 어려워. 시간의 흐름대로 사건을 나열할 때 먼저 일어난 사건이 무조건 후에 일어나는 사건의 원인이 되지는 않아. 그래서 ①, ②번이 4·19 혁명과 직접 관련이 있는 선택지야.

❸ 계속 대통령이 되어 독재 정치를 이어가려는 이승만 정부의 3·15 부정 선거에 시민들이 항의하였고 고등학생 김주열의 죽음으로 시위가 더욱 확산되었어.

원인: 이승만 정부가 3·15 부정 선거를 통해 선거에서 이김.	
결과: 시민들이 이승만 정부에 항의하는 시위를 함.	**원인:** 시민들이 이승만 정부에 항의하는 시위를 함.
	결과: 이승만이 대통령 자리에서 물러났다.

자료와 사회 개념 연결하기

그래프와 지도 자료를 함께 해석하는 문제

5학년 1학기 1. 국토와 우리 생활 ★★★☆☆

다음은 우리나라 강수량과 관련된 그래프와 지도 자료입니다. 아래 물음에 답하세요.

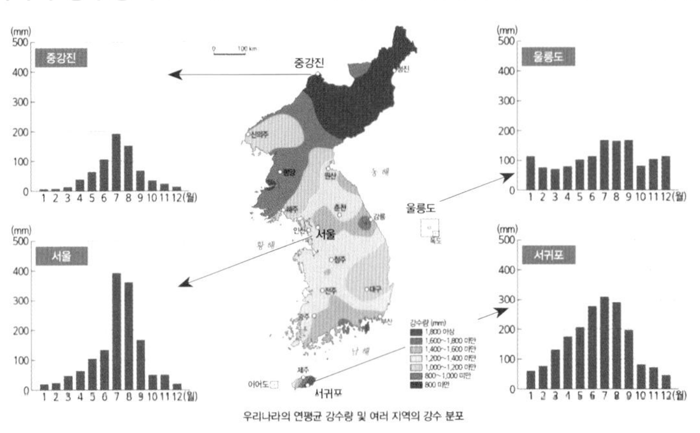

우리나라의 연평균 강수량 및 여러 지역의 강수 분포

출처: 기상청. 한국 기후도(1981~2010), 북한 기후표(1981~2010)

문제1 위 그래프와 지도를 통해 알 수 있는 사실을 쓰세요.

· (　　　　　　)는 다른 지역에 비해 일 년 내내 강수량이 고르게 나타납니다.

· 우리나라의 연평균 강수량의 절반 이상이 사계절 중 (　　　　　　)에 집중됩니다.

문제2 우리나라 강수량의 특징에 대한 설명으로 알맞지 않은 것은 어느 것인가요? (　　)

① 제주도와 영동 지방, 울릉도 등의 지역은 겨울에도 강수량이 많은 편이다.
② 대체로 남부 지방이 북부 지방보다 강수량이 많다.
③ 가뭄에 대비하기 위해서 저수지를 만들었다.
④ 겨울에 눈이 많이 내리는 울릉도에서는 외벽인 우데기를 설치했다.
⑤ 연평균 강수량은 남쪽에서 북쪽으로 갈수록 늘어난다.

나만의 준비 공간

아래에 문제를 풀 때 필요한 내용, 생각할 것, 중요한 개념 등을 써 보세요.

❶ 그래프의 가로축과 세로축이 무엇을 뜻하는지 생각해 봐.
　•가로축:　　　　　　•세로축:

❷ 지도의 제목과 범례를 확인한 후 지도의 색깔이 파란색에 가까운 지역은 어떤 특징이 있는지 생각해 봐.

❸ 네 개의 그래프의 공통점은 무엇이 있는지 생각해 봐.

다음은 우리나라 강수량과 관련된 그래프와 지도 자료입니다. 아래 물음에 답하세요.

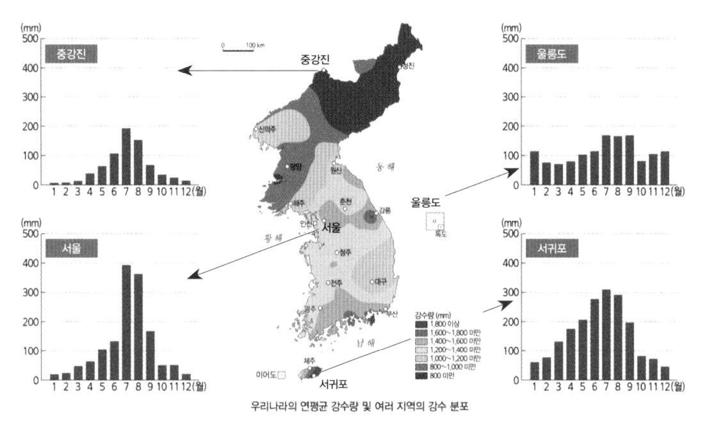

우리나라의 연평균 강수량 및 여러 지역의 강수 분포

출처: 기상청. 한국 기후도(1981~2010), 북한 기후표(1981~2010)

문제1 **위 그래프와 지도를 통해 알 수 있는 사실을 쓰세요.**

· (울릉도)는 다른 지역에 비해 일 년 내내 강수량이 고르게 나타납니다.

· 우리나라의 연평균 강수량의 절반 이상이 사계절 중 (여름)에 집중됩니다.

문제2 **우리나라 강수량의 특징에 대한 설명으로 알맞지 않은 것은 어느 것인가요? (⑤)**

① 제주도와 영동 지방, 울릉도 등의 지역은 겨울에도 강수량이 많은 편이다.
② 대체로 남부 지방이 북부 지방보다 강수량이 많다.
③ 가뭄에 대비하기 위해서 저수지를 만들었다.
④ 겨울에 눈이 많이 내리는 울릉도에서는 외벽인 우데기를 설치했다.
⑤ 연평균 강수량은 남쪽에서 북쪽으로 갈수록 늘어난다.

문제 풀이 기술 적용하기

❶ 그래프를 볼 때 가장 중요한 건 가로축과 세로축이 무엇을 뜻하는지 파악하는 거야.
•가로축 : 월 •세로축 : 강수량
주어진 네 그래프는 1년 동안의 해당 지역 강수량을 막대그래프로 보여주고 있어.

❷ 지도를 볼 때 가장 중요한 건 지도의 제목과 범례를 확인해야 해. 지도의 제목이 연평균 강수량 및 여러 지역의 강수 분포이므로, 1년 동안 여러 지역의 강수 분포를 지도에 표시했다는 걸 알아야 해. 지도의 색깔이 파란색에 가까워질수록 연평균 강수량이 많다는 걸 뜻해.

❸ 그래프를 읽을 때 중요한 건 가장 큰 값(최대)과 가장 작은 값(최소)를 찾는 거야. 네 그래프 모두 7~8월의 강수량이 가장 많다는 걸 알 수 있지? 또 겨울에 비가 적게 오는 걸 알 수 있어. 연평균 강수량은 남쪽에서 북쪽으로 갈수록 줄어들어. 지도의 색깔이 파란색에 가까워질수록 연평균 강수량이 많다는 뜻인 거 알지?

문제 다음 두 그래프를 보고 해석한 내용 중 알맞은 것을 고르세요. (　　　)

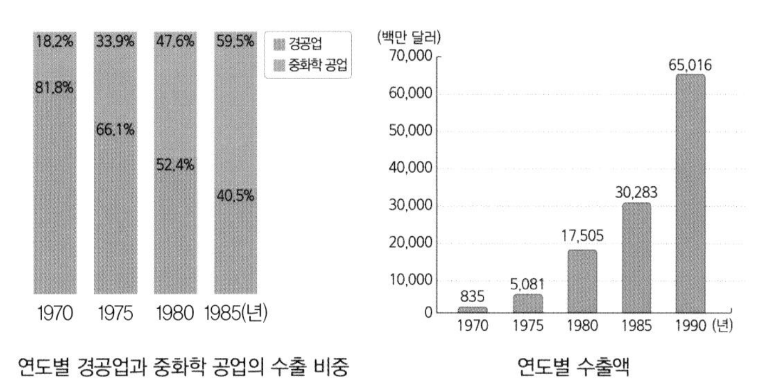

연도별 경공업과 중화학 공업의 수출 비중　　　연도별 수출액

출처: 한국 무역 협회, 2017

① 1970년 이후 경공업이 차지하는 수출 비중이 중화학 공업이 차지하는 수출 비중보다 높다.
② 중화학 공업이 차지하는 수출 비중이 경공업보다 많아지기 시작한 년도는 1980년이다.
③ 연도별 수출액이 급격하게 증가한 이유는 경공업에서 중화학 공업 중심으로 산업 구조가 바뀌었기 때문이다.
④ 농업 생산량이 늘어남에 따라 연도별 수출액이 늘어났다.
⑤ 1990년대의 연도별 수출액이 높은 이유는 신발, 가방 등의 물품이 많이 팔렸기 때문이다.

나만의 준비 공간

문제를 풀 때 필요한 내용, 생각할 것, 중요한 개념 등을 써 보세요.

❶ 연도별 경공업과 중화학 공업의 수출 비중 그래프의 범례는 무엇을 뜻하는지 생각해 봐.

❷ 연도별 수출액 그래프의 가로축과 세로축이 무엇을 뜻하는지 생각해 봐.
•가로축:　　　　　•세로축:

❸ 첫 번째 그래프에서 경공업과 중화학 공업의 비중이 바뀌기 시작하는 시기는 언제인지 찾아봐.

❹ 두 번째 그래프에서 1985년 이후에 갑자기 연도별 수출액이 급증한 이유가 무엇인지 생각해 봐.

문제 다음 두 그래프를 보고 해석한 내용 중 알맞은 것을 고르세요. (③)

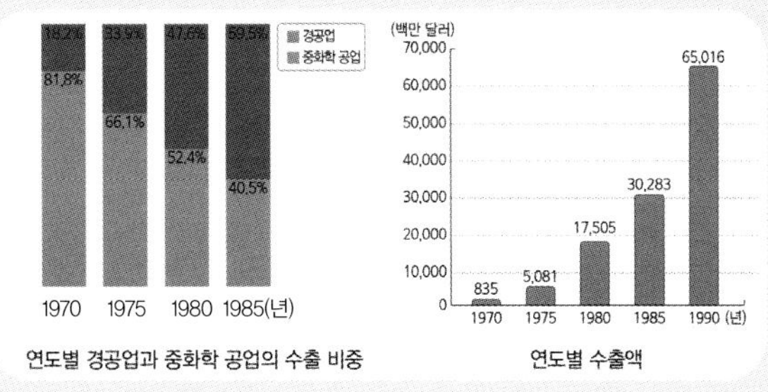

연도별 경공업과 중화학 공업의 수출 비중 / 연도별 수출액

출처: 한국 무역 협회, 2017

① 1970년 이후 경공업이 차지하는 수출 비중이 중화학 공업이 차지하는 수출 비중보다 높다.
② 중화학 공업이 차지하는 수출 비중이 경공업보다 많아지기 시작한 년도는 1980년이다.
③ 연도별 수출액이 급격하게 증가한 이유는 경공업에서 중화학 공업 중심으로 산업 구조가 바뀌었기 때문이다.
④ 농업 생산량이 늘어남에 따라 연도별 수출액이 늘어났다.
⑤ 1990년대의 연도별 수출액이 높은 이유는 신발, 가방 등의 물품이 많이 팔렸기 때문이다.

문제 풀이 기술 적용하기

❶ 첫 번째 그래프의 범례는 경공업, 중화학 공업을 나타내고 있어. 이 두 공업의 비중이 연도에 따라 어떻게 변하고 있는지를 파악해야 해.

❷ 두 번째 그래프의 가로축과 세로축을 파악하는 것은 중요해.
- 가로축 : 년도
- 세로축 : 수출액

시간이 지남에 따라 수출액이 증가하고 있지? 하지만 더 중요한 건 1985년 이후에 갑자기 수출액이 급증했다는 거야. 급증한 이유가 무엇인지를 첫 번째 그래프와 연결해서 생각해야 해.

❸ 범례를 확인하고, 그래프에 나와 있는 색과 % 수치를 활용해서 경공업과 중화학 공업의 비중이 바뀌기 시작하는 시기를 찾아보면 1985년이야. 범례가 두 개이므로 둘 중 하나가 50%를 넘으면 비중이 바뀌었다고 볼 수 있어.

❹ 1985년 이후에 연도별 수출액이 급증한 건 경공업의 비중이 낮아지고 중화학 공업의 비중이 높아졌기 때문인 걸 두 그래프를 활용하면 알 수 있어.

문제 풀이하기

❶ 첫 번째 그래프를 보면 시간이 지날수록 경공업이 차지하는 비중은 줄고 중화학 공업의 비중이 늘어남을 알 수 있어.

❷ 첫 번째 그래프에서 경공업이 중화학 공업의 비중보다 줄어드는 구간은 1985년이야. 경공업의 비중이 50%보다 높지 않을 때를 찾으면 돼.

❸ 중화학 공업의 수출 비중이 늘어남에 따라 연도별 수출액이 많아짐을 알 수 있어. 즉 연도별 수출액이 급격하게 증가한 이유는 경공업 중심의 산업에서 중화학 공업 중심으로 산업 구조가 바뀌었기 때문이야.

❹ 공업을 다루고 있는 그래프이기 때문에 농업 생산량이 연도별 수출액에 영향을 줬는지 알 수 없어.

❺ 신발, 가방은 경공업의 대표적인 예이기 때문에 틀렸어.

사회
문제 만점의 기술 05

시대와 시대의 역사적 특징 떠올리기

사료와 사료에 대한 설명글을 연결하는 문제

5학년 2학기 2. 사회의 새로운 변화와 오늘날의 우리 

문제 아래와 같은 지도 제작에 영향을 준 사건을 모두 고르세요. (　　　)

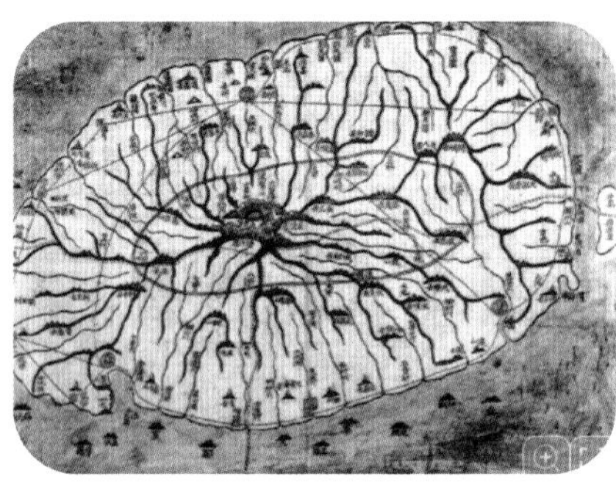

출처: 국가문화유산포털

"세상이 어지러우면
이 지도로 쳐들어오는 적을 막아
거칠고 사나운 무리를 제거하고,

시절이 평화로우면
이 지도를 나라를 경영하고
백성을 다스리는 데 사용한다."

「지도유설」 중에서

이 지도는 실학에 관심이 많은 김정호가 만든 지도로, 목판으로 찍어 내었습니다. 우리나라 전체의 모습을 남북으로 22개 층으로 나누어 제작되었으며, 또한 여러 시설을 기호로 표시했다는 특징이 있습니다. 예를 들면 관아, 창고, 역참, 산성 등을 기호로 표시하여 사람들이 실생활에서 편리하게 쓸 수 있다는 특징이 있습니다. 이 지도는 아주 큰 크기이기 때문에 지도의 각 부분은 분리되고, 이동 시 필요한 부분만 갖고 다닐 수 있는 편리함을 갖추어 사람들에게 좋은 평가를 얻기도 하였습니다.

① 임진왜란　② 갑신정변　③ 임오군란
④ 병자호란　⑤ 갑오개혁

나만의 준비 공간

문제를 풀 때 필요한 내용, 생각할 것, 중요한 개념 등을 써 보세요.

❶ 이 지도가 어떤 지도일지 예상할 수 있는 단서를 찾아봐.

❷ 이 지도가 만들어진 이유가 무엇일지 글을 보고 유추해 봐.

❸ 이 지도가 만들어진 이유에 영향을 준 사건이 무엇일지 선택지를 보고 생각해 봐.

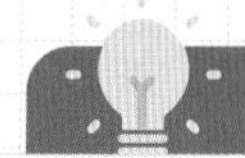

문제 아래와 같은 지도 제작에 영향을 준 사건을 모두 고르세요. (①, ④)

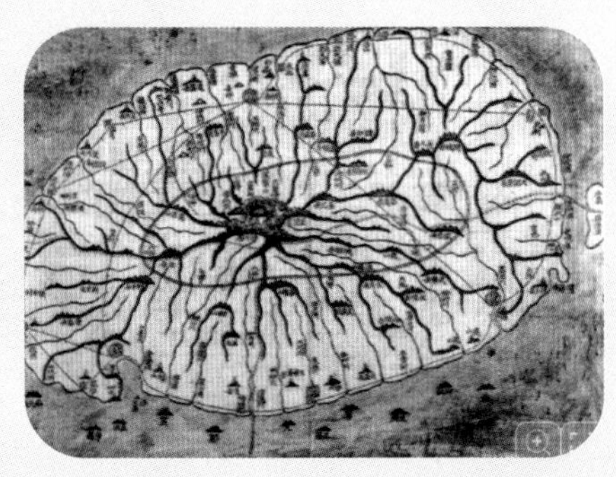
출처: 국가문화유산포털

"세상이 어지러우면
이 지도로 쳐들어오는 적을 막아
거칠고 사나운 무리를 제거하고,

시절이 평화로우면
이 지도를 나라를 경영하고
백성을 다스리는 데 사용한다."
「지도유설」 중에서

이 지도는 실학에 관심이 많은 김정호가 만든 지도로, 목판으로 찍어 내었습니다. 우리나라 전체의 모습을 남북으로 22개 층으로 나누어 제작되었으며, 또한 여러 시설을 기호로 표시했다는 특징이 있습니다. 예를 들면 관아, 창고, 역참, 산성 등을 기호로 표시하여 사람들이 실생활에서 편리하게 쓸 수 있다는 특징이 있습니다. 이 지도는 아주 큰 크기이기 때문에 지도의 각 부분은 분리되고, 이동 시 필요한 부분만 갖고 다닐 수 있는 편리함을 갖추어 사람들에게 좋은 평가를 얻기도 하였습니다.

① 임진왜란　② 갑신정변　③ 임오군란
④ 병자호란　⑤ 갑오개혁

문제 풀이 기술 적용하기

❶ 이 지도를 설명하는 글이나 지도의 생김새를 살펴보면 대동여지도를 설명하고 있음을 알 수 있어.

❷ 대동여지도를 만든 사람이 실학에 관심이 많은 김정호라는 것을 글을 통해 알 수 있지? 김정호는 실생활에 필요한 것을 연구하는 학문인 실학에 관심이 많았어. 이는 설명하는 글에 나온 '실생활에서 편리하게 쓸 수 있다.', '편리함'이라는 부분을 보고 실학의 영향을 받았다고 유추할 수도 있어.

❸ 실학이 등장하게 된 이유는 임진왜란과 병자호란을 겪은 이후 백성의 생활이 어려워진 상황에서, 기존의 학문이 사회나 생활의 문제를 해결할 방법을 제시하지 못했기 때문이야. 따라서 실생활에서 유용하게 활용되는 지도 제작에 영향을 끼친 사건은 '임진왜란'과 '병자호란'이야.

문제 아래 사진과 관련이 있는 민주화 운동의 결과로 바른 것은? (   )

▲ 마산에서 일어난 부정 선거 비판 시위

출처: 민주화운동기념사업회

① 3·15 부정 선거가 일어났다.
② 5·18 민주화 운동이 일어났다.
③ 정부가 시위를 평화롭게 해산시켰다.
④ 재선거가 시행되어 새로운 정부가 세워졌다.
⑤ 민주주의에 대한 국민의 관심이 줄어들었다.

나만의 준비 공간

문제를 풀 때 필요한 내용, 생각할 것, 중요한 개념 등을 써 보세요.

❶ 사진을 살펴보며 사진과 관련이 있는 민주화 운동이 무엇인지 생각해 봐.

•사진과 관련이 있는 민주화 운동:

•그렇게 생각한 까닭:

❷ 위에서 생각한 민주화 운동과 관련된 원인과 결과를 떠올려 모두 적어 봐.

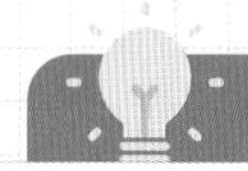

어떻게 풀까요?

문제 아래 사진과 관련이 있는 민주화 운동의 결과로 바른 것은? (④)

▲ 마산에서 일어난 부정 선거 비판 시위

출처: 민주화운동기념사업회

① 3·15 부정 선거가 일어났다.
② 5·18 민주화 운동이 일어났다.
③ 정부가 시위를 평화롭게 해산시켰다.
④ 재선거가 시행되어 새로운 정부가 세워졌다.
⑤ 민주주의에 대한 국민의 관심이 줄어들었다.

문제 풀이 기술 적용하기

❶ 사진 안의 글씨나 사진 아래의 설명글을 읽으면 사진 속 상황을 파악하는 데 도움이 돼. 사진과 관련이 있는 민주화 운동은 4·19 혁명이야. 이는 사진 속 인물이 들고 있는 '선거'라고 쓰인 플래카드, 설명문의 '부정 선거 비판 시위'라는 부분 등을 통해 알 수 있어.

❷ 4·19 혁명과 관련된 원인과 결과를 정리하기 위해 기술3 원인과 결과를 연결하기(114쪽)을 떠올려도 좋아. 독재 정치를 이어가려는 이승만 정부의 3·15 부정 선거에 시민들이 항의하며 4·19 혁명이 시작되었어. 4·19 혁명의 결과 이승만 대통령은 자리에서 물러났고, 3·15 부정 선거는 무효가 되었지. 이후 재선거가 시행되어 새로운 정부가 세워지며 국민은 민주주의에 대해 관심을 가지고 올바른 민주주의 사회를 만들고자 노력하게 되었어.

❸ 5·18 민주화 운동은 1980년 5월 18일을 전후로 하여 광주와 전남에서 신군부의 집권 음모를 규탄한 민주화 운동이야.

과학
문제 만점의 기술 01

개념과 자료(그래프, 표)의 내용 연결 짓기

자료를 보고 내용을 해석하는 문제

5학년 2학기 2. 생물과 환경, 5. 산과 염기 ★★★★★

문제 그래프와 대화를 보고 잘못 이야기한 것을 고르세요. (   )

2000~2004년도 세 도시 물의 산성도

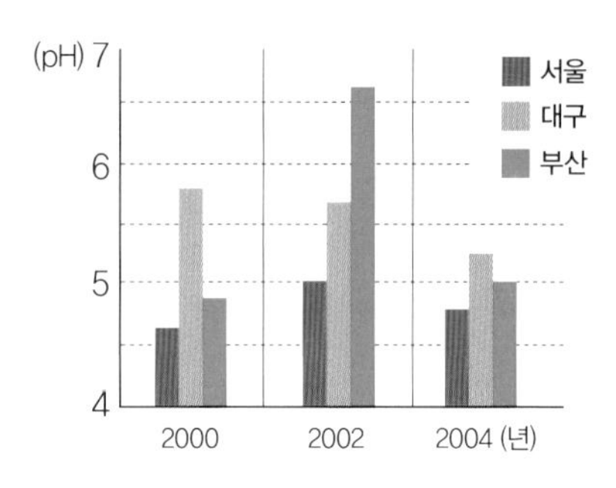

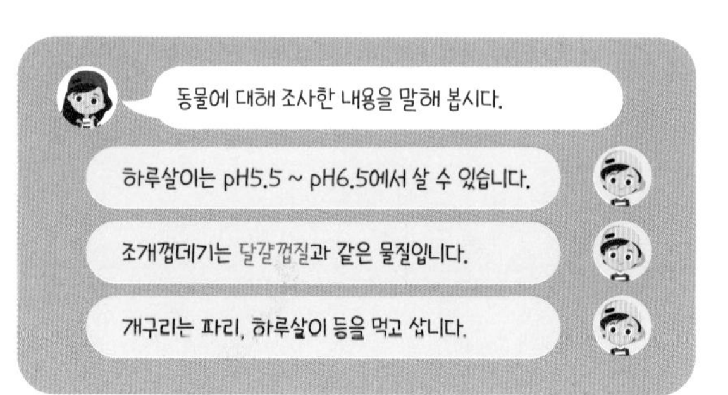

보기
㉠ 2000년 부산 바다의 조개들은 살기 힘들어졌을 것이다.
㉡ 서울에서는 개구리의 먹이가 줄었을 것이다.
㉢ 세 도시를 비교했을 때 2002년에는 부산의 물이 가장 산성이 강했을 것이다.

나만의 준비 공간

문제를 풀 때 필요한 내용, 생각할 것, 중요한 개념 등을 써 보세요.

❶ 그래프 가로축, 세로축을 보고 알 수 있는 것을 적어 봐.

❷ 대화를 보고 알 수 있는 내용을 적어 봐.

❸ 대화와 그래프의 내용을 연결 지어 알 수 있는 점을 적어 봐.

❹ **보기**를 보고 언제, 어떤 도시의 산성도를 살펴봐야 하는지 확인해 봐.

문제 그래프와 대화를 보고 잘못 이야기한 것을 고르세요. (㉢)

2000~2004년도 세 도시 물의 산성도

❶ 그래프에 제시된 항목(가로축, 세로축, 범례)를 확인해. 각 도시별로 시간의 흐름에 따라 어떤 변화를 보이는지도 살펴봐야 해.

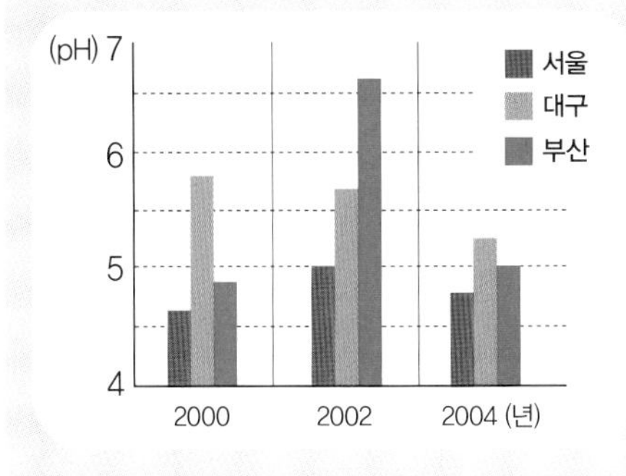

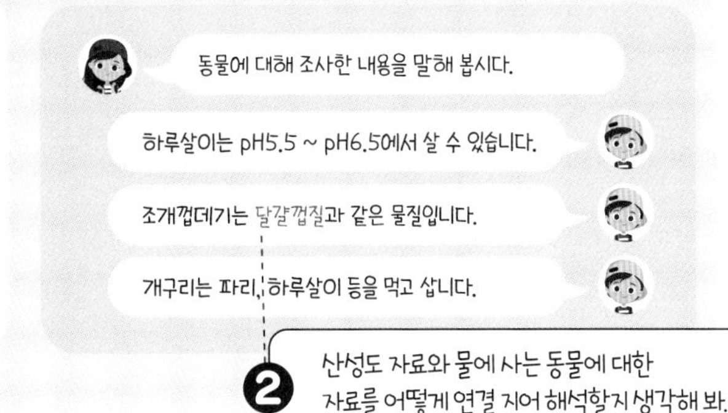

❷ 산성도 자료와 물에 사는 동물에 대한 자료를 어떻게 연결 지어 해석할지 생각해 봐.

보기 ㉠ 2000년 부산 바다의 조개들은 살기 힘들어졌을 것이다.
㉡ 서울에서는 개구리의 먹이가 줄었을 것이다.
㉢ 세 도시를 비교했을 때 2002년에는 부산의 물이 가장 산성이 강했을 것이다.

❸ 조사한 내용을 보고 개구리와 하루살이는 어떤 관계일지 떠올려 봐야 해.

문제 풀이 기술 적용하기

❶ 그래프의 가로축: 2000년, 2002년, 2004년
그래프의 세로축: 산성도, 7에 가까울수록 중성이라는 사실도 떠올려야 해.
범례: 세 도시를 비교하고 있어.

❷ 대화를 보면 개구리와 하루살이가 먹이사슬로 연결되어 있다는 것을 알 수 있어. 또 조개껍데기가 달걀껍질과 같은 물질이므로 산성 물질이 닿으면 조개껍데기가 어떻게 될지 예상해 볼 수 있어.

❸ 대화에서는 산성도에 따라서 어떤 동물이 살수 있는지를 알려 주고 있어. 그래프에서 낮은 pH값에 해당할수록 산성이 세다는 것을 고려해서 어떤 동물이 살기 힘든지 확인할 수 있어야 해.

❹ ㉠ 2000년의 부산의 산성도: 산성용액에 달걀껍데기를 넣은 실험을 떠올리면 산성도가 강한 물에서 달걀껍질과 같은 물질로 이루어진 조개는 살기 어렵다는 것을 알 수 있어.
㉡ 2000~2004년도 서울의 산성도 변화: 서울의 물의 pH를 보면 모두 하루살이가 살기 어려운 것을 알 수 있어. 먹이사슬 관계를 떠올려 봐. 먹이가 되는 하루살이의 수가 줄어들면 자연스럽게 소비자인 개구리가 살기 힘들어진다는 것을 알 수 있지?
㉢ 2002년의 세 도시의 산성도: 부산의 pH수치는 7(중성)에 가까워짐을 알 수 있어. 따라서 산성이 가장 약하다고 해야 해.

문제 아래 그래프는 압력에 따른 물질의 부피를 보여 주고 있습니다. 그래프를 보고 옳게 말한 사람을 모두 고르세요. (　　　,　　　)

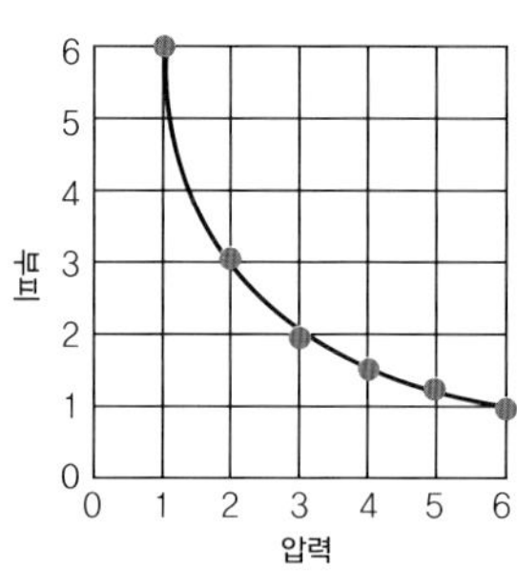

(가) 압력에 따른 ㉠의 부피

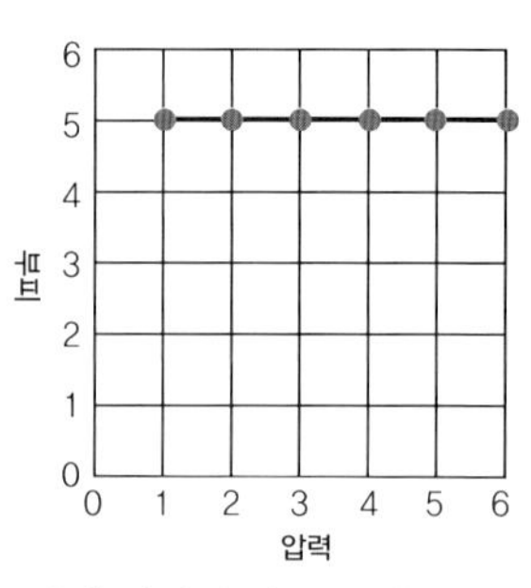

(나) 압력에 따른 ㉡의 부피

보기

주영: ㉠은 압력이 낮아질 때도 부피가 커져.

하영: ㉡의 종류에는 산소나 이산화 탄소가 있어.

재인: ㉡은 압력과 상관없이 부피가 같은 것을 보니 기체인가 봐.

재서: 헬륨이 든 풍선이 하늘로 올라가면서 크기가 커지는 것은 그래프 (가)와 관련이 있어.

나만의 준비 공간

문제를 풀 때 필요한 내용, 생각할 것, 중요한 개념 등을 써 보세요.

❶ 그래프 (가), (나)의 가로축, 세로축을 살펴봐.
- 가로축:
- 세로축:

❷ 그래프 (가), (나)에서 알 수 있는 점을 적어 보자.
- 그래프 (가):
- 그래프 (나):

❸ 물질의 종류에는 어떤 것이 있는지 떠올려 보고, ㉠, ㉡이 무엇일지 생각해 보자.
- ㉠:
- ㉡:

❹ 그래프 (가)에 해당하는 예시를 떠올려 봐.

문제 아래 그래프는 압력에 따른 물질의 부피를 보여 주고 있습니다. 그래프를 보고 옳게 말한 사람을 모두 고르세요. (주영, 재서)

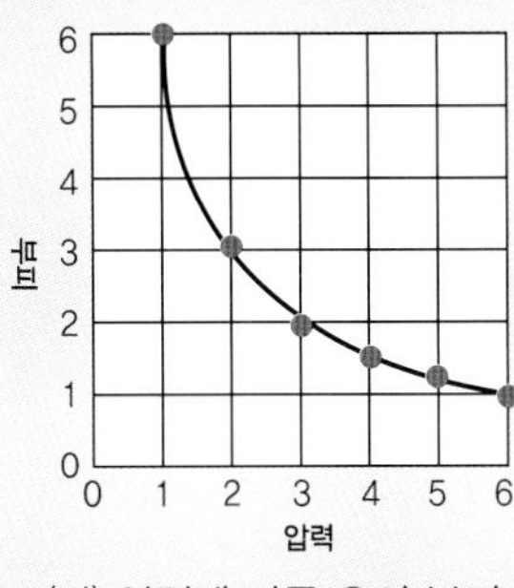

(가) 압력에 따른 ㉠의 부피

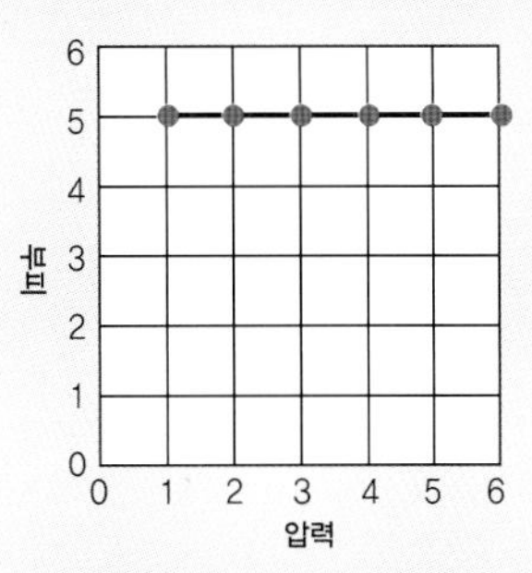

(나) 압력에 따른 ㉡의 부피

보기

주영: ㉠은 압력이 낮아질 때도 부피가 커져.

하영: ㉡의 종류에는 산소나 이산화 탄소가 있어.

재인: ㉡은 압력과 상관없이 부피가 같은 것을 보니 기체인가 봐.

재서: 헬륨이 든 풍선이 하늘로 올라가면서 크기가 커지는 것은 그래프 (가)와 관련이 있어.

문제 풀이 기술 적용하기

❶ 그래프 (가), (나)의 가로축, 세로축을 살펴봐.
- 가로축 : 압력
- 세로축 : 부피

두 그래프 모두 어떤 물질이 압력을 받을 때 부피가 어떻게 되는지를 보여 주고 있어.

❷ 그래프 (가), (나)에서 알 수 있는 점을 적어 보자. 그래프 (가)는 압력이 커질 때 부피가 줄어든다는 것을 알 수 있고, 그래프 (나)에서는 압력이 변해도 부피는 변하지 않는다는 것을 알 수 있어. 가로축과 세로축이 같은 그래프인데 그래프의 내용이 다를 때는 어떻게 다른지 비교하며 봐야 해.

❸ 문제에서 '압력에 따른 물질의 부피'라고 했으니 물질의 종류가 무엇이 있는지 생각해 봐야 해. 물질의 종류에는 고체, 액체, 기체가 있지? 그중에서 압력에 따라 부피가 달라지는 것이 무엇이었는지 떠올려 봐. ㉠은 기체, ㉡은 액체나 고체라고 추측할 수 있어.

❹ 그래프 (가)에 해당하는 예시를 떠올려 볼까? 압력에 따라 기체의 부피가 달라지는 예시는 다음과 같아.
- 높은 산 위보다 산 아래에서 페트병의 부피가 작아진다.
- 비행기 안의 과자 봉지는 땅보다 하늘로 올라갔을 때 더 많이 부푼다.
- 바닷속 잠수부가 내뿜는 공기 방울은 위로 올라가면서 부피가 커진다.

하늘로 올라갈수록 기압이 낮아지므로 기체의 부피는 더 커지겠지? 따라서 헬륨이 든 풍선이 하늘로 올라가며 크기가 커지는 것은 그래프 (가)와 관련이 있다고 할 수 있어.

과학
문제 만점의 기술 02

과학원리나 실험결과를 떠올리기

실험결과를 예상하며 개념을 떠올리는 문제

5학년 1학기 2. 온도와 열 ★★☆☆☆

문제 다음 실험장면을 보고 틀리게 말한 사람을 고르세요. (　　　)

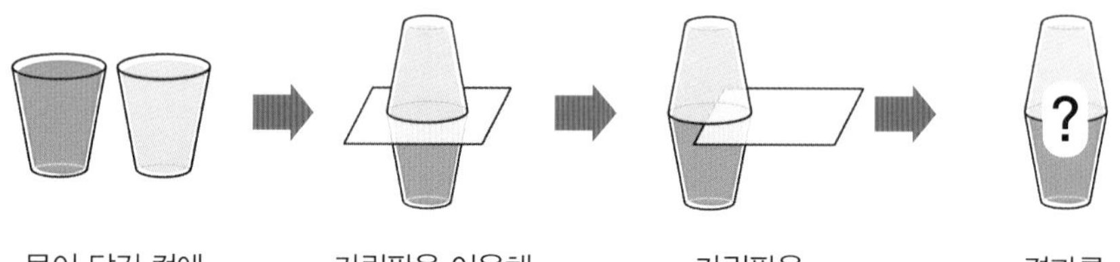

물이 담긴 컵에 색소를 풉니다	가림판을 이용해 파란색 물을 빨간색 물 위에 올립니다.	가림판을 천천히 뺍니다.	결과를 확인합니다.

보기
현주: 액체나 기체에서 열이 이동하는 것은 대류라고 해.
형준: 빨간색 물이 뜨겁고, 파란색 물이 차가우면 물이 안 섞일 거야.
다은: 욕조에 담긴 물은 시간이 지남에 따라 물의 윗부분이 아랫부분보다 더 따뜻해져.

나만의 준비 공간

문제를 풀 때 필요한 내용, 생각할 것, 중요한 개념 등을 써 보세요.

❶ 문제와 그림을 보고 어떤 개념과 과학 용어가 떠오르는지 적어 봐.

❷ 가림막을 뺐을 때 예상되는 실험결과를 예상해서 적어 봐.

❸ 위 실험과정을 보고 떠오르는 예시를 적어 봐.

문제 **다음 실험장면을 보고 <u>틀리게 말한</u> 사람을 고르세요.** (형준)

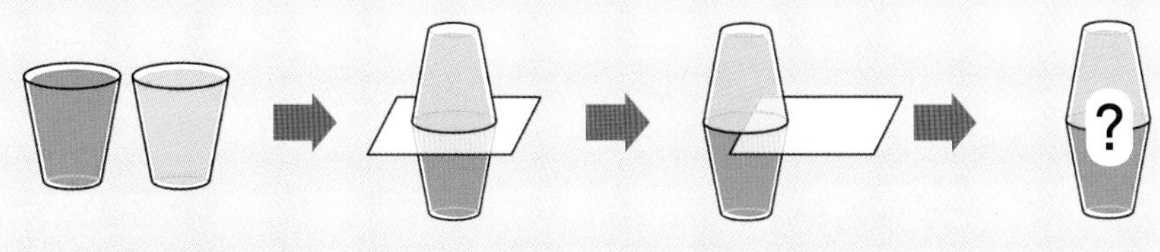

물이 담긴 컵에 색소를 풉니다 → 가림판을 이용해 파란색 물을 빨간색 물 위에 올립니다. → 가림판을 천천히 뺍니다. → 결과를 확인합니다.

❶ 과학 원리를 떠올리기 위해서는 어떤 개념과 관련된 문제인지 생각해야 해. 문제와 보기를 보며 어떤 단어가 힌트가 되는지 생각해 보자.

❷ 원래의 실험결과를 떠올려보고 문제에서 어떻게 표현되었는지 생각해 봐.

보기
현주: 액체나 기체에서 열이 이동하는 것은 대류라고 해.
형준: 빨간색 물이 뜨겁고, 파란색 물이 차가우면 물이 안 섞일 거야.
다은: 욕조에 담긴 물은 시간이 지남에 따라 물의 윗부분이 아랫부분보다 더 따뜻해져.

문제 풀이 기술 적용하기

❶ 대류현상, 온도, 열의 이동
문제에 나온 실험은 열의 대류와 관련된 실험이야. **보기**의 '물의 윗부분이 아랫부분보다 더 따뜻해져.', '대류' 등의 키워드로 추측해 볼 수 있어.

❷ 액체에서는 온도가 높아진 물질이 위로 올라가고, 위에 있던 물질이 아래로 밀려 내려오며 열이 이동하니까, 빨간색 물과 파란색 물 중에서 온도가 높은 것이 위로 올라갈 것이라고 예상할 수 있어. 따라서 형준이의 말은 옳지 않아.

❸ 욕조에 담긴 물의 윗부분이 아랫부분보다 더 따뜻해. 아래의 따뜻한 물이 위로 올라오기 때문이야. 또, 주전자에 찻잎과 물을 담고 끓이면 찻잎이 물의 이동에 따라 위로 이동하는 것을 볼 수 있어.

문제 다음은 다산 정약용이 그림을 그릴 때 썼던 방법입니다.
이에 대해 틀리게 말한 사람을 고르세요. (　　　)

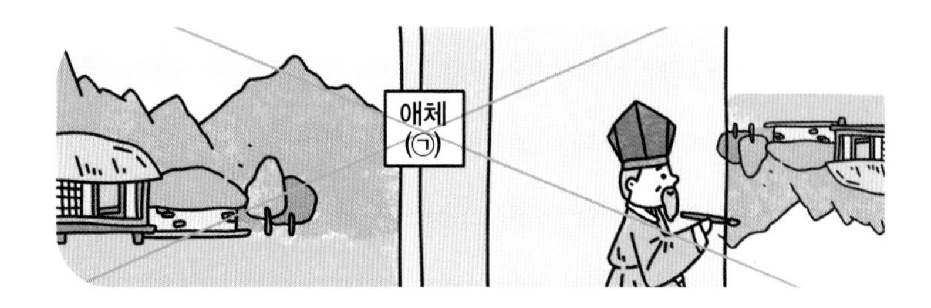

"맑고 좋은 날을 택하여 방의 창문을 모두 닫아 실내를 칠흑과 같이 하되,
오직 한 구멍만 남겨 애체*(㉠) 하나를 여기에 끼운다."

*애체: 조선시대 안경

보기

승협: 빛이 ㉠의 가장자리를 통과할 때 꺾여 나아간다는 특징이 있어.
휘경: ㉠은 간이 사진기를 만들 때 쓰이기는 렌즈와 같은 성질을 띠어.
주영: ㉠로 물체를 보면 실제 물체보다 크게 보이거나, 작게 보일 때가 있어.
윤희: 밖에서 보여지는 모양이 'ㄱ'라면 정약용이 방안에서 볼 때는 'ㄱ'처럼 보였을 거야.

나만의 준비 공간

문제를 풀 때 필요한 내용, 생각할 것, 중요한 개념 등을 써 보세요.

❶ 문제와 **보기**를 보고 힌트가 될 수 있는 단어를 써 봐.

❷ 그림을 보고 찾을 수 있는 특징은 무엇인지 살펴봐.

❸ ❶에서 적은 단어를 바탕으로 어떤 개념과 관련한 문제일지 생각해 보고, 이것에 대해 알고 있는 것을 정리해 봐.

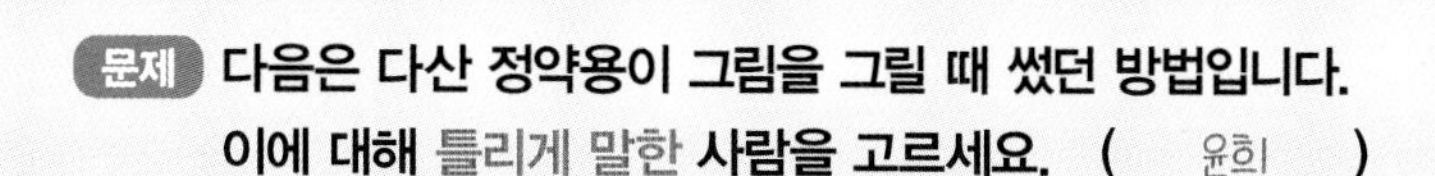

문제 다음은 다산 정약용이 그림을 그릴 때 썼던 방법입니다.
이에 대해 틀리게 말한 사람을 고르세요. (윤희)

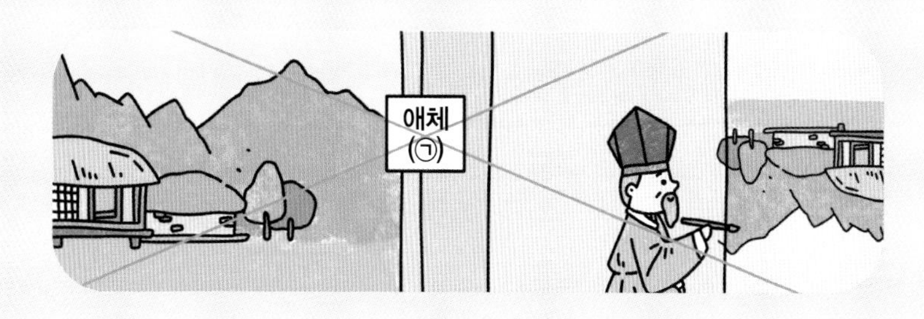

"맑고 좋은 날을 택하여 방의 창문을 모두 닫아 실내를 칠흑과 같이 하되,
오직 한 구멍만 남겨 애체*(㉠) 하나를 여기에 끼운다."

*애체: 조선시대 안경

보기

승협: 빛이 ㉠의 가장자리를 통과할 때 꺾여 나아간다는 특징이 있어.
휘경: ㉠은 간이 사진기를 만들 때 쓰이기는 렌즈와 같은 성질을 띠어.
주영: ㉠로 물체를 보면 실제 물체보다 크게 보이거나, 작게 보일 때가 있어.
윤희: 밖에서 보여지는 모양이 'ㄱ'라면 정약용이 방안에서 볼 때는 'ㄱ'처럼 보였을 거야.

승협, 휘경, 주영 모두 ㉠에 대해 이야기하고 있지?
세 사람의 말을 읽고
㉠이 어떤 것인지 추측해 봐.

❷ 사례와 관련한 과학 원리를 생각해 봐.
실제 모습이 바뀌어 보이게 하는 것은 무엇인지 떠올리면 **보기** 를 해석하기 쉬워.

문제 풀이 기술 적용하기

❶ 애체, 꺾여 나아간다, 렌즈, 간이 사진기, 안경 등 문제에 나온 키워드와
애체를 활용해 상하좌우가 바뀐 그림을 그린 것을 보면 ㉠은 볼록렌즈를 의미해.

❷ 바깥 풍경이 방안에서는 상하좌우가 바뀌어 보여.

❸ -볼록렌즈는 빛이 가장자리로 들어올 때 굴절시켜.
-가까운 물체를 볼 때는 크게 보이고, 멀리 있는 물체를 볼 때는 상하좌우가 바뀌어 보여.
-간이 사진기는 상자 겉에 있는 볼록렌즈로 물체에서 반사된 빛을 모아 물체의 모습이 속 상자의 기름종이에 나타내게 하는 사진기야.

정약용이 그림을 그릴 때 활용했던 원리도 간이 사진기의 원리와 비슷해. 따라서 밖에서 보여지는 모양이 'ㄱ'라면 정약용이 방안에서 볼 때는 상하좌우가 모두 바뀐 'ㄴ'처럼 보여야 해.

사례에서 과학 개념이나 원리 찾기

사례 속에 과학원리가 적용된 문제

5학년 1학기 2. 온도와 열 ★★★☆☆

다음은 A초등학교의 교실 모습입니다. 교실 모습을 보고 아래 물음에 답하세요.

문제1 ㉠과 ㉡ 중 난로를 설치하기 좋은 곳의 기호를 쓰세요.

기호 : ________

문제2 난로를 설치한 후 일정 시간이 지나자 교실 전체가 따뜻해졌습니다. 교실 전체가 따뜻해진 이유를 보기 의 단어를 활용해 쓰세요.

> **보기** 공기, 온도, 대류

답 : ____

나만의 준비 공간

문제를 풀 때 필요한 내용, 생각할 것, 중요한 개념 등을 써 보세요.

❶ '난로'는 공기의 온도를 높여 주지? 온도가 높아진 공기와 온도가 낮아진 공기의 이동은 어떤 차이가 있는지 생각해 봐.

❷ 기체의 열 이동이 실생활에 어떻게 적용되고 있는지 생각해 봐.

❸ 보기 에 나온 '대류'의 뜻이 무엇인지 생각해 봐.

다음은 A초등학교의 교실 모습입니다. 교실 모습을 보고 아래 물음에 답하세요.

문제1 ㉠과 ㉡ 중 난로를 설치하기 좋은 곳의 기호를 쓰세요.

기호 : ㉡

문제2 난로를 설치한 후 일정 시간이 지나자 교실 전체가 따뜻해졌습니다. 교실 전체가 따뜻해진 이유를 보기 의 단어를 활용해 쓰세요.

보기 공기, 온도, 대류

답 : 온도가 높아진 공기는 위로 올라가고 대류 현상이 생겨서 교실 전체가 따뜻해질 수 있습니다.

문제 풀이 기술 적용하기

❶ 온도가 높아진 공기는 위로 올라가고, 온도가 낮아진 공기는 아래로 내려와. 이와 같은 열의 이동 방법을 대류라고 해.

❷ 뜨거운 여름 에어컨을 튼 기억이 있지? 에어컨이 어느 쪽에 설치되어 있는지 생각해 봐. 천장 즉 위쪽에 설치되어 있어. 그 이유는 차가운 공기는 아래로 내려오기 때문이야. 또 추운 겨울날 보일러를 틀면 바닥이 따뜻하지. 이때 따뜻해진 바닥의 공기가 위로 올라와서 집안 공기를 따뜻하게 유지해 줘.

❸ 온도가 높아진 기체 또는 액체는 위로 올라가고, 온도가 낮아진 기체 또는 액체가 아래로 내려오면서 열이 전달되는 방법을 대류라고 해.

❹ 과학 개념을 실생활에 적용할 때는 실제 실생활 속 사례를 머릿속에 떠올려야 해. 에어컨이 천장에 달려 있는 이유와 난로를 바닥에 두는 이유를 과학 개념과 연결하는 것이 중요해.

문제 신윤복의 '월하정인'은 음력 1793년 7월 15일에 뜬 보름달의 모습을 담고 있는 것으로 추정됩니다. 작품을 보고 나눈 대화 중 <u>틀리게</u> 말한 학생을 쓰세요. (   )

출처: 문화재청

달의 볼록한 면이 위를 향한 것을 보니 부분월식이 일어난 것처럼 보여. 월식은 지구의 그림자 때문에 일어난대~

주영

보기

휘경 : 월식은 지구–해–달이 일직선상에 놓여 지구 그림자에 달이 가려지는 것이지?

승협 : 그림 속 사람들은 음력 1793년 8월 15일에 보름날을 보았을 것 같아.

윤희 : 보름달이 떴을 때 부분월식이 생겨서 초승달처럼 보이는 거야.

나만의 준비 공간

문제를 풀 때 필요한 내용, 생각할 것, 중요한 개념 등을 써 보세요.

❶ 문제와 그림을 보며 개념을 떠올리기 위한 힌트를 찾아봐.

❷ 달의 모양에 대해 알고 있는 것을 적어 봐.

❸ 월식에 대해 알고 있는 내용을 적어 봐.

문제 신윤복의 '월하정인'은 음력 1793년 7월 15일에 뜬 보름달의 모습을 담고 있는 것으로 추정됩니다. 작품을 보고 나눈 대화 중 틀리게 말한 학생을 쓰세요. (휘경)

❶ 음력 7월 15일과 달의 모습이라는 단어를 읽고 계절에 따른 달의 모양이나 위치에 대한 내용이 나올 것이라는 것을 예상해볼 수 있어야 해.

출처: 문화재청

주영: 달의 볼록한 면이 위를 향한 것을 보니 부분월식이 일어난 것처럼 보여. 월식은 지구의 그림자 때문에 일어난대~

보기

휘경 : 월식은 지구-해-달이 일직선상에 놓여 지구 그림자에 달이 가려지는 것이지?

승협 : 그림 속 사람들은 음력 1793년 8월 15일에 보름달을 보았을 것 같아.

윤희 : 보름달이 떴을 때 부분월식이 생겨서 초승달처럼 보이는 거야.

❷ 사례에 적용된 개념을 찾았다면, 개념과 관련한 과학 원리를 바탕으로 보기를 살펴봐.

문제 풀이 기술 적용하기

❶ 문제가 알쏭달쏭할 때는 문제나 그림에서 힌트가 될 키워드를 찾는 것이 도움이 돼. 문제와 말풍선에서는 '음력 7월 15일', '보름달', '월식' **보기** 에서는 '그림자', '음력 8월 15일(한달 뒤)' 등이 개념을 떠올리는 힌트가 될 수 있어.

❷ 그림 속 달을 보고 교과서에서 배운 달의 모양과 실생활 사례를 비교할 수 있어야 해. 교과서에서 배운 초승달의 모양과 초승달이 뜨는 시기를 떠올려봐.

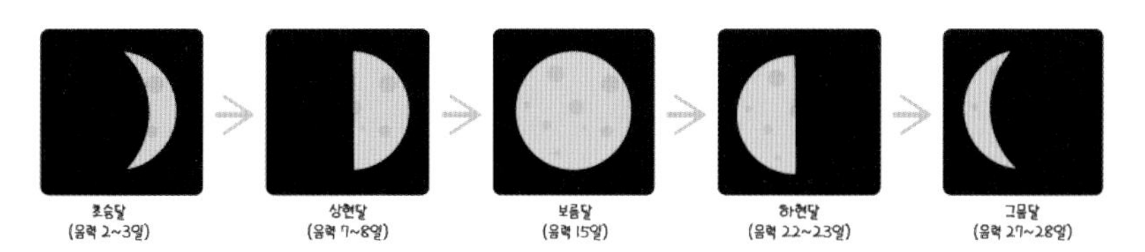

달의 모양 변화는 약 30일마다 반복돼. (초승달 ➡ 상현달 ➡ 보름달 ➡ 하현달) 특히 음력 15일은 보름달이 뜬다는 것을 생각할 수 있어야 해.

❸ 월식은 지구의 그림자 때문에 생겨. 지구 그림자가 생기는 구역에 달이 공전하다가 위치하려면 해-지구-달 순서여야 해.

단서를 찾아 일어날 일 예상하기

과학원리를 바탕으로 실험결과를 예상하는 문제

5학년 1학기 4. 용해와 용액 ★★★☆☆

혜진이가 100 g의 물이 담긴 비커 세 개에 소금을 각각 5 g, 25 g, 50 g씩 녹여 소금물 (가), (나), (다)를 만들었습니다. 혜진이가 만든 세 용액에 빨강, 초록, 파랑 색소를 똑같이 넣은 뒤 10 mL씩 빼내어 다른 비커에 넣어 다음과 같이 액체 층을 쌓으려고 합니다.

문제1 용액 (가), (나), (다)에 빨강, 초록, 파랑 중 각각 어떤 색을 넣어야 할까요?

(가) (나) (다)

문제2 이 실험을 통해 혜진이가 알게 된 사실을 정리한 내용 중 잘못된 것을 찾고 바르게 고치세요.

〈혜진이가 알게 된 사실〉

① 진하기가 다른 용액을 이용해 액체 층을 만들 수 있다.

② 같은 양의 용매에 많은 양의 용질이 녹아 있을수록 더 가볍다.

잘못된 것: ________

바르게 고친 내용: ________________________________

나만의 준비 공간

문제를 풀 때 필요한 내용, 생각할 것, 중요한 개념 등을 써 보세요.

❶ 실험 계획을 읽고 실험 결과에 영향을 주는 조작변인은 무엇일까?

❷ 100 g의 물이 담긴 비커 세 개에 소금을 각각 5 g, 25 g, 50 g을 녹여 소금물을 만들 때, 가장 농도가 진한 비커는 어떤 비커일까?

❸ 파랑, 초록, 빨강이 위 그림과 같이 액체 층을 쌓으려면 어떻게 해야 할까?

❹ 용액의 농도가 진할수록 용액의 무게는 어떻게 변할까?

혜진이가 100 g의 물이 담긴 비커 세 개에 소금을 각각 5 g, 25 g, 50 g 씩 녹여 소금물 (가), (나), (다)를 만들었습니다. 혜진이가 만든 세 용액에 빨강, 초록, 파랑 색소를 똑같이 넣은 뒤 10 mL씩 빼내어 다른 비커에 넣어 다음과 같이 액체 층을 쌓으려고 합니다.

문제1 **용액 (가), (나), (다)에 빨강, 초록, 파랑 중 각각 어떤 색을 넣어야 할까요?**

(가) 파랑　　　　(나) 초록　　　　(다) 빨강

문제2 **이 실험을 통해 혜진이가 알게 된 사실을 정리한 내용 중 잘못된 것을 찾고 바르게 고치세요.**

〈혜진이가 알게 된 사실〉

① 진하기가 다른 용액을 이용해 액체 층을 만들 수 있다.

② 같은 양의 용매에 많은 양의 용질이 녹아 있을수록 더 가볍다.

잘못된 것: ②

바르게 고친 내용: 같은 양의 용매(물)에 많은 양이 용질(소금)이 녹아 있을수록 더 무겁다.

문제 풀이 기술 적용하기

❶ 100 g의 물은 변하지 않지? 조작변인을 찾아보면 소금의 양이야. 소금의 양이 5 g, 25 g, 50 g으로 모두 달라. 즉 소금의 양을 조작해서 실험을 진행하고 있다는 걸 알 수 있어.

❷ 용질을 많이 녹이면 농도가 높아져서 진해져. 용매(물)의 양은 일정하고 소금의 양이 다르기 때문에 소금을 많이 녹일수록 농도는 높아져. 그러므로 50 g의 소금을 녹인 비커의 농도가 가장 진해.

❸ 같은 소금물인데 층이 생겼다는 건 서로 농도가 다르다는 뜻이야.
용액의 농도가 진할수록 무겁지? 빨강이 가장 아래에 있으므로 빨강의 농도가 가장 높아.
농도는 빨강>초록>파랑 순이기 때문에 (가) 파랑 (나) 초록 (다) 빨강 색을 소금물에 넣어야 해.

❹ 용액의 농도가 진할수록 용액의 무게는 무거워져.

❺ ②번이 잘못됐어. 같은 양의 용매(물)에 많은 양의 용질(소금)이 녹아 있을수록 농도가 진해져 무겁기 때문에 가라앉아.

문제 전구를 아래의 회로와 같이 연결하였습니다. 같은 방법으로 전구를 하나 더 연결했을 때 전구의 연결 방법과 전구의 밝기는 어떻게 될지 예상한 것으로 바른 것을 고르세요. (   )

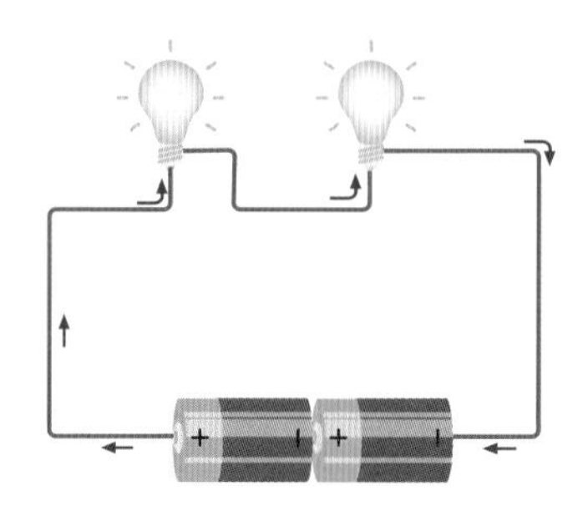

	전구의 연결 방법	전구의 밝기
①	직렬 연결	불빛이 더 어두워진다.
②	직렬 연결	불빛이 더 밝아진다.
③	직렬 연결	그대로이다.
④	병렬 연결	불빛이 더 어두워진다.
⑤	병렬 연결	불빛이 더 밝아진다.

나만의 준비 공간

문제를 풀 때 필요한 내용, 생각할 것, 중요한 개념 등을 써 보세요.

❶ 전구의 연결 모습을 관찰하고 연결 방법을 떠올려 봐.

- 전구의 연결 방법:

- 그렇게 생각한 까닭:

❷ 전구를 위와 같은 방법으로 연결하면 전구의 밝기는 어떻게 변할까?

문제 전구를 아래의 회로와 같이 연결하였습니다. 같은 방법으로 전구를 하나 더 연결했을 때 전구의 연결 방법과 전구의 밝기는 어떻게 될지 예상한 것으로 바른 것을 고르세요. (①)

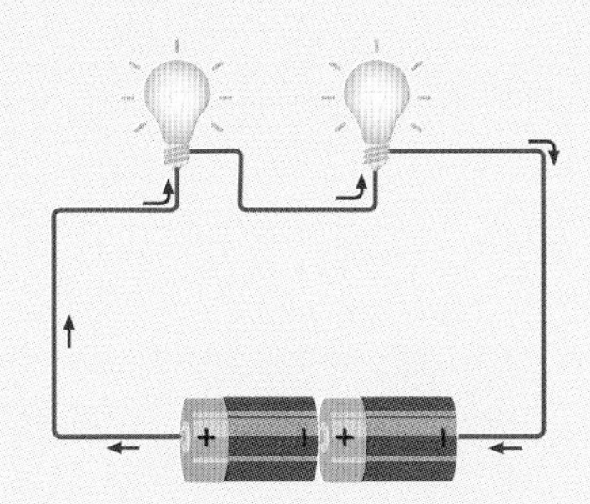

	전구의 연결 방법	전구의 밝기
①	직렬 연결	불빛이 더 어두워진다.
②	직렬 연결	불빛이 더 밝아진다.
③	직렬 연결	그대로이다.
④	병렬 연결	불빛이 더 어두워진다.
⑤	병렬 연결	불빛이 더 밝아진다.

문제 풀이 기술 적용하기

❶ 앞으로 일어날 일을 예상하기 위해서는 문제와 주어진 선택지를 보고 어떤 개념을 적용해 문제를 풀어야 하는지 살펴야 해. 전구의 연결 방법은 직렬 연결이야. 전구를 한 줄로 연결하였기 때문이야.

❷ 전구를 한 줄로 연결했을 때 전구의 밝기는 어떤 특징이 있었는지 떠올리며 문제를 풀어야 해. 전구 두 개를 직렬로 연결하면 전구를 한 개만 연결했을 때보다 전구의 밝기가 어두워지고, 한 전구 불이 꺼지면 나머지 전구 불도 꺼진다는 특징이 있어.

과학
문제 만점의 기술 05

개념 간 공통점과 차이점 파악하기

개념 간 특징을 비교하는 문제

5학년 1학기 5. 다양한 생물과 우리 생활 

문제 **다음 설명을 읽고 어떤 생물에 해당하는 특징인지를 생각하여 괄호 안에 알맞은 생물을 모두 쓰세요.**

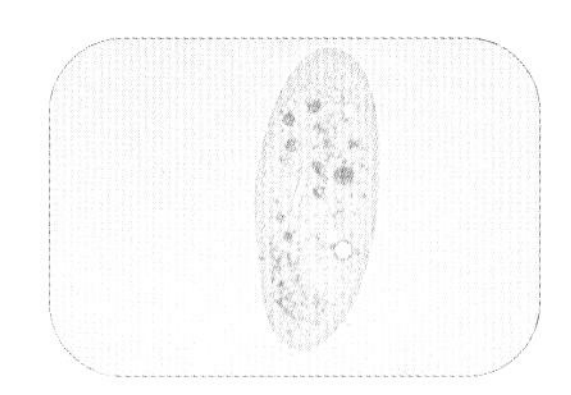
짚신벌레

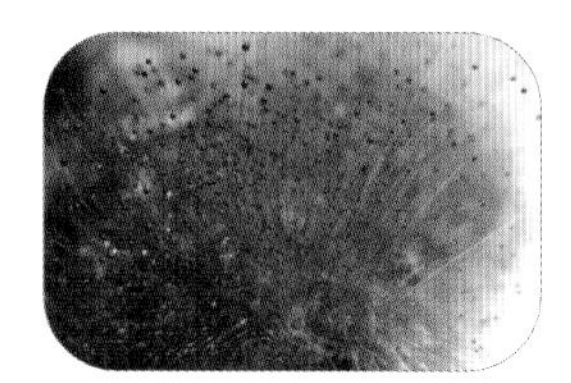
버섯

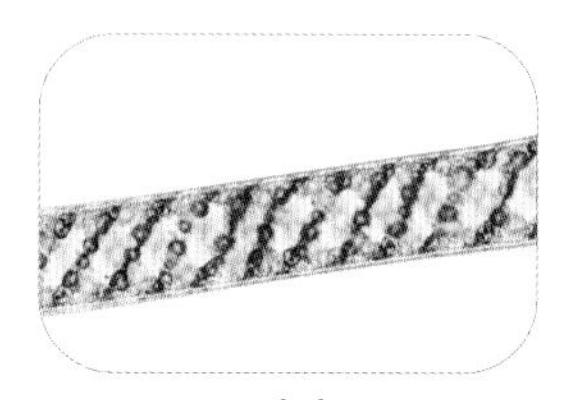
해캄

(1) 광학 현미경을 사용해야 자세한 모습을 볼 수 있다. (　　　　　,　　　　　)
(2) 식물, 동물, 균류와 생김새가 다르다. (　　　　　,　　　　　)
(3) 가늘고 긴 모양의 균사로 이루어져 있다. (　　　　　　　　　　)

나만의 준비 공간

문제를 풀 때 필요한 내용, 생각할 것, 중요한 개념 등을 써 보세요.

❶ 어떤 개념을 비교하고 있는지 찾아봐.
- 짚신 벌레:
- 버섯:
- 해감:

❷ 제시된 개념들의 공통점과 차이점을 생각해 봐.

- 공통점

- 차이점

문제 다음 설명을 읽고 어떤 생물에 해당하는 특징인지를 생각하여 괄호 안에 알맞은 생물을 모두 쓰세요.

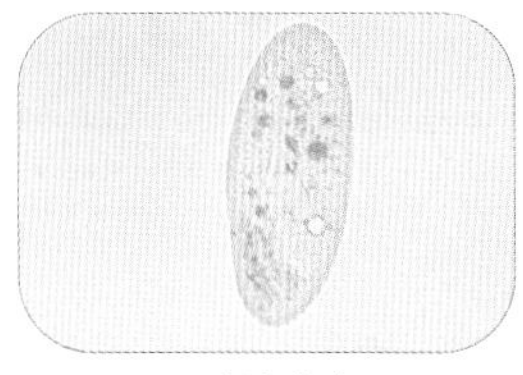
짚신벌레

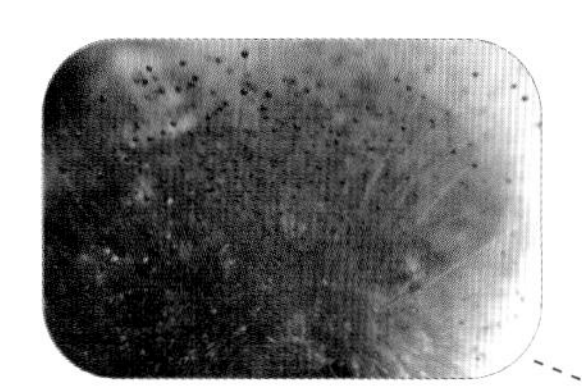
버섯

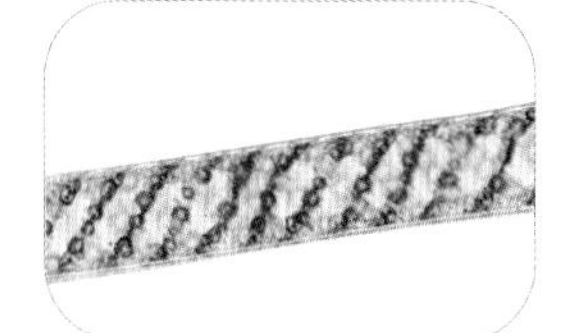
해캄

(1) 광학 현미경을 사용해야 자세한 모습을 볼 수 있다. (짚신벌레, 해캄)
(2) 식물, 동물, 균류와 생김새가 다르다. (짚신벌레, 해캄)
(3) 가늘고 긴 모양의 균사로 이루어져 있다. (버섯)

❶ 세 개 이상의 개념이 동시에 나오는 문제는 세 개를 한 번에 비교해보고, 두 개씩 묶어서 비교해 보는 것이 좋아.

❷ 세 가지의 개념이 나온 경우에는 세 가지 모두 해당하는 공통된 기준 말고도 세 개 중에 두 개만 해당되는 기준으로 비교해 봐야 해.

문제 풀이 기술 적용하기

❶ 어떤 개념을 비교하고 있는지 찾아봐.
- 짚신벌레 : 원생식물
- 버섯 : 균류
- 해캄 : 원생식물

❷ 제시된 개념들의 공통점과 차이점을 생각해봐. 비교할 개념을 찾았다면 각각의 개념이 갖는 고유한 특징은 무엇인지 떠올려 봐야 해. 어떤 특징인지 생각이 나지 않을 때는 선택지를 참고하면 힌트를 얻을 수 있어.
- 짚신벌레와 해캄은 어떤 공통점이 있을까? 둘 다 원생식물에 해당돼. 원생식물은 눈으로 확인하기에 아주 작다는 특징이 있어. 작은 생물을 눈으로 보기 어려울 때 광학 현미경을 사용하면 확대해서 볼 수 있지.
- 세 가지 개념 중 버섯은 유일하게 균류에 해당돼.
- 가늘고 긴 모양의 균사의 모양을 기준으로 개념을 분석해 봐. 가늘고 긴 모양에 해당하는 것은 버섯과 해캄이지? 그중에서 균사로 이루어졌다는 고유한 특징은 버섯만이 가지고 있어.

문제 기체 ㉠과 기체 ㉡에 대한 설명으로 옳지 않은 것을 고르세요. (　　　　)

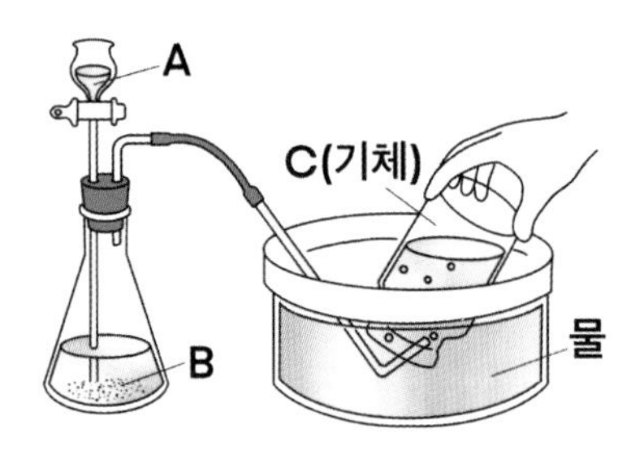

	㉠발생 실험	㉡발생 실험
A	식초	묽은 과산화 수소수
B	탄산수소 나트륨	이산화 망가니즈
C	㉠	㉡

① ㉠과 ㉡은 색이 없다.
② ㉡은 다른 물질이 타는 것을 돕는다.
③ ㉠과 ㉡은 냄새를 맡고 구별하기 힘들다.
④ 공기 중에 ㉠의 양이 많아지면 숨 쉬는 횟수가 줄어들 것이다.
⑤ ㉠과 ㉡이 담긴 페트병을 바닷속으로 넣으면 페트병이 찌그러진다.

나만의 준비 공간

문제를 풀 때 필요한 내용, 생각할 것, 중요한 개념 등을 써 보세요.

❶ 표와 그림을 보고, ㉠과 ㉡에 들어갈 기체가 무엇인지 생각해 봐.
- ㉠:
- ㉡:

❷ ㉠과 ㉡의 특징을 비교하여 정리해 봐.

	㉠	㉡
공동점		
차이점		

문제 기체 ㉠와 기체 ㉡에 대한 설명으로 옳지 않은 것을 고르세요. (④)

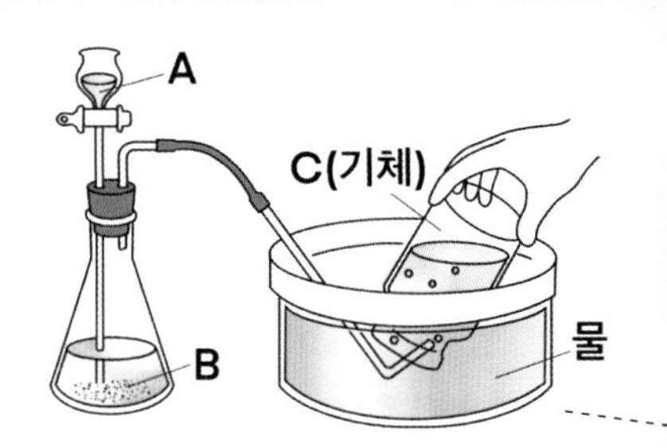

	㉠발생 실험	㉡발생 실험
A	식초	묽은 과산화 수소수
B	탄산수소 나트륨	이산화 망가니즈
C	㉠이산화 탄소	㉡산소

① ㉠과 ㉡은 색이 없다.
② ㉡은 다른 물질이 타는 것을 돕는다.
③ ㉠과 ㉡은 냄새를 맡고 구별하기 힘들다.
④ 공기 중에 ㉠의 양이 많아지면 숨 쉬는 횟수가 줄어들 것이다.
⑤ ㉠과 ㉡이 담긴 페트병을 바닷속으로 넣으면 페트병이 찌그러진다.

1 여러 개념이 동시에 나오는 문제는 가장 먼저 비교하는 개념을 찾아야 해. 실험을 설계한 모습과 선택지를 보며 ㉠과 ㉡이 무엇을 뜻하는지 찾아야 해.

문제 풀이 기술 적용하기

❶ A와 B에 따라 발생되는 기체C가 다르다는 것을 파악할 수 있어야 해. 실험 재료를 보고 어떤 기체가 발생할지 떠올려 봐. A와 B가 만나면 각각 이산화 탄소와 산소를 발생시키지? 따라서 ㉠은 이산화 탄소, ㉡은 산소야.

❷ ㉠과 ㉡의 공통점과 차이점을 정리해볼까?

	㉠이산화탄소	㉡산소
공통점	기체이다. 눈에 보이지 않는다.(색이 없다.) 냄새가 없다.	
차이점	불을 끄게 한다. 숨을 내쉴 때 내뱉는다.	다른 물질이 타는 것을 돕는다. 숨을 쉴 때 들이마신다.

공기 중에 산소의 양이 많아지면 숨을 적게 쉬어도 산소를 충분히 들이마실 수 있겠지? 반대로 이산화 탄소의 양이 많아지면 산소를 들이마시기 위해 숨 쉬는 횟수가 늘어날 거야. 따라서 ㉠은 이산화 탄소이므로 숨 쉬는 횟수가 늘어나게 된다고 해야 해.

영어
문제 만점의 기술 01

주요 표현(Key expression)을 떠올리기

상황에 알맞은 주요 표현을 이해하는 문제

5학년 2학기 11. She Has Long Curly Hair(동아) ★★☆☆☆

다음을 읽고 물음에 답하세요.

Mina: Are you okay?
June: No. I'm looking for my mom.
Mina: Is she wearing glasses?
June: No, she isn't. She's wearing a blue coat and a red skirt.
Mina: What does she look like?
June: (　　　ⓐ　　　)

문제1 June의 어머니가 입고 있는 옷차림을 우리말로 쓰세요.
(　　　　　　　　　　　　　　　　　　　　　　　　)

문제2 ⓐ에 들어갈 알맞은 문장을 고르세요. (　　　)

① I get up at 6.
② Can I take a picture?
③ He is wearing glasses.
④ Oh, It's mine. Thanks.
⑤ She has short curly hair.

나만의 준비 공간

문제를 풀 때 필요한 내용, 생각할 것, 중요한 개념 등을 써 보세요.

❶ 대화문을 읽고 중요 표현에 표시하며 내용을 파악해.

❷ 준이 무엇을 하고 있는지 적어 봐.

❸ 준의 어머니가 입고 있는 옷차림에 대한 부분을 찾아 표시하고 우리말로 써 봐.

❹ 주요 표현을 떠올리며 문제의 보기가 무슨 뜻인지 적어 봐.

보기	뜻
① I get up at 6.	
② Can I take a picture?	
③ He is wearing glasses.	
④ Oh, It's mine. Thanks.	
⑤ She has short curly hair.	

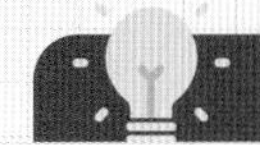

어떻게 풀까요?

다음을 읽고 물음에 답하세요.

Mina: Are you okay?
June: No. I'm looking for my mom.
Mina: Is she wearing glasses?
June: No, she isn't. She's wearing a blue coat and a red skirt.
Mina: What does she look like?
June: (ⓐ)

문제1 **June의 어머니가 입고 있는 옷차림을 우리말로 쓰세요.**
(파란색 코트와 빨간색 치마를 입고 있습니다.)

문제2 **ⓐ에 들어갈 알맞은 문장을 고르세요. (⑤)**
① I get up at 6.
② Can I take a picture?
③ He is wearing glasses.
④ Oh, It's mine. Thanks.
⑤ She has short curly hair.

문제 풀이 기술 적용하기

❶ 대화문을 읽고 주요 표현에 표시하며 내용을 파악해.

❷ 표시한 주요 표현을 통해 준의 어머니를 찾고 있다는 것을 알 수 있어. 또 이를 통해 ⓐ에 인물의 생김새를 묘사하는 표현이 들어가야 한다는 것을 파악해야 해.

❸ 밑줄 친 표현을 보면 준의 어머니는 파란색 코트와 빨간색 치마를 입고 있다는 것을 알 수 있어.

❹ 이어질 내용을 찾기 위해서는 대화문과 보기의 뜻을 모두 파악해야 해. 이때 주요 표현을 알고 있으면 보기의 뜻을 모두 해석하지 않아도 답을 찾을 수 있어. 인물의 생김새를 묘사하고 있는 보기는 ③번과 ⑤번이야. 이는 wearing과 short curly hair라는 표현을 보고 알 수 있어. 그중 엄마인 She를 지칭하고 있는 ⑤번이 정답이야.

보기	뜻
① I get up at 6.	나는 6시에 일어납니다.
② Can I take a picture?	사진을 찍어도 될까요?
③ He is wearing glasses.	그는 안경을 쓰고 있습니다.
④ Oh, It's mine. Thanks.	오, 이것은 제 것입니다. 감사합니다.
⑤ She has short curly hair.	그녀는 짧은 곱슬머리를 하고 있습니다.

문제 지도를 보고 길을 안내하는 표현이 틀린 부분에 밑줄을 긋고 바르게 쓰세요.

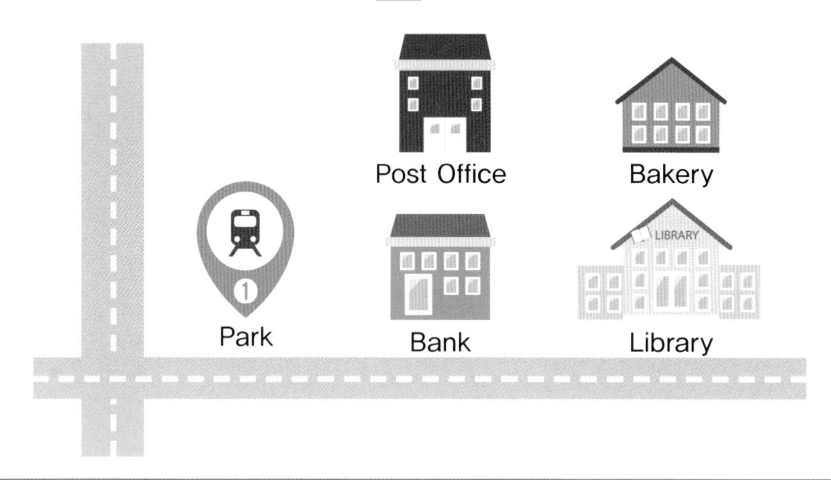

A: Excuse me. How can I get to the post office?

B: Take subway line 1 and get off at the Park.
It's between the subway station and the library.

바르게 고친 표현: ______________________________

나만의 준비 공간

문제를 풀 때 필요한 내용, 생각할 것, 중요한 개념 등을 써 보세요.

❶ 대화문 속의 사람이 가고 싶어 하는 장소를 적고 그림에서 찾아 ★ 표시해 봐.

❷ 대화문에서 위치를 나타내는 주요 표현을 찾아 표시하고, 그림에서 해당되는 장소를 찾아 표시해 봐.

❸ 내가 아는 위치를 나타내는 주요 표현을 찾아 생각나는 대로 쓰고 그 뜻을 떠올려 봐.

위치를 나타내는 주요 표현	뜻

문제 지도를 보고 길을 안내하는 표현이 틀린 부분에 밑줄을 긋고 바르게 쓰세요.

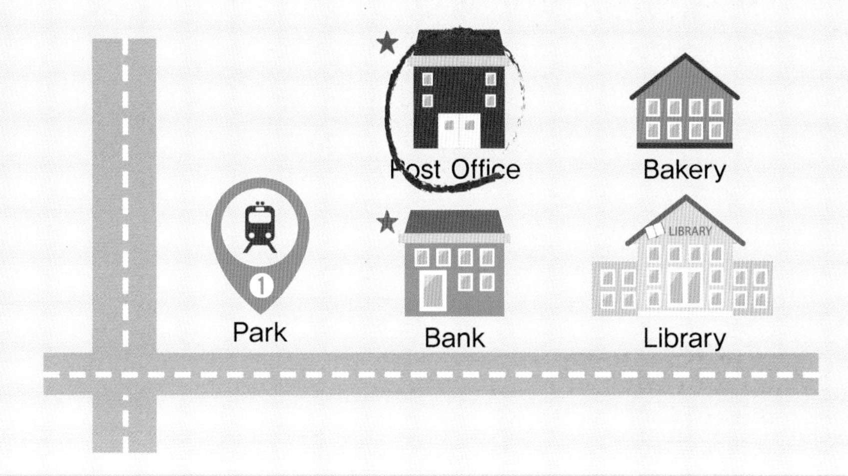

A: Excuse me. How can I get to the post office?

B: Take subway line 1 and get off at the Park.
It's between the subway station and the library.

바르게 고친 표현: behind the bank (또는 next to the bakery).

문제 풀이 기술 적용하기

❶ 대화문 속의 사람이 가고 싶어 하는 장소는 ★ Post office야.

❷ 대화문에서 위치를 나타내는 주요 표현은 'It's between the subway station and the library.'이고, 위치를 표시하면 ★이므로 틀린 표현이야.

❸ 내가 아는 위치를 나타내는 주요 표현을 찾아 생각나는 대로 쓰고 그 뜻을 떠올려봐.

위치를 나타내는 주요 표현	뜻
behind	뒤에
between ~ and ~	~와 ~사이에
in front of	앞에
next to	옆에

❹ 위에서 정리한 주요 표현 중 Post office의 위치를 나타낼 수 있는 표현을 찾아봐. Bank의 뒤, 또는 Bakery의 옆에 있으니 behind the bank 또는 next to the bakery라고 표현할 수 있어.

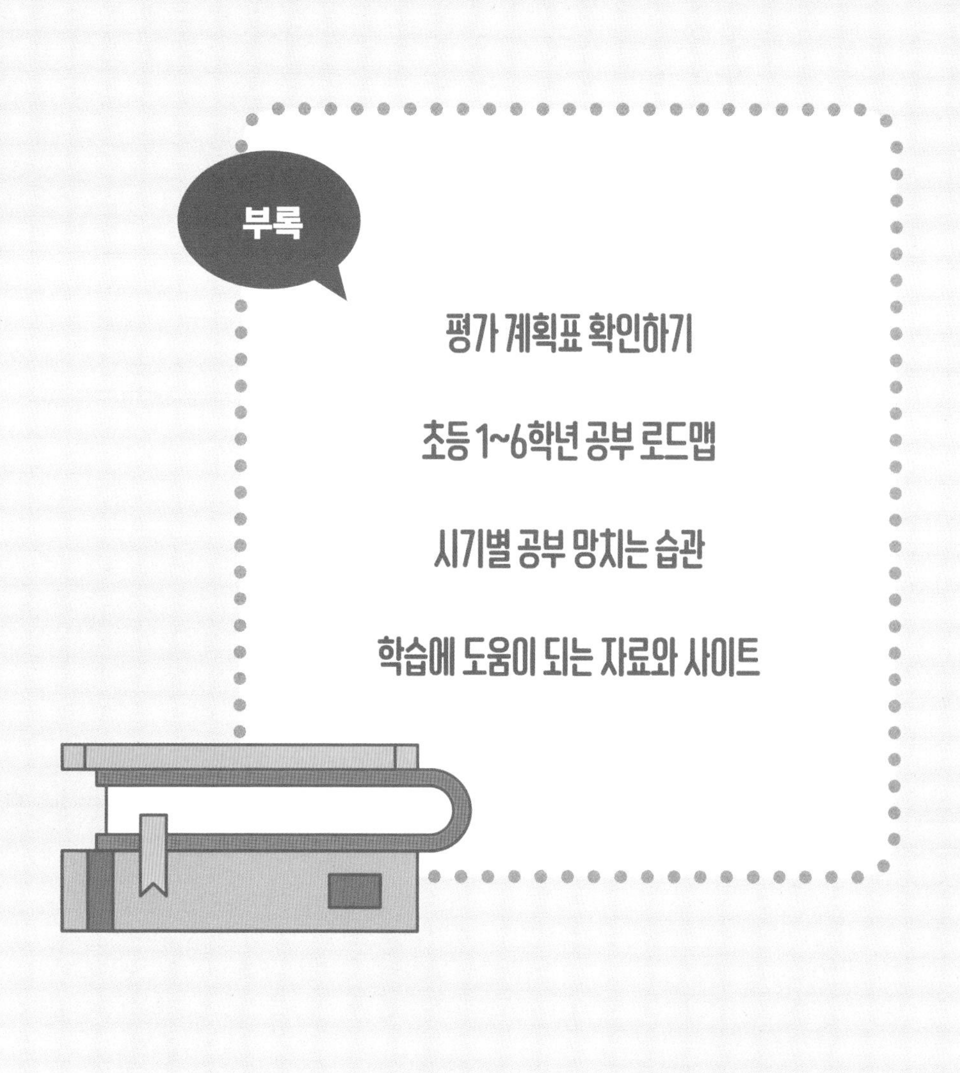

부록

평가 계획표 확인하기

초등 1~6학년 공부 로드맵

시기별 공부 망치는 습관

학습에 도움이 되는 자료와 사이트

평가 계획표 확인하기

평가 준비의 시작은 우리 학교의 평가 계획을 확인하는 것입니다. 평가 계획은 어디에서 확인할 수 있을까요?

첫째, 인터넷 포털사이트에서 '학교알리미'를 검색하여 접속합니다.

학교알리미
https://www.schoolinfo.go.kr

둘째, '학교별 공시정보'를 클릭합니다.

셋째, 우리 학교를 검색하여 찾습니다.
학교급 → 시/도 → 시/군/구 순서대로 클릭하여 우리 학교를 찾아 클릭합니다. 그다음 '검색'을 클릭합니다.

넷째, 팝업 창이 뜨면 '공시정보' 항목을 찾습니다.

다섯째, '학업성취사항'을 클릭하여 '교과별(학년별) 평가계획에 관한 사항을 클릭합니다. 학년과 학기를 확인하여 클릭하면 파일을 다운로드 받을 수도 있고, 인쇄도 가능합니다.

평가 계획표 예시는 아래와 같습니다. 학교에 따라 평가 계획표의 양식과 내용은 차이가 있을 수 있습니다.

교과명	영역	단원	교육과정 성취기준	① 평가 내용	② 평가 기준		평가 방법	③ 시기
국어	듣기 말하기	1.작품을 보고 느낌을 나누어요	[4국01-04] 적절한 표정, 몸짓, 말투로 말한다.	말하기 상황에 적절한 표정, 몸짓, 말투를 활용하여 말하기	잘함	말할 내용 및 상황에 적절한 표정, 몸짓, 말투를 활용하여 5문장 이상 말할 수 있다.	관찰 평가	10월
					보통	말할 내용 및 상황에 적절한 표정, 몸짓, 말투를 활용하여 3문장 이상 말할 수 있다.		
					노력 요함	말할 내용 및 상황에 적절한 표정, 몸짓, 말투를 활용하여 1~2문장 말할 수 있다.		

① 평가 내용에 나와 있는 말하기, 표정, 몸짓, 말투의 의미를 꼭 확인해야 합니다. 평가의 핵심이 무엇인지 파악할 수 있는 중요 단어를 알아야 무엇을 공부해야 할지 알 수 있습니다.

② 평가 기준에 나온 조건을 충족해야 '잘함'을 받을 수 있습니다. 그러므로 평가 기준에 나온 중요 조건을 확인하고 평가 전에 공부할 필요가 있습니다.

③ 평가 시기를 확인한 후 달력에 기록하면 좋습니다. 달력에 기록한 내용을 토대로 각 달마다 평가를 위해 무엇을 준비해야 하는지 파악해야 합니다.

초등 1~6학년 공부 로드맵

초등학생 시기에는 스스로 공부 계획을 세우고 실천하는 자기주도 학습 습관을 들이는 것이 무엇보다 중요합니다. 성취해야 하는 목표에 맞추어 계획을 세우고 학습의 즐거움과 보람을 느끼는 아이로 성장하는 데 도움이 되는 공부 로드맵을 소개합니다.

학년	시기	공부 방법	이것만은 꼭! 생활 습관
초1 초2	• 본격적인 학교 적응과 공부 습관의 뼈대를 잡는 시기 • 공부에 흥미를 붙이고 스스로 공부하는 습관을 기르는 첫 단추를 꿰는 시기	학기 중 • 교과서로 그날 배운 내용 복습하기 • 구체물을 활용하여 한글과 수의 개념 익히기 • 바르게 글씨 쓰는 연습하기 • 꾸준한 독서 시간 확보하기 방학 중 • 독서와 글쓰기 연습하기 • 책상 앞에 앉아 집중하는 연습하기 TIP 처음부터 긴 시간을 집중해서 공부하기는 어려워요. 저학년은 집중할 수 있는 시간만큼 조금씩 나누어 공부하는 것이 효과적입니다. 10분부터 시작해서 점차 집중하는 시간을 늘려 보세요!	☐ 알림장 확인하기 ☐ 책가방 정리하기 ☐ 주변 정리·정돈하기
초3 초4	• 과목이 늘어나며 배우는 내용이 많아지는 시기 • 상상의 세계를 벗어나 현실에 관심을 가지고 또래 집단을 중요시하기 시작하는 시기	학기 중 • 교과서와 수학 익힘책으로 그날 배운 내용 복습하기 • 교과서를 읽으며 중요한 내용 파악하는 습관 키우기 • 영어 알파벳과 파닉스 익히기 • 중요한 내용을 노트 필기로 정리하기 • 영어단어와 주요 표현 소리 내며 읽고 암기하기 • 꾸준한 독서 시간 확보하기 방학 중 • 기초 연산 연습하기	☐ 알림장 확인하고 스스로 숙제 챙기기 ☐ 해야 할 일부터 하고 놀기 ☐ 글씨 바르게 쓰기 연습하기

학년	시기	공부 방법	이것만은 꼭! 생활 습관
초5 초6	• 긴 글을 읽고 이해할 수 있게 되는 시기 스스로 공부할 수 있는 습관을 잡을 수 있는 마지막 골든 타임	학기 중 • 교과서와 수학 익힘책으로 그날 배운 내용 복습하기 • 노트 필기로 주요 교과 정리하기 • 수준에 맞는 응용·심화 문제집 또는 보충 문제집 풀고 오답노트 작성하기 • 꾸준한 독서 시간 확보하기 방학 중 • 스스로 공부 계획 세워 실천하기 TIP 고학년 시기에는 스스로 공부 계획을 세우고 실천하는 자기관리역량을 함양하는 것이 중요합니다. 계획은 '일주일에 책 3권 읽기', '하루에 수학 익힘책 2장씩 다시 풀기' 등 구체적으로 세울수록 좋습니다. 방학 중간에 계획을 잘 지키고 있는지 점검하고 수정·보완하는 시간을 가지면 좋습니다. • 중학교 대비 공부하기	☐ 공부 계획표 세우기 ☐ 수업 시작 전후 배울 내용 확인하고 정리하기 ☐ 문제를 푼 후 스스로 채점하고 오답노트 작성하기

부록

시기별 공부 망치는 습관

공부를 잘하는 습관이 있다면 공부를 망치는 습관도 있겠지요? 매년 나의 학습 태도를 돌아보면서 점검해 보는 시간을 가져 볼까요?

1월

새해에 뜨는 해를 보며 작년과 다른 내가 되기로 다짐하는 시기. 그러나 굳은 다짐과는 달리 어떻게 변해야 할지 계획조차 세우지 못함. 지난 공부 습관의 문제점을 진단하고 해결해야 하는데 실천 방법을 생각하는 대신 머리로만 공부해야겠다고 다짐함. 공부를 먼저 하고 놀아야 하는데 먼저 놀고 공부한다는 생각을 버리지 못함.

2월

겨울방학 동안 아무것도 한 게 없다는 사실을 자각하기 시작함. 학원에 다녔어도 기억나는 게 없고, 개학이 다가온다는 부담감을 느끼기 시작함. 3월부터 내가 무엇을 배우는지 교과서 한 번 펼쳐 보지 않음.

3월

새학기가 시작해 학교에 적응하는 시기. 모든 교과의 1단원은 내가 최고라는 생각으로 공부를 시작함. 그런 까닭에 선생님께서 수업하는 내용은 듣지 않고 다음 문제를 미리 풀며 스스로 공부를 잘하고 있다고 착각함. 하지만 1~2월에 올바른 공부 습관을 형성하지 못했기 때문에 금세 공부에 싫증을 느낌.

4월

차차 새로운 교실에 적응하는 시기. 1~3월에 세웠던 공부 계획과 다짐이 점점 희미해짐. 시작이 늦은 만큼 선생님께서 수업하는 내용에 맞춰 마음을 다잡고 학습하지 않으면 점점 뒤처지기 시작함. 모르는 내용이 있어 혼자 끙끙 앓게 되고 손을 들어 질문할 용기가 생기지 않는 시기.

5월

3~4월에 공부 계획을 제대로 세우지 않았기 때문에 점점 학교 수업과 학원 수업에 뒤처지기 시작함. 학원이나 문제집이 자신과 맞지 않는다는 핑계를 대기 시작함. 나의 공부 방법에 어떤 문제가 있는지 확인하지 않고 잘못된 해결 방법을 찾으려고 함.

6월

수행평가를 보면 볼수록 자신감은 떨어지고 평가에 대한 두려움이 생기기 시작함. 날이 더워지고 체력도 조금씩 떨어지기 시작함. 긴장이 풀리기 시작하면서 잘못된 방법을 고치기보다는 기존의 잘못된 습관을 유지하려고 함. 어떻게 공부하는지 모르기 때문에 공부의 흥미를 잃게 됨.

7월

여름방학의 설렘에 공부는 뒷전. 아이의 공부를 챙겨주던 부모님도 지쳐가기 시작함. 여름방학 때 다시 마음 잡고 공부해야겠다고 생각하지만 몸과 마음이 따로 움직임. 지금 당장 시작하지 않으면 1~6월의 패턴이 반복됨.

8월

여름방학 전에 세운 공부 계획을 지키지 않음. 학원 또는 개인 공부를 하지만 자신의 약점을 파악하지 않고 학습 습관을 바꾸지 않았기 때문에 악순환이 반복됨. 짧은 여름방학이 순식간에 지나고 1학기와 똑같은 모습으로 2학기를 시작하게 됨. 1학기 내용 복습을 안 했기 때문에 2학기 공부가 어렵게 느껴짐. 학습을 포기하기 시작함.

9월

1학기와 다를 바 없는 2학기가 시작됨. 여름방학 동안 얻은 것은 태양에 그을린 피부뿐. 책장 속에 고이 모셔놓은 책들은 손때 하나 묻지 않은 깨끗한 상태. 여름 방학하기 전에 받은 교과서를 한 번도 보지 않았기 때문에 앞으로 뭘 배울지 모름.

10월

언제, 어느 단원의 수행평가를 보는지 준비가 안 되어 있는 상태에서 수행평가를 하나둘씩 보기 시작하는 시기로 공부량이 부담스러워 막막함을 느끼는 시기. 뭘 배웠는지 모르기 때문에 문제가 낯설게 느껴지고 어떤 내용을 써야 할지 감을 잡지 못함.

11월

학교에서 배우는 내용을 제대로 이해하지 못한 상태에서 학원에서 하는 선행 학습을 시작함. 이전에 배운 내용도 정리를 못했는데 이후에 배울 내용을 학습하기 때문에 혼란에 빠지기 시작함.

12월

다가오는 새해를 맞이해 내년에는 열심히 공부하겠다는 의욕이 생김. 하지만 당장 시작하지 않고 1월 1일부터 하면 된다는 생각에 공부를 미룸. '내년에는 더 열심히 해야지!' 생각하지만 1월 초에 했던 다짐과 올해 했던 실수들을 떠올리지 않음. 공부 계획 실천이 없어 악순환이 반복됨.

공부 악순환에 빠지지 않기 위한
초등 학습 체크리스트 Best 20

- [ ] 공부 계획표 세우기
- [ ] 수업 시작 전후 5분 동안 오늘 배울 내용 확인하고 정리하기
- [ ] 모르는 내용은 반드시 질문하기
- [ ] 책상 주변 정리하기
- [ ] 오늘 수업 시간표에 맞게 교과서 준비하기
- [ ] 노트 필기 하는 방법을 익히고 수업 내용 정리하기
- [ ] 한 권의 문제집을 풀기 시작했으면 반드시 끝까지 풀기
- [ ] 친구에게 자신이 공부한 내용 설명해 보기
- [ ] 한 문제를 다양한 방법으로 풀어보기
- [ ] 하루에 한 시간은 꼭 공부하기
- [ ] 일주일에 책 한 권 읽고 독서감상문 쓰기
- [ ] 교과서의 핵심 개념과 단어를 파악하며 읽는 연습하기
- [ ] 글씨를 바른 자세로 예쁘게 쓰려고 노력하기
- [ ] 핸드폰에 모르는 문제 찍어서 틈틈이 확인하기
- [ ] 교과서와 참고서를 볼 때는 구석구석 보기
- [ ] 문제가 안 풀려도 포기하지 않고 끈기 있게 도전하기
- [ ] 답지를 보기 전에 내가 정말 최선을 다해서 풀었는지 확인하기
- [ ] 공부할 때 집중에 방해되는 물건은 멀리하기
- [ ] 놀고 공부하는 게 아니라 공부하고 논다는 생각을 하기
- [ ] A4용지 또는 노트에 내가 오늘 공부한 내용을 아무것도 보지 않고 정리하기

위의 예시 중 15개 미만을 선택한 학생들이라면
다시 한 번 내 공부 자세를 점검해 보도록 합시다!

학습에 도움이 되는 자료와 사이트

국어는 모든 과목 문제 풀이의 기초가 되는 과목이기 때문에 문해력과 관련한 자료를 접하는 것이 좋습니다. 어휘, 관용어 등을 익히고 긴 글을 읽어나가는 힘을 길러주어야 합니다. 또한 학년 수준에 맞는 필독도서를 읽으면 국어 실력을 탄탄히 다질 수 있습니다.

어휘가 독해다(교재, 강의) (EBS)

독해가 과학을 만날 때
(EBS)

서울특별시교육청 어린이 도서관 > 자료 검색 >
사서 추천도서 > 학년별 권장도서 확인가능

국어, 수학 학력평가
(천재교육)

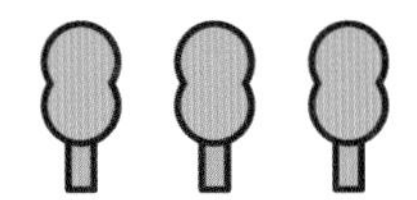

수학은 아는 것을 문제 풀이에 어떻게 적용할 수 있는지에 대한 평가가 많이 이루어지기 때문에 개념을 말로 설명하고, 글로 표현하는 과정이 중요합니다. 또한 수학을 어렵게 느끼지 않도록 다양한 응용자료를 통해 자연스럽게 수학을 이해하는 것도 좋습니다.

유튜브 '수학공장' 단원별 정리영상

EBSMATH 3~6학년을 위한 수학

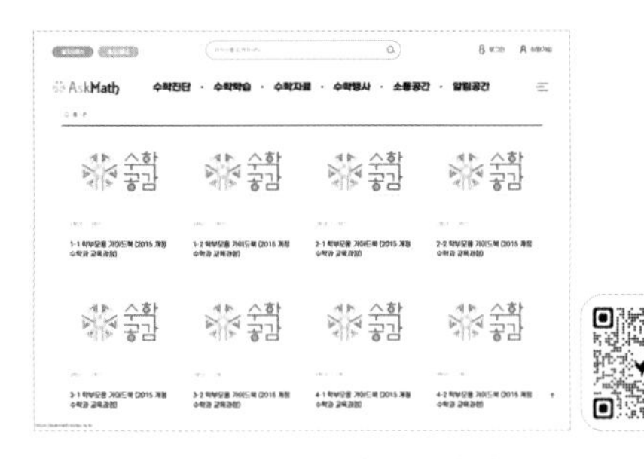

Ask Math 수학 교육과정 이해 자료

칸 아카데미 수학수업 제공

사회에서 많은 학생들이 어려워하는 부분은 바로 역사 영역입니다. 역사를 공부할 때는 사건을 이야기처럼 엮어 하나의 흐름을 중심으로 공부하는 것이 좋습니다.

유튜브 '참쌤스쿨' 역사 애니메이션

《한국사 읽는 어린이》①~⑤
(책읽는곰)

《큰별쌤과 재미있게 공부하는 초등한국사능력검정시험》
(이투스북)

과학은 생활에서 일어나는 현상을 정리하여 배우는 과목이므로 과학 개념이 다양한 예시를 접하는 것이 평가 준비에 도움이 됩니다. 개념과 관련한 다양한 사례를 살펴 배경지식을 늘리는 것이 중요합니다.

과학잡지 <뉴턴>

유튜브 '안될과학' 고학년 과학상식 영상

유튜브 'YTN사이언스' 과학실험 및 상식 영상

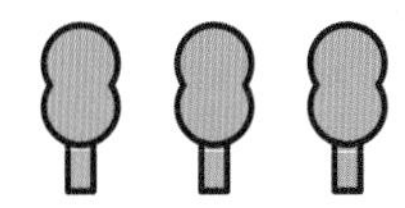

《초등과학백과》
(동아시아사이언스)

영어는 자기 수준에 맞는 다양한 영어표현과 단어를 익히는 것이 무엇보다 중요합니다. 영어와 친해지기 위해서는 흥미와 수준에 맞는 다양한 읽기 자료를 접하는 것이 좋습니다.

3~4학년을 위한 추천도서

How to Catch a Dragon

The Legend of Papa Noel

Memoirs of a Goldfish

Apple Tree Christmas

Little Witch

Lady Lollipop

The Fox Who Ate Books

Double Act

5~6학년을 위한 추천도서

두근두근 확장 영어 시리즈
(Anne of Green Gables)

James and the Giant Peach

Marry poppins

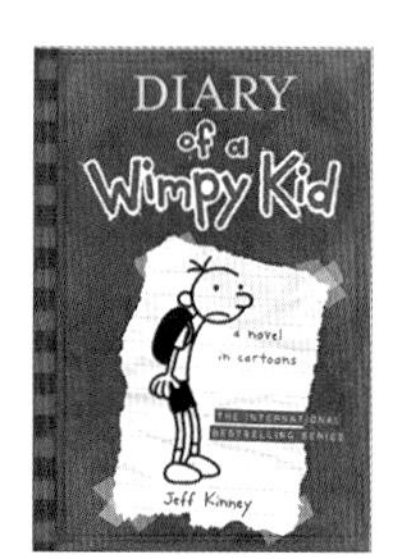

Diary of a Wimpy Kid

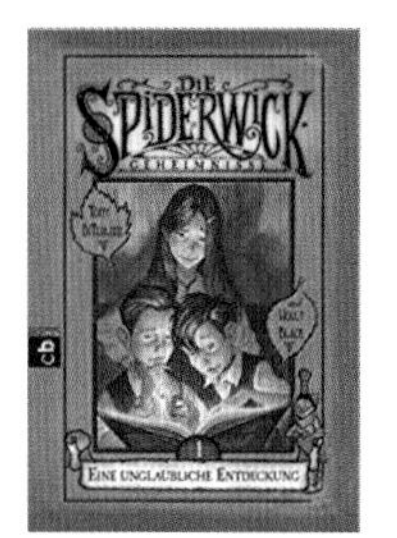

The Spiderwick Chronicles series

Charlotte's Web

The Marvelous Magic of Miss Mabel

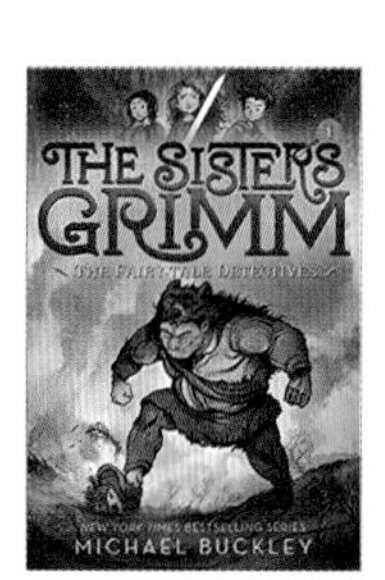

The Fairy-Tale Detectives